普通高等教育工程软件应用系列教材

三维 CAD 基础教程
——基于 UG NX 12.0

主 编 李福送 吕 勇

北京理工大学出版社
BEIJING INSTITUTE OF TECHNOLOGY PRESS

内 容 简 介

本书基于 UG NX 12.0 软件应用平台，以"先理论后实例"为主线，由浅入深，详细介绍了三维设计流程、基础应用知识和使用技巧。全书内容包括三维 CAD 技术基础、UG NX 12.0 基础知识、曲线的创建与操作、草图的绘制、实体建模设计、曲面造型设计、装配图的设计、工程图的设计。

本书内容翔实，语言简洁，思路清晰，图文并茂；每个重要知识点都配有具体案例讲解，帮助读者更进一步理解；每章都配有多个工程实际案例项目特训及巩固练习题，使读者对各模块的知识点能迅速掌握，起到举一反三的作用。

本书内容丰富，通俗易懂，具有很强的实用性和可操作性，既可作为本科院校的教材，又可作为三维设计的初/中级用户的自学用书或机械、模具及数控加工的技术培训教程。本书配套有电子资源可供下载，方便读者学习使用。

版权专有　侵权必究

图书在版编目（CIP）数据

三维 CAD 基础教程：基于 UG NX 12.0 / 李福送，吕勇主编. —北京：北京理工大学出版社，2020.7（2022.7重印）

ISBN 978-7-5682-8792-0

Ⅰ. ①三…　Ⅱ. ①李…②吕…　Ⅲ. ①计算机辅助设计-应用软件-教材　Ⅳ. ①TP391.72

中国版本图书馆 CIP 数据核字（2020）第 133788 号

出版发行 / 北京理工大学出版社有限责任公司		
社　　址 / 北京市海淀区中关村南大街 5 号		
邮　　编 / 100081		
电　　话 / （010）68914775（总编室）		
（010）82562903（教材售后服务热线）		
（010）68948351（其他图书服务热线）		
网　　址 / http：//www.bitpress.com.cn		
经　　销 / 全国各地新华书店		
印　　刷 / 涿州市新华印刷有限公司		
开　　本 / 787 毫米×1092 毫米　1/16		
印　　张 / 25	责任编辑 / 江　立	
字　　数 / 608 千字	文案编辑 / 赵　轩	
版　　次 / 2020 年 7 月第 1 版·2022 年 7 月第 2 次印刷	责任校对 / 刘亚男	
定　　价 / 60.00 元	责任印制 / 李志强	

前　言

Unigraphics（简称UG）NX是Siemens PLM Software公司出品的一款计算机辅助设计和制造应用软件，它为用户的产品设计及加工过程提供了数字化造型和验证手段，该软件应用范围广泛，涉及航天航空、机械、船舶、通用机械和电子等领域。目前，该软件的最新版本为UG NX 12.0，该版本软件简化了复杂设计的建模和编辑过程，较之前的版本在人机交互、特征建模等多方面进行了加强，同时，增加了以功能为基础的建模、钣金、图形定制、自由设计、线路系统和可视化等新功能。

本书以UG NX 12.0为软件平台，是编者结合多年的实际工作与教学经验编写而成的。全书内容包括三维CAD技术基础、UG NX 12.0基础知识、曲线的创建与操作、草图的绘制、实体建模设计、曲面造型设计、装配图的设计、工程图的设计。

本书内容翔实，由浅入深，语言简洁，思路清晰，图文并茂；每个重要知识点都配有具体的案例讲解，帮助读者进一步理解；每章都配有多个工程实际案例项目特训及巩固练习题，使读者对各模块的知识点能迅速掌握，起到举一反三的作用。

相较于其他同类书籍，本书具有以下特点。

1. 注重实用，讲解详细，条理清晰

本书编写成员有从事产品设计、工程管理工作多年的工程师，具有丰富的生产实践和实际产品设计经验，也有从事本课程教学多年的教师，具有丰富的教学实践经验。因此，本书集合了一线工程师及一线教师的思路，把生产实际应用和理论有机地结合起来，既立足于教材去解决实际产品的设计、制造中的问题，同时又全面、系统地介绍了软件的使用方法和技巧。

2. 范例来源于实际，丰富而经典

本书基于企业三维产品设计的要求，所引用的案例均来源于生产实践，具有代表性，把软件的命令和功能巧妙、系统地串联在一起，能够在建模过程中，自然地掌握所需要的知识点。同时，本书还附加了企业工程师对案例方法的总结、拓展，强调了应用技巧。本书每章的课后都有相应的练习题，让学生学习后能够及时巩固所学知识，避免枯燥地学习软件命令和功能，培养举一反三的建模设计能力。

3. 直观真实，易于上手

本书结合了软件中的菜单、对话框和按钮进行讲解，使初学者能够直观、准确地操作软件，大大提高学生学习的效率。

4. 配套电子资源，内容丰富

本书配套有电子资源可供下载，不仅包括各章节的实例特训、练习题模型文件，以及相应的实例操作视频，而且包括 NX 制图配置文件、工程图图框模板等，方便读者学习使用。

本书由柳州工学院李福送老师和桂林航天工业学院吕勇老师担任主编。

在本书的编写过程中，参考了部分专家和学者的有关著作，具体书目列于参考文献中，在此，谨向这些作者表示感谢。

由于编者水平有限，在编写过程中虽已进行多次校对，但难免还有不足之处，敬请专家和广大读者批评指正。

编　者

2020 年 4 月

目 录

第1章

三维 CAD 技术基础

1.1 三维 CAD 技术的发展介绍

三维建模技术是利用计算机系统描述物体形状，并在计算机上进行空间形体的表示、存储和处理的技术，实现这项技术的软件为三维建模工具。而如何利用一组数据表示物体的形状，如何处理这些数据，是三维建模的关键。

在 CAD 技术发展初期，CAD 技术的功能仅限于计算机辅助绘图。但随着三维建模技术的发展，CAD 技术从二维平面绘图发展到三维产品建模，随之产生了三维线框模型、曲面模型和实体造型技术等。如今参数化及变量化的设计思想和特征模型代表了当今 CAD 技术的发展方向。三维建模技术是伴随 CAD 技术的发展而发展的，三维 CAD 技术的发展主要包括以下 5 个阶段。

1. 线框模型

20 世纪 60 年代末，人们开始研究用线框和多边形构造三维实体，这样的模型被称为线框模型（Wire Frame Model）。三维物体是由它的全部顶点及边的集合来描述的，模型中的线框就像人类的骨骼，线框模型由此得名。

线框模型的优缺点如下。

◆优点：有了物体的三维数据，计算机可以产生任意方向的视图，视图间能保持正确的投影关系，这为生产工程图带来了方便；能生成透视图和轴侧图，这在二维图形系统中是做不到的；数据结构简单，能够节约计算机资源；学习简单，是人工绘图的自然延伸。

◆缺点：因为棱线全部显示，所以物体的真实感可出现二义解释；由于缺少曲线轮廓，所以表现圆柱、球体等曲面比较困难；由于数据结构中缺少边与面、面与面之间的关系信息，因此不能构成实体，无法识别面与体、体内与体外，不能进行剖切、两个面求交，不能自动划分有限元网络等。

2. 曲面模型

曲面模型（Surface Model）是在线框模型的数据结构基础上，增加可形成立体面的各相关数据后构成的。

曲面模型与线框模型相比，多了一个表面，记录了边与面之间的拓扑关系。曲面模型就像贴附在骨骼上的肌肉。

曲面模型的优缺点如下。

◆优点：能实现面与面相交、着色、表面积计算、消隐等功能；还擅长于构造复杂的曲面物体，如模具、汽车表面、飞机表面等。

◆缺点：只能表示物体的表面及边界，不能进行剖切，也不能对模型进行质量、质心、惯性矩等计算。

3. 实体模型（Solid Model）

实体模型类似于经过消除隐藏线的线框模型或经过消除隐藏面的曲面模型。但如果在实体模型上挖一个孔，就会自动产生一个新的表面，同时自动识别内部和外部。实体模型可以使物体的实体特性在计算机中得到定义，且具有如下特性。

（1）实体模型是一个全封闭（实体）的三维形体的计算机表示，具有完整性和无二义性；

（2）实体模型保证只对实际上可实现的零件进行造型；

（3）零件不会缺少边、面，也不会有一条边穿入零件实体，能避免差错和不可实现的设计。

实体模型提供高级的整体外形定义方法，即可以通过布尔运算从旧模型得到新模型。因此，实体模型就像具有骨骼、肌肉和内脏的完整人体。

4. 特征参数化技术

20世纪80年代中后期，计算机技术迅猛发展，硬件成本大幅度降低，CAD技术的硬件平台成本从二十几万美元降到几万美元。因此，很多中小型企业也开始有能力使用CAD技术。

1988年，参数技术公司（Parametric Technology Corporation，PTC）采用面向对象的统一数据库和全参数化造型技术开发了Pro/Engineer软件，为三维实体造型提供了一个优良的平台。参数化造型的主体思想是用几何约束、工程方程与关系来说明产品模型的形状特征，从而设计一系列在形状或功能上具有相似性的方案。目前，能处理的几何约束类型基本上是组成产品形体的几何实体的尺寸关系和尺寸之间的工程关系，因此参数化造型技术又称为尺寸驱动几何技术。特征参数化技术也带来了CAD发展史上第三次技术革命。

特征参数化系统是CAD技术在实际应用中提出的课题，它可使CAD系统不仅具有交互式绘图功能，还具有自动绘图的功能。

目前特征参数化技术大致可分为基于几何约束的数学方法、基于几何原理的人工智能方法和基于特征模型的造型方法（特征工具库，包括标准件库均可采用该项技术）这3种。其中，数学方法又分为初等方法（Primary Approach）和代数方法（Algebraic Approach）。

初等方法利用预先设定的算法，求解一些特定的几何约束，方法简单、易于实现，但仅适用于只有水平和垂直方向约束的场合。代数法是将几何约束转换成代数方程，形成一个非线性方程组，而该方程组求解较困难，因此实际应用受到限制。人工智能方法是利用专家系统，对图形中的几何关系和约束进行理解，运用几何原理推导出新的约束，但这种方法的实现速度较慢，交互性不好。

特征参数化系统的指导思想是：只要按照系统规定的方式去操作，系统就保证生成设计的正确性及效率性，否则拒绝操作。特征参数化系统的不足之处如下。

（1）使用者必须遵循软件内在使用机制，绝不允许欠约束，也不可以逆序求解等。

（2）当零件截面形状比较复杂时，设计者难以将所有尺寸表达出来。

（3）特征参数系统只有尺寸驱动这一种修改手段，操作者难以判断改变哪一个（或哪几个）尺寸会让形状朝着自己满意方向改变。

（4）尺寸驱动的范围有限，如果给出了不合理的尺寸参数使某特征与其他特征相干涉，则引起拓扑关系的改变。

（5）从应用来说，特征参数化系统特别适用于那些技术已相当稳定成熟的零配件行业。这样的行业，零件的形状改变很少，经常只需采用类比设计，即形状基本固定，只需改变一些关键尺寸就可以得到新的系列化设计结果。

5. 变量化技术

参数化技术要求全尺寸约束，即设计者在设计过程中，必须将形状和尺寸联合起来考虑，并且通过尺寸约束来控制形状，通过尺寸改变来驱动形状改变，一切以尺寸（即参数）为出发点，干扰和制约着设计者创造力的发挥。

一定要全尺寸约束吗？欠约束能否将设计正确进行下去？沿着这个思路，SDRC 公司的开发人员以特征参数化技术为蓝本，提出了一种比特征参数化技术更为先进的变量化技术。1993 年，该公司推出全新体系结构的 I-DEAS Msater Series 软件，由此也带来了 CAD 发展史上第四次技术革命。

变量化技术能够满足人们更多的需求。我们在进行机械设计和工艺设计时，总是希望零部件能够让我们随心所欲地构建，可以随意拆卸，能够让我们在平面的显示器上构造出三维立体的设计作品，而且希望保留每一个中间结果，以备反复设计和优化设计时使用。

SDRC 公司推出的超变量化几何（Variational Geometry Extended，VGX）实现的就是这样一种思想。

变量化系统的指导思想如下。

（1）设计者可以采用先形状后尺寸的设计方式，允许采用不完全尺寸约束，只给出必要的设计条件，在这种情况下仍能保证设计的正确性及效率性。

（2）造型过程是一个类似工程师在脑海里思考设计方案的过程，首先要满足设计要求的几何形状，尺寸细节是后来逐步完善的。

（3）设计过程相对自由宽松，设计者有更多精力去考虑设计方案，无须过多关心软件的内在机制和设计规则限制，所以变量化系统的应用领域也更广阔一些。

（4）除了一般的系列化零件设计，变量化系统在进行概念设计时特别得心应手，比较适用于新产品开发、老产品改形设计这类创新式设计。

1.2 三维 CAD 及相关概念

CAD 是 Computer Aided Design（计算机辅助设计）的简称。计算机辅助设计是将人和计算机的最佳特性结合起来，辅助人们对产品或工程进行设计与分析的技术，是综合了计算机与工程设计方法的最新发展而形成的一门多学科综合应用的新技术。

CAD 狭义片面的定义：用计算机进行科学计算，或者用计算机控制绘图机绘制出工程图纸。

计算机的特点：速度快、精度高、不疲倦、储量大、不易出错。

人的特点：逻辑思维能力强，具有自我学习完善的智力，通过视听产生联想思维，有创造性，能自我控制情绪和兴趣。

在大多数情况下，人和计算机的能力正好互补。通过人机对话，人和计算机可充分进行交流，发挥各自的特点，达到最佳合作效果。

CAD 的基本功能如下。

（1）科学计算与分析功能，如产品常规设计、物理特性计算、优化设计、有限元分析、可靠性分析、动态分析及数字仿真模拟等科学计算。

（2）图形处理功能，如二维交互图形技术、三维几何造型、图形仿真模拟及其图形输入输出等。

（3）数据管理与数据交换功能，如数据库管理、不同 CAD 系统间的数据交换和接口等。

（4）文档处理功能，如文档制作、编辑及文字处理等。

（5）软件设计功能，如人机接口界面、软件工程规范及其工具系统的使用等。

（6）网络功能，如 Internet/Intranet 网络和并行、高性能计算及事务处理，异地、协同、虚拟设计及实时仿真等。

1.3 图形交换标准

三维 CAD 图形交换是为实现不同的 CAD 系统之间、CAD/CAM 内部信息集成以及通用标准化软件接口之间的数据交换的软件，其目的是实现信息资源共享。产品数据不仅包括产品模型的几何图形数据，还包括制造特征、尺寸公差、材料特性、表面处理等非几何数据。产品数据的具体类别如下。

（1）产品几何描述，如线框表示、几何表示、实体表示以及拓扑、成形和展开等；

（2）产品特性，即长、宽等体特征，孔槽等面特征等；

（3）公差，如尺寸公差与形位公差等；

（4）表面处理，如喷涂等；

（5）材料，如类型、品种、强度、硬度等；

（6）说明，如总图说明等；

（7）其他，如加工、工艺装配等。

数据交换途径包括借助专用或标准（中性）文件进行交换，借助统一的产品数据模型和工程数据库管理系统进行交换。

常用产品数据交换标准简介如下。

1. 初始图形信息交换规范

初始图形信息交换规范（Initial Graphics Exchange Specification，IGES）是由美国国家标准局（NBS）主持成立的波音公司和通用电气公司参加的技术委员会于 1980 年编制的，它开创了国际性的 CAD/CAM 技术的数据交换文件格式标准化工作。我国于 1993 年 9 月将 IGES 3.0 作为国家推荐标准。

IGES 模型是指用于定义某产品的实体的集合。定义 IGES 模型就是通过实体，对产品的形状、尺寸以及某些说明产品特性的信息进行描述。

实体是基本的信息单位，它可能是单个的几何元素，也可能是若干个实体的集合。实体可分为几何实体和非几何实体。

IGES 在交换产品数据的过程中存在的问题如下。

（1）IGES 定义的实体主要是几何图形的信息，对其他信息交换不充分。

（2）由于部分语法结构不统一，造成交换复杂图形时容易丢失某些信息。

（3）交换文件占用的存储空间较大，数据处理时间较长。

2. 产品模型数据交换标准

产品模型数据交换标准（Standard for the Exchange of Product Model Data，STEP）采用统一的产品数据模型以及统一的数据管理软件来管理产品数据，各系统间可直接进行信息交换，它是新一代面向产品数据定义的数据交换和表达标准。

STEP 技术提供一种不依赖于具体系统的中性机制，它规定了产品设计、开发、制造，以及产品全部生命周期中所包含的诸如产品形状、解析模型、材料、加工方法、组装分解顺序、检验测试等必要的信息定义和数据交换的外部描述。因而 STEP 是基于集成的产品信息模型，其应用范围非常广泛。

3. STL 文件交换格式

STL 类型文件是 CAD/CAM 中广泛使用的一类三维空间造型存储文件，它最初来源于快速成型技术及反求工程，目前，几乎所有的三维造型软件都具有输出此类文件的功能。

STL 类型文件的优势如下。

尽管 IGES、STEP 类型文件也具有很好的描述空间造型的能力，但对于不断变化的空间表面（金属塑性成形过程），目前只能采用三角形或四边形描述，也就是说只能采用将任意空间表面离散成网格，以三角形网格形式输出、存储。

而利用 STL 数据格式表示立体图形的方式较为简单，对于任何一个独立的空间实体，都可借助其表面信息进行描述，而表面信息则是由许许多多空间小三角面片的逼近体现出来的，我们可以通过记录各小三角面片的顶点和法向矢量信息来间接描述原来的立体图形。

1.4 常用三维CAD软件介绍

1.4.1 Unigraphics（UG）

在 UG 中，优越的特征参数化和变量化技术与传统的实体、线框和表面功能结合在一起，并被大多数 CAD/CAM 软件厂商所采用。

UG 最早应用于美国麦道飞机公司，它是从二维绘图、数控加工编程、曲面造型等功能发展起来的软件。在 20 世纪 90 年代初，美国通用汽车公司选中 UG 作为全公司的 CAD/CAE/CAM/PDM 主导系统，这进一步推动了 UG 的发展。1991 年，通用汽车旗下的 EDS 公司从麦道飞机公司收购 Unigraphics 软件，Unigraphics 也成了通用汽车全公司普遍使用的 CAD 软件。1997 年 10 月，EDS 公司与 Intergraph 公司签约，合并了后者的机械 CAD 产品，将微机版的 SOLIDEDGE 软件统一到 Parasolid 平台上。2001 年，EDS 公司收购了 SDR（Structural Dynumics Research Corp），使得 I-DEAS 和 Metaphase 软件的实力进一步增强，由此形成了一个从低端到高端，兼有 Unix 工作站版和 Windows NT 微机版的较完善的企业级 CAD/CAE/CAM/PDM 集成系统。2004 年，UGS 公司从 EDS 公司中分离出来，并发布 NX 软件的第三个版本——NX 3。2007 年，西门子（Siemens）公司收购 UGS 公司并成立 Siemens PLM Software。2008 年，Siemens PLM Software 发布 NX 6 版本。NX 6 在保留原有参数化建模技术的同时，推出了领先于行业的同步建模（无参数化建模）技术，将两个领域最好的技术完美结合在一起，大大提高了创新的能力和速度。

1.4.2 PRO/Engineer

Pro/Engineer 软件是美国 PTC 公司的产品。PTC 公司提出的单一数据库、参数化、基于特征、全相关的概念改变了机械 CAD/CAE/CAM 的传统观念，利用该概念开发出来的第三代 Pro/Engineer 软件能将从设计至生产的全过程集成到一起，让所有的用户能够同时进行同一产品的设计制造工作，即实现所谓的并行工程。

Pro/Engineer 软件的用户界面简洁、概念清晰，符合工程人员的设计思想与习惯，其整个系统建立在工作站上，独立于硬件，便于移植，在国内拥有很大的用户群。

1.4.3 CATIA

CATIA 是法国达索（Dassault）公司的产品，该软件具有很强的曲面造型功能，其集成开发环境也别具一格，同样，CATIA 也可进行有限元分析。特别地，一般的三维造型软件都是在三维空间内观察零件，但是 CATIA 能够进行四维空间的观察，也就是说该软件能够模拟观察者的视野进入零件的内部去观察零件，并且它还能够模拟真人进行装配，如使用者只要输入人的性别、身高等特征，就会出现一个虚拟装配的工人。

1.4.4　SolidWorks

SolidWorks 是达索公司推出的基于 Windows 的机械设计软件。该公司提倡的"基于 Windows 的 CAD/CAE/CAM/PDM 桌面集成系统"是以 Windows 为平台，以 SolidWorks 软件为核心的各种应用的集成，包括结构分析、运动分析、工程数据管理和数控加工等。

SolidWorks 软件是微机版参数化特征造型软件的新秀，该软件价格只有工作站版的相应软件价格的 1/5 ~ 1/4。

SolidWorks 软件是基于 Windows 平台的全参数化特征造型软件，它可以十分方便地实现复杂的三维零件实体造型、复杂装配和生成工程图。该软件图形界面友好，用户上手快，可以应用于以规则几何形体为主的机械产品设计及生产准备工作中。

1.4.5　Cimatron

Cimatron 软件是以色列 Cimatron 公司的 CAD/CAM/PDM 产品，这套软件的针对性较强，被更多地应用到模具开发设计中，该软件能够给应用者提供一套全面的标准模架库，方便使用者进行模具设计中的分型面、抽芯等工作，而且在操作过程中都能进行动态的检查。可以说该软件在模具设计领域是非常出色的，国内南方的一些模具企业都在使用这套软件，但由于它的专业性强，因此更多地被应用于模具的生产制造业，而其他行业的使用者较少，另外该软件的价格相对较贵。

1.5　本章小结

本章首先对三维 CAD 技术的发展历史及发展趋势进行了介绍；其次对三维 CAD 的相关概念以及三维 CAD 图形交换标准进行了介绍，为用户合理地使用软件奠定了基础；最后，对目前主流的三维 CAD 软件进行了重点介绍。

练习题

1. 三维 CAD 技术的发展主要包括哪几个阶段？
2. 三维 CAD 技术中的线框模型有哪些优缺点？
3. 三维 CAD 技术中的曲面模型有哪些优缺点？
4. 常用产品数据交换的格式有哪些，各有什么特点？
5. 常见的三维 CAD 软件有哪些？各有什么优缺点？如何去选择？

第2章
UG NX 12.0 基础知识

学习 UG NX 12.0 基础知识是应用 UG NX 12.0 软件的基础和前提条件，是学习软件的入门。本章遵循 UG NX 12.0 软件的界面操作步骤来介绍基本知识点，包括启动和退出、文件操作、工作界面、软件参数设置、对象操作、图层的使用和基本操作等功能。

2.1 UG NX 12.0 启动和退出

启动 UG NX 12.0 有如下两种方式。

◆双击桌面上 UG NX 12.0 的快捷方式 图标，启动 UG NX 12.0。

◆从 Windows 系统"开始"菜单进入 UG NX 12.0。在桌面左下角依次单击"开始"→"所有程序"→"Siemens NX 12.0"→"NX 12.0"，启动 UG NX 12.0。

UG NX 12.0 启动界面如图 2-1 所示。

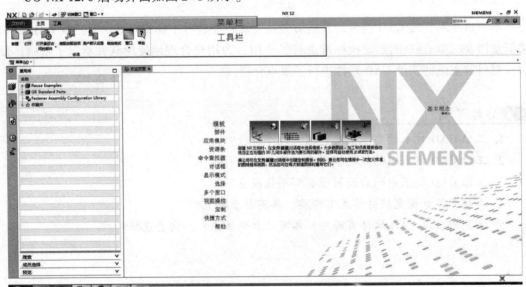

图 2-1 UG NX 12.0 启动界面

退出 UG NX 12.0 有如下两种方式。

◆单击 UG NX 界面中最右上角的✖按钮。

◆依次单击菜单栏中的"文件（F）"→"退出（X）"，"文件"下拉菜单如图 2-2 所示。

图2-2　"文件"下拉菜单

2.2　文件的操作

进入启动界面后，UG NX 软件需要先建立新文件或者打开已保存的文件后才能进入工作主界面，再进行其他相关操作。UG NX 12.0 的文件操作有新建、打开和保存等内容。

2.2.1　中文文件名和文件路径

在较早的 UG NX 版本中，NX 的文件名是不允许有中文的，NX 文件所在的路径也不能出现中文字符，否则将无法打开。但是 UG NX 12.0 版本已经开始全面支持中文，无须进行任何设置，就可以使用中文文件名或中文文件路径。

2.2.2　新建文件

新建文件有如下两种方式。

◆单击工具栏中的 按钮。

◆依次单击菜单栏中的"文件（F）"→"新建（N）"，"新建"对话框如图 2-3 所示。

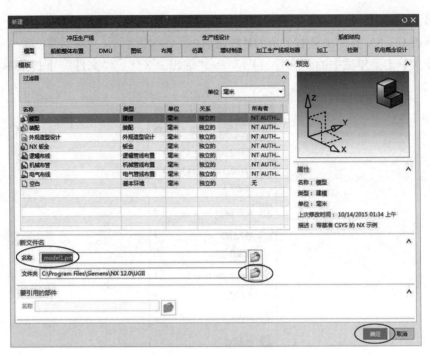

图 2-3 "新建"对话框

在"新建"对话框中的"名称"文本框中输入文件名称；在"文件夹"文本框中输入文件夹路径或单击 按钮指定保存路径。

注意：这里不建议选择默认路径。一般是先创建好要存放文件的文件夹，然后在"文件夹"处选择所建文件夹的位置。

对于初学者，其他选项可以采用默认设置，直接单击 确定 按钮完成新建文件操作，进入主界面。

2.2.3 打开文件

打开文件有如下两种方式。

◆单击工具栏中的 按钮。

◆依次单击菜单栏中的"文件（F）"→"打开（O）"。

"打开"对话框如图 2-4 所示，在"查找范围"中找到文件所在的路径，选中要打开的文件，单击 OK 按钮就可以打开文件。

在"打开"对话框中，各主要选项的说明如下。

◆"预览"选项：勾选"预览"选项，再单击"名称"里的文件，对应文件的零件就会显示在预览图框里。

◆"仅加载结构"选项：勾选"仅加载结构"选项，表示仅打开装配结构，而不加载完整组件。

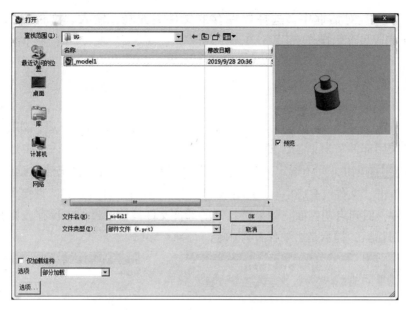

图2-4 "打开"对话框

2.2.4 保存文件

在建模的过程中,应及时保存文件,防止软件意外关闭,导致文件丢失。保存文件有以下3种方式。

◆依次单击"文件(F)"→"保存(S)"→"保存(S)",保存工作部件和任何已修改的组件,文件夹路径不变,如图2-5所示。

◆单击"文件(F)"→"保存(S)"→"仅保存工作部件(W)",仅保存当前的工作部件。

◆单击"文件(F)"→"保存(S)"→"另存为(A)",弹出"另存为"对话框,可以修改文件名和文件夹路径,如图2-6所示。

图2-5 "保存"操作　　　　　　图2-6 "另存为"对话框

在"另存为"对话框中，选择要保存的文件夹路径，输入"文件名"，然后单击 OK 按钮完成另存为操作。

2.2.5 关闭文件

关闭文件有以下两种方式。

◆依次单击"文件（F）"→"关闭（C）"→"选定的部件（P）"，如图2-7所示；然后弹出"关闭部件"对话框，如图2-8所示。在"关闭部件"对话框中选择要关闭的部件，单击 确定 按钮，关闭选定部件文件，其他已打开的部件文件仍然继续运行。

◆依次单击"文件（F）"→"关闭（C）"→"所有部件（L）"，直接关闭所有已打开的部件文件，回到启动界面。如果已打开的部件文件被修改过但未保存，则弹出"关闭所有文件"对话框，提示是否要保存等内容。

图2-7 "关闭"操作

图2-8 "关闭部件"对话框

2.3 工作界面的功能

2.3.1 UG NX 12.0工作界面简介

UG NX 12.0需要新建文件或者打开已保存的文件后才能进入工作主界面进行其他操作，所以首先应新建或者打开一个已有的文件。打开已有的文件后，UG NX 12.0的工作界面如图2-9所示。

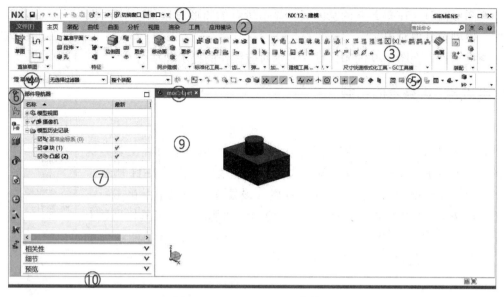

图2-9　UG NX 12.0工作界面

在UG NX 12.0工作界面中主要包括如下10个部分。

◆快速访问工具条。在图2-9的①区域，显示有保存命令、撤销、重做命令、切换窗口和快速访问工作条等功能。

◆功能模块。在图2-9的②区域，在默认情况下显示主页、装配、曲线、曲面、分析、视图、渲染、工具和应用模块功能模块；还包含一个"文件（F）"菜单。

◆功能区。在图2-9的③区域，显示包括主页、装配、曲线、曲面、分析、视图、渲染、工具和应用模块每个功能模块对应的功能选项按钮，单击这些按钮，就可以方便地进行各种操作，即下拉菜单中相应功能命令的快捷操作命令。

◆下拉菜单。在图2-9的④区域，单击后显示文件、编辑、视图、插入、格式、工具、装配、信息、分析、首选项、窗口、GC工具箱和帮助，如图2-10所示。

◆上边框条。在图2-9的⑤区域，其内容包括菜单（M）、选择类型过滤器、常规选择过滤器、捕捉工具和视图操作功能的所有功能按钮。

◆资源工具条区。在图2-9的⑥区域，显示包括装配导航器、部件导航器、重用库和历史记录等导航工具，单击这些导航工具可以在右侧显示对应导航的内容。

◆部件导航器。在图2-9的⑦区域，包括模型视图、摄像机、模型历史记录和图纸等相应内容。

◆标题栏。在图2-9的⑧区域，显示当前打开的UG NX文件的名称。

图2-10　下拉菜单

◆图形窗口。在图 2-9 的⑨区域，显示所有的图形对象，包括草图、曲线、模型及其他对象。

◆提示栏。在图 2-9 的⑩区域，显示对应操作的提示和指引。

2.3.2　工具条的定制

1. 工具栏显示的设置

在工作界面上显示的功能模块是软件默认的，可以通过在工具栏区域的空白处右击，弹出"工具栏显示设置"快捷菜单，如图 2-11 所示。

用户可以根据自己的需要，在工具栏"设置"快捷菜单上单击所需功能，被选上的功能前面会出现"√"，说明该功能已经在工具栏区域上显示。如果不需要某个功能，也可以单击该功能，取消该功能前面的"√"，同时该功能也在工具栏区域上消失。

2. 工具条的定制

工具条的定制方法有如下两种。

◆在工具栏上单击"文件（F)"，单击对话框右下角的 定制(Z)... 按钮，如图 2-12 所示；弹出的"定制"对话框，如图 2-13 所示。

◆在工作界面的"下拉菜单"中，依次单击"菜单（M)"→"工具（T)"→"定制（Z)"，弹出"定制"对话框。

图 2-11　"工具栏显示设置"快捷菜单

图 2-12　"文件"菜单

图2-13 "定制"对话框

在"定制"对话框中有"命令""选项卡/条""快捷方式"和"图标/工具提示"这4种定制内容。

◆ "命令"定制可以设置所有命令的布局，包括所有选项卡、所有边框条/QAT、所有组、所有库、所有下拉菜单、经典工具条和菜单等。

例如，"主页"功能选项的命令定制过程如下。

在对话框中单击"所有选项卡"前面的"+"号，打开里面的选项。

单击"主页"选项，在右边的"项"内显示所有主页功能项目，在有▶按钮的项目上右击，如图2-14所示。然后可以单击相应的选项添加和删除按钮，前面有"√"表示已选，没有"√"表示删除。

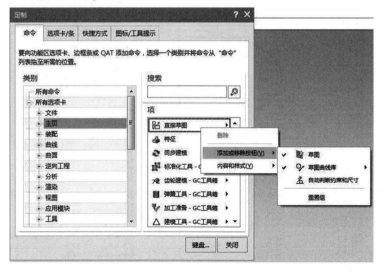

图2-14 "命令"定制

◆ "选项卡/条"定制也可以对工作界面上显示的功能模块进行设置,如图2-15所示。对于需要显示的功能,在对应的选项前面打"√",对于不需要显示的功能,则把"√"去掉。

图2-15 "选项卡/条"定制

2.4 UG NX 12.0 首选项的设置

UG NX 12.0 软件首选项设置的内容有:建模、草图、装配、用户界面、可视化和对象等。首选项设置的方式有如下两种。

◆依次单击"文件(F)"→"首选项(P)",如图2-16所示。

◆依次单击"菜单(M)"→"首选项(P)"如图2-17所示。

图2-16 首选项设置方式1   图2-17 首选项设置方式2

2.4.1 用户界面的设定

依次单击"菜单（M）"→"首选项（P）"→"用户界面（I）"，会弹出"用户界面首选项"对话框，如图 2-18 所示。在该对话框中可以设置用户界面的布局、主题、资源条、触控和角色等，设置完成后单击 确定 或 应用 按钮可显示设置效果。

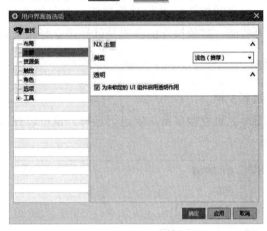

图 2-18　"用户界面首选项"对话框

2.4.2 对象参数设置

依次单击"菜单（M）"→"首选项（P）"→"对象（O）"，会弹出"对象首选项"对话框，如图 2-19 所示。对象参数的主要设置项有常规、分析和线宽，在常规设置中可以设置对象的类型、颜色、线型和宽度等。

图 2-19　"对象首选项"对话框

2.5 对象的操作

在三维设计过程中，很多时候需要进行对象操作。对象操作包括选择、隐藏、显示、删除、恢复和编辑对象等功能。对象操作的前提是已经建立好相关对象。

2.5.1 选择对象

选择对象的方式有如下 3 种。

我们可以用鼠标在图形区里直接单击对象进行选择，也可以在部件导航器中单击对象进行选择，如图 2-20 所示。

图 2-20 部件导航器

为了更精确地进行选择，我们还可以通过上边框条的"选择过滤器"操作进行选择，如图 2-21 所示。

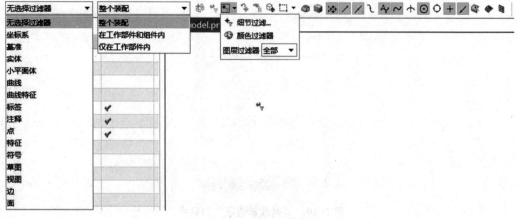

图 2-21 选择过滤器

在"选择过滤器"中，各选项的功能如下。

◆在 [无选择过滤器 ▼] 下拉列表框中选择过滤器类型，可将选择范围过滤至特定类型。

◆在 [整个装配 ▼] 下拉列表框中选择选择范围，可将选择范围过滤至特定范围，包括整个装配、在工作部件和组件内、仅在工作部件内这3种类型。

◆单击"重置过滤" 按钮，可将所有过滤器选项（类型、范围和常规选择等）重置为未筛选状态；当为设定过滤器时，图标是灰色 ，为不可选状态。

◆在"常规选择过滤器" 下拉列表框中，可以访问常规的选择过滤器，包括细节过滤、颜色过滤器和图层过滤器。

单击 细节过滤... 按钮，弹出的"细节过滤"对话框如图2-22所示；
单击 颜色过滤器 按钮，弹出的"颜色"对话框如图2-23所示。

图2-22 "细节过滤"对话框

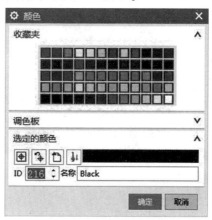

图2-23 "颜色"对话框

2.5.2 隐藏和显示对象

当模型或装配比较复杂时，相关对象比较多，为了方便操作和观察，有时需要对某些对象进行隐藏操作。隐藏和显示对象的操作有如下3种方式。

◆打开"部件导航器"，在选定对象上右击，弹出快捷菜单后执行"隐藏"命令，使对象被隐藏，如图2-24所示。如果是显示对象，则在被隐藏的对象上右击，执行"显示"按钮。

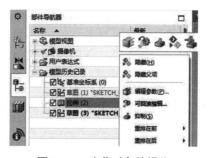

图2-24 隐藏对象的操作

◆依次单击"菜单（M）"→"编辑（E）"→"显示和隐藏（H）"，也可以隐藏和显示对象，如图2-25所示。

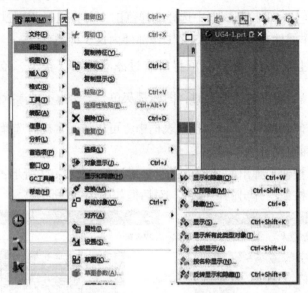

图2-25　显示和隐藏对象的操作

◆打开"部件导航器"，去掉对象前面小方框里的"√"，也可以隐藏该对象，但同时也会抑制此对象，后续依赖于此对象的特征也会被抑制。要显示该对象就单击前面的小方框，使其打"√"。

2.6　图层的使用

图层是在UG NX中进行三维设计时，为了方便各实体或组件的控制操作以及区分相关辅助图线、面或其他对象而采用的。不同对象放在不同的图层中，用户可以通过对图层的操作来对某一类图素进行共同操作。

在每个UG NX文件中，最多可以含有256个图层，在每一个图层上都可以包含任意数量的对象。因此一个图层可以含有部件的所有对象，也可以将不同对象分布在任意一个或多个图层中。为了方便工程设计，建议将不同类型的对象放在不同的图层中，具体情况如下。

◆1~10图层：放置各种实体特征对象。

◆31~40图层：放置草图、曲线和点对象。

◆61~70图层：放置基准坐标系、基准平面和基准轴对象。

2.6.1　图层设置

在一个部件的操作过程中，只能有一个图层是工作图层，所有的操作也只能在当前工作图层上进行，而其他图层只能进行可见或可选择操作。在"视图"功能选项卡的工具条"可见性"组中图层列表显示的数字就是当前工作图层号，如图2-26所示。

在新建文件后，所有的图层都已经默认存在了，用户只需调出来即可。

例如，要求草图对象在61层工作，就应该在绘制草图之前把61层设置为工作图层。设置工作图层的操作方法有3种，分别如下。

◆在"视图"功能选项卡的工具条"可见性"组的"图层列表"文本框中输入"61"，然后按<Enter>键。

◆在"视图"功能选项卡的工具条"可见性"组中，单击 📑图层设置 按钮，弹出"图层设置"对话框，如图2-27所示。在对话框"工作层"文本框中输入"61"，然后按<Enter>键。

◆依次单击"菜单（M）"→"格式（R）"→"图层设置（S）"，弹出"图层设置"对话框，然后在"工作层"文本框中输入"61"，再按<Enter>键。

图2-26　"视图"功能选项卡

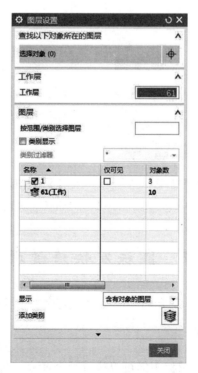

图2-27　"图层设置"对话框

2.6.2 移动至图层

在一个图层上创建对象后，将该图层的对象移动到另一个图层上的操作方法如下：

（1）单击在工具条"可见性"组中的 移动至图层 按钮或者依次单击"菜单（M）"→"格式（R）"→"移动至图层（M）"，弹出"类选择"对话框，如图2-28所示；

（2）在"类选择"对话框中选择要移动的对象，单击 确定 按钮，返回到"图层移动"对话框；

（3）在"图层移动"对话框中输入要移入的图层号，如图2-29所示，单击 确定 按钮即可将选择的对象移动到新图层。

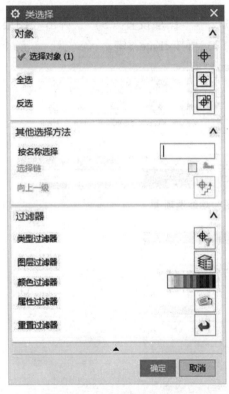

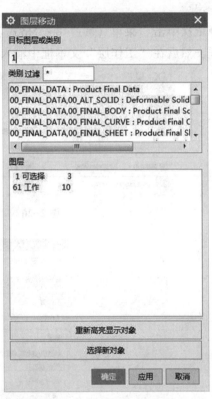

图2-28　"类选择"对话框　　　　图2-29　"图层移动"对话框

2.7 鼠标及快捷键操作

2.7.1 鼠标基本操作

在UG NX 12.0软件中，鼠标不但可以执行某个命令、选取模型中的几何要素，还可以控制图形区中的模型进行缩放和移动，从而改变模型的显示状态，但模型的真实大小和位置不变。操作鼠标,对应的模型变化如下。

◆按住鼠标中键不放,并移动鼠标,可以旋转图形区中的对象。

◆滚动鼠标滚轮,可以缩放图形区中的对象。向前滚,对象变大;向后滚,对象变小。

◆按住键盘上的<Shift>键和鼠标中键,并移动鼠标,可以平移图形区中的对象。

2.7.2 快捷键操作

在 UG NX 12.0 软件中,除了用鼠标操作外,还可以使用快捷键来执行一些常用操作,从而提高绘图效率。快捷键在下拉菜单对应命令的右侧均有显示,一些常用的快捷键及功能如表 2-1 所示。

表 2-1 常用的快捷键及功能

快捷键	功能说明	快捷键	功能说明
<Ctrl+N>	新建文件	<Ctrl+O>	打开文件
<Ctrl+S>	保存文件	<Ctrl+B>	隐藏对象
<Ctrl+P>	打印文件	<Ctrl+J>	编辑对象显示
<Ctrl+C>	复制	<Ctrl+A>	全选
<Ctrl+X>	剪切	<Ctrl+W>	显示和隐藏管理
<Ctrl+V>	粘贴	<Ctrl+Z>	撤销上一步操作
<Ctrl+Shift+M>	切换到建模模块	<Ctrl+Shift+D>	切换到制图模块

2.8 本章小结

本章是操作 UG NX 12.0 软件的基础,内容包括软件的启动和退出,文件的操作,工作界面的功能,首选项的设置,对象的操作,图层的使用和鼠标及快捷键操作。所涉及内容都是操作 UG NX 12.0 软件的基本步骤,应该熟练掌握,为后面的学习打下坚实的基础。

◢◢◢ 练习题

1. 在文件名和文件路径上,UG NX 12.0 与之前的版本有何变化?

2. 软件的启动界面和工作界面有何区别和联系?

3. 什么是图层?如何使用图层?

4. 鼠标及快捷键的操作有哪些?有何作用?

第 3 章
曲线的创建与操作

曲线作为创建模型的基础，广泛应用于特征建模过程中。我们可以通过曲线的拉伸、旋转等操作创建特征，也可以用曲线创建曲面进行复杂特征建模。在特征建模过程中，曲线也常用作建模的辅助线（如定位线、中心线等），另外，创建的曲线还可添加到草图中进行参数化设计。利用曲线生成功能，可创建基本曲线和高级曲线。利用曲线操作功能，可以进行曲线的偏置、桥接、相交、截面和简化等操作。利用曲线编辑功能，可以修剪曲线、编辑曲线参数和拉伸曲线等。

本章主要介绍 UG NX 12.0 的曲线创建和操作知识。曲线是创建曲面的框架，是构成曲面的主要途径之一。曲线主要包含直线、圆弧、圆、样条和矩形等，曲面设计也是以曲线的创建为基础，因此掌握曲线的创建和操作非常重要。

3.1　曲线工具概述

曲线的创建和操作需要在"建模"模块工作界面中进行操作，因此需先新建文件或打开已有的文件，并进入建模模块中。

"曲线"选项卡的工具条中有"直接草图"组、"曲线"组、"派生曲线"组和"编辑曲线"组，如图 3-1 所示。

图 3-1　"曲线"选项卡

在菜单中也可以调出曲线工具命令。依次单击"菜单（M）"→"插入（S）"→"曲线（C）"，如图 3-2 所示；依次单击"菜单（M）"→"编辑（E）"→"曲线（C）"，如图 3-3 所示，其和功能区上的命令是一样的。

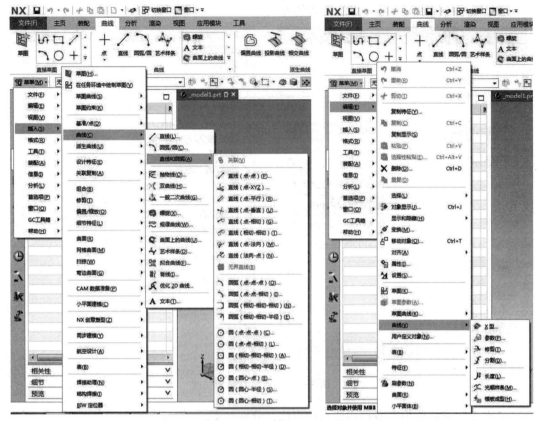

图 3-2 "曲线"菜单 1　　　　　　　　　图 3-3 "曲线"菜单 2

3.2　创建点与点集

点是空间上某个位置的标记。创建点命令用于逆向工程、辅助线、面等的创建和特殊场合位置的确定。创建点集命令用于创建一组与现有几何体对应的点，如沿曲线、面和样条曲线生成点。

3.2.1　点的创建

点是最基本的几何特征元素，通过点可以构造曲线。调出"点"对话框的操作方式有如下两种。

◆单击"曲线"选项卡功能区中的 ╋点 图标，弹出"点"对话框，如图 3-4 所示。

◆依次单击"菜单（M）"→"插入（S）"→"基准/点（D）"→"+点（P）"，也可以弹出"点"对话框。

创建点命令一次只能创建一个点，如需要创建多个点则需重复创建点命令，创建点也可以通过鼠标捕捉或键盘输入点的位置的方式。

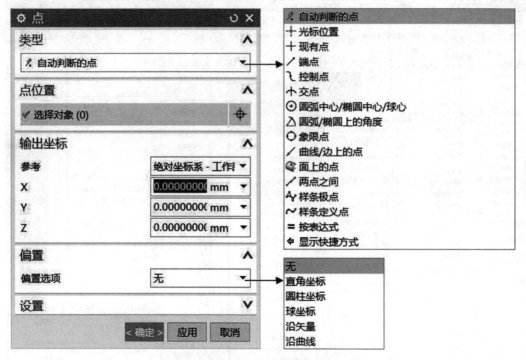

图 3-4　"点"对话框

在"点"对话框中有多种构造点的方法，分别如下。

1. 按"类型"捕捉方式生成点

按"类型"捕捉方式是指根据捕捉形式在所选对象上生成对应的点对象。在"类型"下拉列表框中有多个选项，具体形式及功能分别如下。

（1）自动判断的点选项：系统根据选择对象自动判断来指定一个点位置，所有自动推断的选项被局限于光标位置、现有点、端点、控制点以及圆弧/椭圆中心中。

（2）光标位置选项：通过光标的位置来指定一个点位置。

（3）现有点选项：通过选择一个现有点对象来指定一个点位置。

（4）端点选项：在现有直线、圆弧、二次曲线以及其他曲线的端点来指定一个点位置。

（5）控制点选项：在几何对象的控制点上指定一个点位置。

（6）交点选项：在两条曲线的交点或一条曲线和一个曲面（或平面）的交点处指定一个点位置。

（7）圆弧中心/椭圆中心/球心选项：在圆弧、椭圆、圆、椭圆或球的中心点指定一个点位置。

（8）圆弧/椭圆上的角度选项：在沿着圆弧或者椭圆的成角度的位置指定一个点位置。X 轴正方向作为角度的参考正方向，并沿圆弧按逆时针方向测量它。

（9）象限点选项：在圆弧或者椭圆的四分之一处指定一个点位置。

（10） ✎ **曲线/边上的点**选项：在曲线或者边上指定一个点位置。

（11） ❀ **面上的点**选项：在面上指定一个点位置。

（12） ✎ **两点之间**选项：在两点之间指定一个点位置。

（13） ⋀ **样条极点**选项：在样条极点处指定一个点位置。

（14） ⌁ **样条定义点**选项：在样条的定义点处指定一个点位置。

（15） = **按表达式**选项：按照一个数学表达式指定一个点位置。

2. 输入创建点的坐标值

在"点"对话框中的"输出坐标"区域有设置点坐标的 X、Y、Z 的三个文本框。用户可以直接在文本框中输入点的坐标值，然后单击 确定 按钮，系统会自动按输入的坐标值生成并定位点。在对话框中"参考"下拉列表框中有坐标系选项，当用户选择"WCS"时，在文本框中输入的坐标值是相对于用户坐标系的；当用户选择"绝对坐标系"时，坐标文本框的标识变成"X、Y、Z"，此时输入的坐标值为绝对坐标值，它是相对于绝对坐标系的。

3. 利用偏移方式生成

通过指定偏移参数的方式来确定点的位置。在操作时，用户先利用捕捉点方式确定偏移参考点，再输入相当于参考点的偏移参数来创建点。

在"点"对话框中"偏置选项"下拉列表框中有多种选项，分别如下。

（1）"直角坐标"选项：用于参考点的方向创建一个偏置点，键入值可以选择绝对坐标系或者 WCS 坐标。选定的坐标系及其方位决定偏置的方向，坐标系的原点对偏置无影响。

（2）"圆柱坐标"选项：通过指定圆柱坐标系来偏置一个点，需要指定半径、角度和沿 Z 轴的距离参数。需要注意，指定半径和角度总是在 XC-YC 平面上。

（3）"球坐标"选项：通过球坐标系偏置一个点，主要参数包括两个角度和一个半径。一个角度通过选定参考点测量得出，位于 X-Y 平面上；另一个角度是 X-Y 平面偏置点的提升角。半径定义为参考点和偏置点之间的距离。

（4）"沿矢量"选项：通过指定方向和距离来偏置一个点，选择一条直线以定义方向。该点沿最靠近选择端点的直线端点的方向偏置。

（5）"沿曲线"选项：按指定的弧长距离或曲线完整路径长度的百分比来沿曲线偏置一个点。

3.2.2 点集的创建

点集用于创建一组与现有几何体对应的点，如沿曲线、面、样条曲线生成点。调出"点集"对话框的操作方式有如下两种。

◆单击"曲线"选项卡功能区中的 ⁺⁺⁺ 按钮，弹出"点集"对话框，如图 3-5 所示。

◆依次单击"菜单（M）"→"插入（S）"→"基准/点（D）"→"点集（S）"，也可以弹出"点集"对话框。

图3-5 "点集"对话框

在"点集"对话框中相关选项的功能说明如下。

◆"类型"：指定要创建的点集方式，在其下拉列表框中包括曲线点、样条点、面的点等选项。

◆"子类型"：根据"类型"下拉列表框中所选择的内容，自动切换为相应的子类型。

3.3 各种曲线的创建

曲线有多种类型，分别是基本曲线、椭圆、正多边形、艺术样条、规律曲线、螺旋线和文本曲线。

3.3.1 基本曲线

基本曲线是集直线、圆弧、圆、曲线倒圆、修剪、编辑功能于一体的曲线工具。由于基本曲线没有关联性，且不便用参数驱动，故其主要用于不需要变动的零件设计、辅助线条创建等。

1. 直线的创建

直线是一个基本的构图元素。例如，两点连线可以生成一条直线，两个平面相交也可以生成一条直线等。创建直线的操作方式有如下两种。

◆单击"曲线"选项卡工具条中"曲线"组中的 **直线** 按钮。

◆依次单击"菜单（M）"→"插入（S）"→"曲线（C）"→"直线（L）"。

创建的"直线"对话框如图 3-6 所示。

图 3-6 "直线"对话框

2. 圆弧/圆的创建

圆弧/圆是指在平面上到定点的距离等于定长的点（或所有点）的集合。使用此选项可迅速创建关联圆和圆弧特征，所获取的圆弧类型取决于用户组合的约束类型。通过组合不同类型的约束，可以创建多种类型的圆弧。也可以用此选项创建非关联圆弧，但是它们是简单曲线，而非特征。

创建圆弧/圆的操作方式有如下两种。

◆单击"曲线"选项卡工具条中"曲线"组中的 **圆弧/圆** 按钮。

◆依次单击"菜单（M）"→"插入（S）"→"曲线（C）"→"圆弧/圆（C）"。

创建的"圆弧/圆"对话框如图 3-7 所示。

在"圆弧/圆"对话框中的"类型"下拉列表框中有"三点画圆弧"和"从中心开始的圆弧/圆"两种选项，分别如图 3-8（a）、（b）所示。

图 3-7 "圆弧/圆"对话框

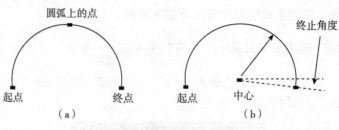

图 3-8　圆弧/圆的绘制

（a）三点画圆弧；（b）从中心开始的圆弧/圆

3. 直线和圆弧的创建

直线和圆弧的创建是用于使用预定义约束组合方式来快速创建关联或非关联直线和曲线的，在用户已知直线和曲线约束关系的条件下，使用该选项比较方便。

依次单击"菜单（M）"→"插入（S）"→"曲线（C）"→"直线和圆弧（A）"，打开"直线和圆弧"菜单，如图 3-9 所示。

图 3-9　"直线和圆弧"菜单

在"直线和圆弧"菜单栏中有多种创建方法，部分命令的功能说明如下。

（1） 直线（点-XYZ）…命令：可创建与指定参考对象（如 X 轴、Y 轴、Z 轴）相平行的直线，如图 3-10 所示。

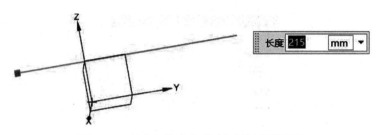

图 3-10 创建与指定参考对象相平行的直线

（2） □ 圆弧 (相切-相切-相切)命令：可创建与 3 个指定对象（如 3 条直线）相切的圆弧，如图 3-11 所示。

（3） ◎ 圆 (相切-相切-相切)命令：可创建与 3 个指定对象（如 3 条直线）相切的圆，如图 3-12 所示。

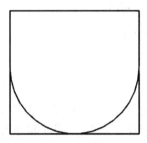 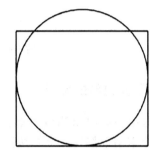

图 3-11 创建与 3 个指定对象相切的圆弧 图 3-12 创建与 3 个指定对象相切的圆

3.3.2 椭圆的创建

椭圆是指与两定点的距离之和为一指定值的点的集合，其中两个定点称之为焦点。默认的椭圆会在与工作平面平行的平面上创建，包括长轴和短轴，每根轴的中点都在椭圆的中心。椭圆的最长直径就是长轴；最短直径就是短轴；长半轴和短半轴的值指的是这两个轴长度的一半。如图 3-13 所示为椭圆的创建。

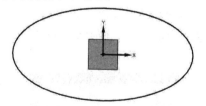

图 3-13 椭圆的创建

依次单击"菜单（M）"→"插入（S）"→"草图曲线（S）"→"椭圆（E）"，弹出"椭圆"对话框，如图 3-14 所示。在该对话框中需指定其中心，按照提示输入相关参数即可。

图3-14 "椭圆"对话框

3.3.3 正多边形的创建

正多边形是指所有内角和棱边都相等的简单多边形，其所有顶点都在同一个外接圆上，并且每一个多边形都有一个外接圆，其常常用于创建螺母、螺钉等外形规则的物体。如图3-15所示为正六边形的创建。

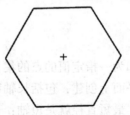

图3-15 正六边形的创建

依次单击"菜单（M）"→"插入（S）"→"草图曲线（S）"→"多边形（Y）"，弹出"多边形"对话框，如图3-16所示。在该对话框中需指定其中心，按照提示输入相关参数即可。

图3-16 "多边形"对话框

3.3.4 艺术样条的创建

艺术样条是指通过拖放顶点和极点，并在定点指定斜率约束的曲线。该样条曲线多用于数字化绘图或动画设计，与"样条"曲线相比，艺术样条一般由很多点生成，如图3-17所示。

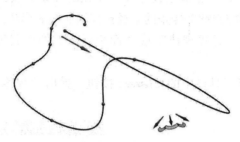

图3-17 艺术样条的创建

依次单击"菜单（M)"→"插入（S)"→"草图曲线（S)"→"艺术样条（D)"（或单击"曲线"选项卡工具栏中的 🕊 按钮），弹出"艺术样条"对话框，如图3-18所示。

图3-18 "艺术样条"对话框

在对话框中有两种类型方法,分别单击 ∿ 通过点 按钮和 ∿ 根据极点 按钮来创建艺术样条,按照提示在图形区确定相关点后即可生成艺术样条。

3.3.5 规律曲线的创建

规律曲线是指 X、Y、Z 坐标值按设定规则变化的样条曲线,其主要通过改变参数来控制曲线的变换规律,如控制螺旋样条的半径,控制曲线的形状,控制"面倒圆"的横截面,对扫掠曲面特征定义"角度规律"或"面积规律"的控制等。规律曲线的创建如图3-19所示。

单击"曲线"选项卡工具栏中的 ∿ 规律曲线 按钮,弹出"规律曲线"对话框,如图3-20所示。

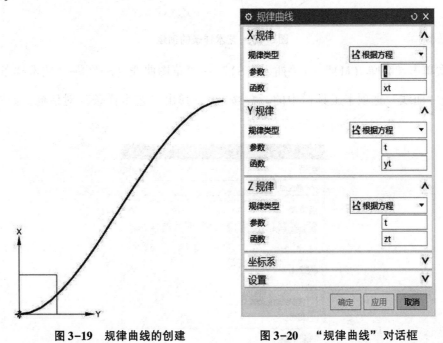

图3-19 规律曲线的创建　　　　图3-20 "规律曲线"对话框

3.3.6 螺旋线的创建

螺旋线是指一个固定点向外旋绕生成的曲线,其具有指定圈数、螺距、弧度、旋转方向和方位,螺旋线的创建如图3-21所示。螺旋线常常作为螺杆、弹簧等特征的基础曲线。

单击"曲线"选项卡工具栏中的 ❸ 螺旋 按钮,弹出"螺旋"对话框,如图3-22所示。

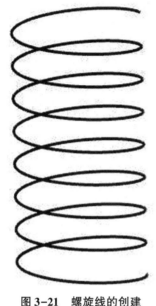

图 3-21　螺旋线的创建　　　　图 3-22　"螺旋"对话框

3.3.7　文本的生成

在工程实际设计过程中，为了便于区分多个不同零件，通常对零件进行刻印编号，另外对某些需要特殊处理的地方添加文字说明。因此，可以在 UG 建模过程中，使用"文本"命令在模型上添加文字说明，或者利用"文本"命令创建文字的曲线来进行拉伸等操作，从而制作贴花、标签等图纸。文字生成后如图 3-23 所示。

依次单击"菜单（M）"→"插入（S）"→"曲线（C）"→"文本（T）"（或单击"曲线"选项卡工具栏中的 A 文本 按钮），进入"文本"对话框，如图 3-24 所示。

图 3-23　文字的生成

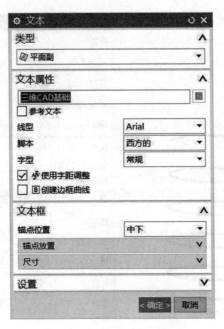

图 3-24　"文本"对话框

3.4　曲线的操作

曲线操作是指对已存在的曲线进行几何运算处理，如曲线偏置、桥接、投影、合并等。在曲线生成过程中，多数曲线属于非参数性曲线类型，一般在空间中具有很大的随意性和不确定性。通常创建曲线后，并不能满足用户要求，往往需要借助各种曲线的操作手段对曲线做进一步处理，从而满足用户要求。本节将介绍曲线操作的常用命令。

3.4.1　偏置曲线

偏置曲线是指对已有的二维曲线（如直线、圆弧、二次曲线、样条曲线以及实体的边缘线等）进行偏置，得到新的曲线。可以选择是否使偏置曲线与原曲线保持关联，如果选择"关联"选项，则当原曲线发生改变时，偏置生成的曲线也会随之改变。曲线可以在选定几何体所定义的平面内偏置，也可以使用"拔模角"和"拔模高度"选项偏置到一个平行平面上，或者沿着指定的"3D 轴向"矢量偏置。多条曲线只有位于连续线串中时才能偏置。生成曲线的对象类型与其输入曲线相同，如果输入线串为线性，则必须通过定义一个与输入线串不共线的点来定义偏置平面。

依次单击"菜单（M）"→"插入（S）"→"派生曲线（U）"→"偏置（O）"（或单击"曲线"选项卡工具栏中的　　按钮），弹出"偏置曲线"对话框，如图 3-25

所示。

在对话框中先选定要偏置的曲线，然后选定的曲线上出现一箭头，表示偏置方向，可单击⊠按钮使偏移反向。选择偏置类型，并设定相应的参数，单击 确定 按钮即可，曲线的偏置如图3-26所示。

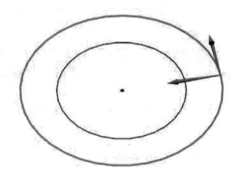

图3-25 "偏置曲线"对话框　　　　　图3-26 曲线的偏置

3.4.2 桥接曲线

桥接是指在现有几何体之间创建桥接曲线并对其进行约束，可用于光顺连接两条分离的曲线（包括实体、曲面的边缘线）。在桥接过程中，系统实时反馈桥接的信息，如桥接后的曲线形状、曲率梳等，有助于分析桥接效果。

依次单击"菜单（M）"→"插入（S）"→"派生曲线（U）"→"桥接（B）"（或单击"曲线"选项卡工具栏中的 桥接曲线 按钮），弹出"桥接曲线"对话框，如图3-27所示。曲线的桥接如图3-28所示。

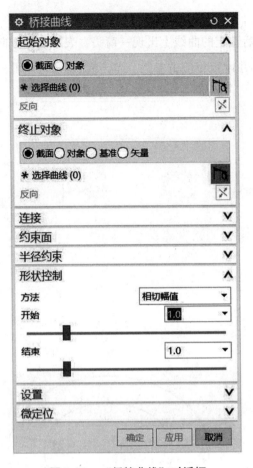

图 3-27　"桥接曲线"对话框

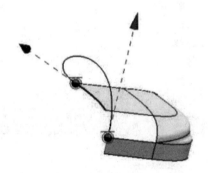

图 3-28　曲线的桥接

3.4.3　镜像曲线

如果创建的曲线为对称形式，通常只需要创建其中对称的一侧，然后通过镜像命令完成另一侧对称曲线的创建。

依次单击"菜单（M)"→"插入（S)"→"派生曲线（U)"→"镜像（M)"（或单击"曲线"选项卡工具栏中的  按钮），弹出"镜像曲线"对话框，如图 3-29 所示。

在该对话框中，首先选择需要镜像的曲线，然后选择镜像平面，单击 确定 按钮完成曲线镜像操作，如图 3-30 所示。

图 3-29　"镜像曲线"对话框

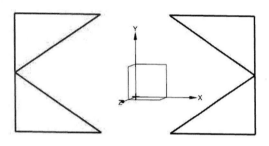

图 3-30　曲线的镜像

3.4.4　投影曲线

投影曲线是指将曲线或点沿某一个方向投影到已有的曲面、平面或参考平面上。投影之后，可以自动连接输出的曲线，但是如果投影曲线与面上的孔或面上的边缘相交，则投影曲线会被面上的孔和边缘所修剪。

依次单击"菜单（M）"→"插入（S）"→"派生曲线（U）"→"投影（P）"（或单击"曲线"选项卡工具栏中的 ✈ 按钮），弹出"投影曲线"对话框，如图 3-31 所示。利用该命令，完成投影曲线操作后如图 3-32 所示。

图 3-31　"投影曲线"对话框

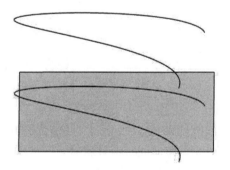

图 3-32　曲线的投影

3.4.5　相交曲线

相交曲线是指利用两个几何对象相交而生成的曲线。

依次单击"菜单（M）"→"插入（S）"→"派生曲线（U）"→"相交（I）"（或单击"曲线"选项卡工具栏中的  按钮），弹出"相交曲线"对话框如图3-33所示。

图3-33 "相交曲线"对话框

相交曲线的操作示意如图3-34所示。

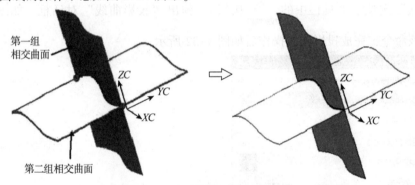

图3-34 相交曲线的操作示意

3.5 曲线的编辑

在曲线创建完成后，一些曲线之间的组合并不满足设计需求，这就需要用户通过编辑曲线工具来调整曲线。本节就对一些常用的曲线编辑方法进行介绍。

3.5.1 编辑曲线参数

依次单击"菜单（M）"→"编辑（E）"→"曲线（V）"→"参数（P）"，弹出"编辑曲线参数"对话框如图3-35所示。

图 3-35　"编辑曲线参数"对话框

在对话框中选定要编辑的曲线后，根据曲线类型自动弹出相应的对话框，然后进行相应的参数修改即可。

3.5.2　修剪曲线

修剪曲线是指根据指定的用于修剪的边界实体和曲线分段来调整曲线的端点。可以修剪或延伸直线、圆弧、二次曲线或样条曲线，也可以修剪到（或延伸到）曲线、边缘、平面、曲面、点或光标位置，还可以指定修剪过的曲线与其输入参数相关联。当修剪曲线时，可以使用体、面、点、曲线、边缘、基准平面和基准轴作为边界对象。

依次单击"菜单（M）"→"编辑（E）"→"曲线（V）"→"修剪（T）"（或单击"编辑曲线"工具组中的 ⚞ 修剪曲线 按钮），弹出"修剪曲线"对话框，如图 3-36 所示。完成修剪曲线操作后如图 3-37 所示。

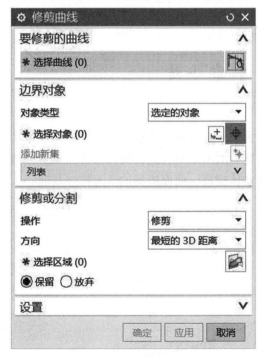

图 3-36　"修剪曲线"对话框

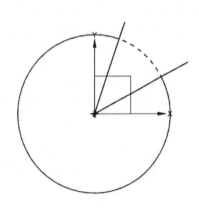

图 3-37　曲线的修剪

3.5.3 曲线长度

"曲线长度"命令可以用于测量曲线的长度，也可以修改曲线的长度参数等。

依次单击"菜单（M)"→"编辑（E)"→"曲线（V)"→"长度（L)"（或单击"编辑曲线"工具组中的  按钮），弹出"曲线长度"对话框，如图 3-38 所示。

图 3-38　"曲线长度"对话框

3.6　本章小结

本章主要介绍了各种曲线工具的使用方法、各种曲线的创建方法、各种曲线的操作方法，以及曲线的主要编辑方法。用户需要通过对本章内容进行深入学习，重点掌握常用曲线的创建和编辑方法，才能更好地为后续实体建模、曲面造型的学习打好基础。

练习题

1. 在给定的曲线上均布 10 个点，如下图所示。

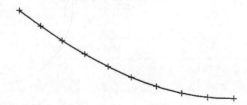

2. 绘制 3 条相互连接的空间曲线，起点坐标为（0，0，0），分别沿 ZC、YC、XC 方向，长度均为 100 mm，如下图所示。

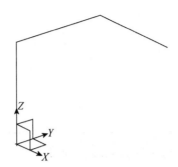

3. 绘制一条螺旋线，方位沿 *ZC* 方向，直径为 100 mm，螺距为 15 mm，圈数为 10，创建弹簧模型，线径为 6 mm，如下图所示。

第4章

草图的绘制

草图是 UG 建模中建立参数化模型的一个重要工具，也是创建各种拉伸、回转和扫掠等特征的基础。草图和曲线功能相似，不同的是，在绘制二维草图时，只需要绘制出图形的基本轮廓，然后对图形添加对应的尺寸和几何约束，系统可通过尺寸和几何驱动得到精准的图形轮廓。

4.1 草图的工作环境

4.1.1 草图的首选项设置

在绘制草图之前，需要对草图环境进行设置。草图环境的设置是在进入草图的工作环境之前进行的。依次单击"菜单（M）"→"首选项（P）"→"草图（S）"，如图 4-1 所示，弹出"草图首选项"对话框，如图 4-2 所示。

图 4-1　打开"草图首选项"对话框的操作

图 4-2　"草图首选项"对话框

"草图首选项"对话框中的各标签说明如下。

（1）"草图设置"选项卡如图4-2所示，各选项及其功能的说明如下。

◆ "尺寸标签"。"尺寸标签"的下拉列表框中表达式、名称和值选项，表示草图上标注文本的显示方式。

◆ "文本高度"。在标注尺寸时，草图尺寸数值的文本高度。

◆ "创建自动判断约束"。在绘制草图过程中，自动判断约束类型。

◆ "连续自动标注尺寸"。如果选中该复选框，则表示在绘制草图操作时自动标注尺寸；如果关闭该选项，则表示当绘制草图操作时，没有尺寸生成。（注意：为了绘图界面整洁，接下来的草图绘制介绍都不需要"连续自动标注尺寸"功能。）

（2）"会话设置"选项卡如图4-3所示，各选项及其功能的说明如下。

◆ "对齐角"。在绘制直线时，如果起点与光标位置连线接近水平或垂直，则捕捉功能会自动捕捉到水平或垂直的位置。对齐角是自动捕捉的最大角度。例如，对齐角为3°，当起点与光标位置连线与水平或垂直工作坐标轴的夹角小于3°时，绘制的直线就会自动捕捉到水平或者垂直位置。

◆ "显示自由度箭头"。如果选中该复选框，则进行尺寸标注，在草图曲线端点处用箭头显示自由度；如果关闭该选项，则不显示。

◆ "显示约束符号"。如果选中该复选框，则在绘制草图过程中，如果有约束的直线或曲线，约束符号会在图形区上显示；如果关闭该选项，则不显示约束符号。

◆ "保持图层状态"。如果选中该复选框，当进入某一草图对象时，该草图所在图层自动设置为当前工作图层，退出时恢复原图层为当前工作图层；如果不勾选该复选框，则退出时保持草图所在图层为当前工作层。

（3）"部件设置"选项卡如图4-4所示。

图4-3　"会话设置"选项卡

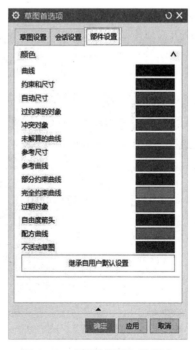

图4-4　"部件设置"选项卡

部件设置主要是对曲线、约束和尺寸、自动标注尺寸、过约束的对象、冲突对象、未解算的曲线、参考尺寸、参考曲线、部分约束曲线、完全约束曲线、过期对象、自由度箭头、配方曲线和不活动草图的颜色进行设置。单击选项后面的颜色方框，就会弹出颜色选项对话框，选择想要的颜色。

4.1.2 草图的新建

绘制草图要在绘制环境中进行，因此要在 UG NX 12.0 软件中新建文件或打开已有的NX 文件，进入"建模"环境中。

新建草图的方式有两种，具体如下。

1. 新建草图的方式一

（1）单击"主页"选项卡功能区中的 [草图] 按钮，弹出"创建草图"对话框，如图4-5所示。

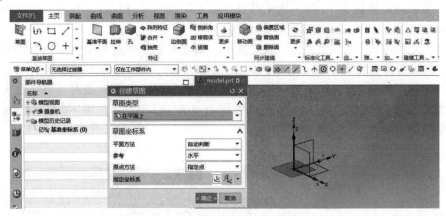

图4-5　"创建草图"对话框

（2）在对话框中，单击图形区中所需的平面作为草图平面，这里选择默认"XY平面"作为草图平面，并单击对话框中的 确定 按钮进入草图工作界面，如图4-6所示。

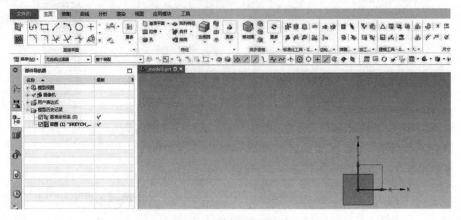

图4-6　草图工作界面

注意：在对话框中，当"指定坐标系"的背景变暗黄色之后，单击坐标系平面才生效。如果没有自动变黄色，需要单击使之变黄，才能进行选择；否则选择无效。

（3）建议所有绘制草图的操作都在"草图任务环境"中进行，因此单击"主页"选项卡功能区中的 更多 按钮，再执行"在草图任务环境中打开"命令，如图4-7所示。

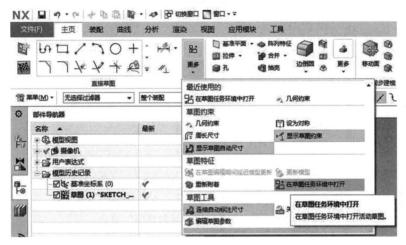

图4-7　"在草图任务环境中打开"命令

（4）进入草图任务环境工作界面，如图4-8所示。

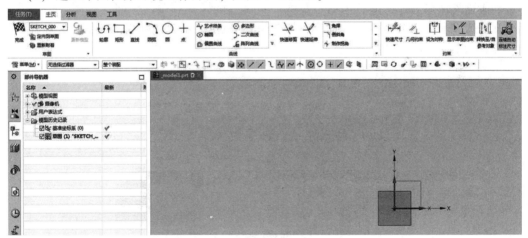

图4-8　草图任务环境工作界面

相对于草图工作界面，草图任务环境工作界面中各种草图绘制的命令更加全面和直观，因此绘制草图的操作都应在草图任务环境工作界面中进行。

2. 新建草图的方式二

（1）依次单击"菜单（M）"→"插入（S）"→"在任务环境中绘制草图（V）"，如图4-9所示。

（2）弹出"创建草图"对话框，单击 确定 按钮，直接进入草图任务环境工作界面中。

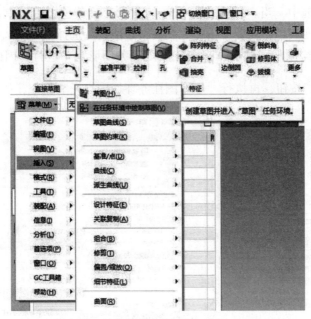

图 4-9　　"在任务环境中绘制草图"命令

　　当完成草图绘制后，单击功能区中的 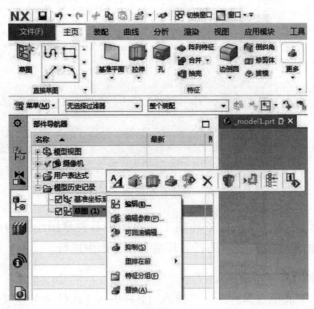 按钮，退出草图工作界面，完成草图。

　　如果需要对已经完成的草图进行修改，则在"部件导航器"中的"草图（1）"上右击，在快捷菜单中执行"编辑"命令，如图 4-10 所示。或者直接双击"部件导航器"中的"草图（1）"，也可以直接进入草图工作界面中。

图 4-10　　"草图编辑"命令

4.2　草图工作环境及功能介绍

这里所述的草图工作界面都是在草图任务环境下的工作界面，并且在"草图首选项"对话框中不勾选"连续自动标注尺寸"复选框。

4.2.1　草图绘制工具条

在"主页"选项卡的草图相关工具条有"草图"组、"曲线"组和"约束"组，如图 4-11 所示。

图 4-11　草图绘制工具条

在"草图"组中各按钮和列表框说明如下。

（1）　：单击该按钮完成当前草图操作，并退出草图环境。

（2）SKETCH_000 ：该下拉列表框中显示当前草图的名称，以及现有的草图列表，可从列表中选择激活其他草图。

（3）定向到草图：当在图形区作了旋转等操作，而当草图不处于正平面时，单击此按钮可以使草图定向到草图正平面上。或者在图形区中右击，在弹出的快捷菜单中执行"定向视图到草图"命令。

（4）重新附着：可移动当前草图到不同的平面上，或调整草图的 X、Y 方向。单击此按钮，弹出"重新附着草图"对话框，如图 4-12 所示。草图重新附着的目标平面或方向必须是在此草图之前创建。

图 4-12　"重新附着草图"对话框

4.2.2　"曲线"组

草图工具条中的"曲线"组主要用于绘制草图曲线，主要包括以下命令。

1. "轮廓"命令

通过"轮廓"命令可以绘制一系列相连的直线和圆弧。单击 按钮，弹出"轮廓"

对话框，如图4-13所示。

单击"轮廓"对话框中的 $\boxed{/}$ 按钮，绘制直线；单击 $\boxed{\frown}$ 按钮，绘制圆弧；绘制的曲线都是相连的。输入模式有"坐标模式" $\boxed{XY}$ 和"参数模式" $\boxed{凸}$ ，可以通过单击输入模式下的按钮进行转换。

图4-13　"轮廓"对话框

绘制轮廓线的步骤如下。

（1）单击工具条中 $\boxed{\curvearrowright}$ 按钮，在图形区弹出"轮廓"对话框。

（2）单击对话框中 $\boxed{/}$ 按钮，在图形区中任意一个位置单击左键，形成直线起点。

（3）在图形区中水平向右移动鼠标，在任意一个位置单击左键，形成直线的终点，绘成一条水平的直线。

也可以绘制和水平或垂直坐标轴成一定角度的直线，同时可以根据输入模式定义精确的直线长度尺寸及位置。

（4）单击对话框中 $\boxed{\frown}$ 按钮，直线的终点就是圆弧的起点，在直线终点下方任意一个位置单击左键，形成圆弧的终点，如图4-14所示。同时可以根据输入模式定义精确的圆弧尺寸及位置。

（5）单击鼠标中键（或者按键盘上<Esc>键），结束轮廓线的绘制。

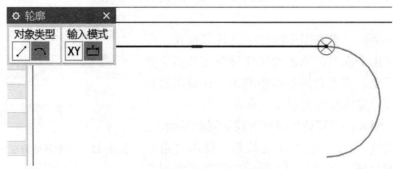

图4-14　绘制的轮廓线

2."矩形"命令

通过"矩形"命令绘制矩形。单击 $\boxed{\square}$ 按钮，弹出"矩形"对话框，如图4-15所示。

图 4-15 "矩形"对话框

在对话框中各选项功能说明如下。

（1）"矩形方法"区域有多种绘制方法，分别如下。

◆单击 按钮可以按照对角上的两点创建矩形。

◆单击 按钮可以从起点、决定宽度与高度的第 2 点和决定角度的第 3 点进行创建矩形。

◆单击 按钮可以从中心点、第 2 点和第 3 点来建立矩形。

（2）"输入模式"区域有"坐标模式" XY 和"参数模式" ，可以通过单击输入模式下的按钮进行转换。

绘制矩形的方法如下。

◆ "两点"绘制矩形，如图 4-16 所示。

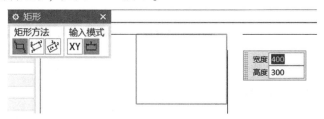

图 4-16 "两点"绘制矩形

◆ "三点"绘制矩形，如图 4-17 所示。

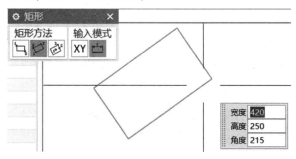

图 4-17 "三点"绘制矩形

◆ "中心+两个点"绘制矩形，如图 4-18 所示。

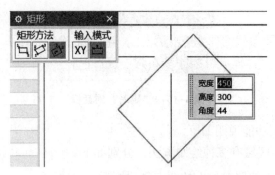

图4-18　"中心+两个点"绘制矩形

3. "直线"命令

通过"直线"命令可以绘制单个直线。单击 ![直线]按钮弹出"直线"对话框，如图4-19所示。

图4-19　"直线"对话框

绘制单个直线的步骤如下。

（1）单击工具条中的 ![直线]按钮，弹出"直线"对话框。

（2）在图形区中任意一个位置单击左键，形成直线起点。

（3）在图形区中水平向右移动鼠标，在任意一个位置单击左键，形成直线的终点，绘成一条水平的直线，如图4-20所示。

也可以绘制和水平或垂直坐标轴成一定角度的直线，同时可以根据输入模式定义精确的直线长度尺寸及位置。

（4）单击鼠标中键（或者按键盘上<Esc>键），结束直线的绘制。

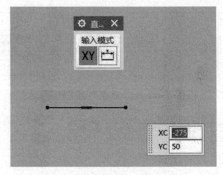

图4-20　绘制的单个直线

4. "圆弧"命令

通过"圆弧"命令可以绘制单个圆弧。单击 按钮，弹出"圆弧"对话框，如图 4-21 所示。

图 4-21 "圆弧"对话框

绘制单个圆弧的方法如下。

（1）"三点"绘制圆弧，如图 4-22 所示。

（2）"中心+端点"绘制圆弧，如图 4-23 所示。

图 4-22 "三点"绘制圆弧

图 4-23 "中心+端点"绘制圆弧

5. "圆"命令

通过"圆"命令可以绘制单个圆。单击 按钮，弹出"圆"对话框，如图 4-24 所示。

图 4-24 "圆"对话框

绘制单个圆的方法如下。

（1）"中心+直径"绘制圆，如图 4-25 所示。

（2）"三点"绘制圆，通过圆上 3 个点来绘制圆，如图 4-26 所示。

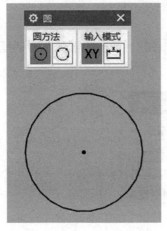

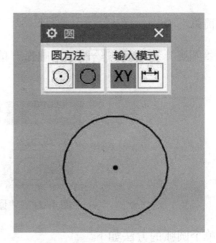

图 4-25　"中心+直径"绘制圆　　　　图 4-26　"三点"绘制圆

6. "点"命令

通过"点"命令可以绘制单个草图点。单击 ✛ 按钮，弹出"草图点"对话框，如图4-27所示。

绘制单个草图点的步骤如下。

（1）单击工具条中 ✛ 按钮，弹出"草图点"对话框。

（2）在图形区中任意一个位置单击左键，形成一个草图点，如图4-28所示。或者单击对话框中的 按钮进入"草图点"对话框，在该对话框中输入点的坐标来确定其位置。

（3）单击鼠标中键（或者按键盘上<Esc>键），结束草图点的绘制。

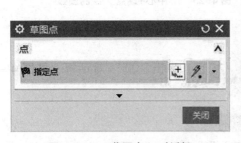

图 4-27　"草图点"对话框　　　　图 4-28　绘制的单个草图点

7. "艺术样条"命令

通过"艺术样条"命令可以绘制艺术样条曲线。单击 艺术样条 按钮，弹出"艺术样条"对话框，如图4-29所示。

图 4-29 "艺术样条"对话框

绘制艺术样条曲线的步骤如下。

（1）单击工具条中的 ⌒ 艺术样条 按钮，弹出"艺术样条"对话框。

（2）在对话框中"类型"下拉列表框中选择 ⌒ 通过点 选项。下拉列表框中各选项说明如下：

⌒ 通过点 选项表示创建的艺术样条曲线通过所选择的点；

⌃ 根据极点 选项表示创建的艺术样条曲线由所选择点的极点方式来约束。

（3）在图形区单击各个点，形成艺术样条曲线，如图 4-30 所示。

（4）单击对话框中的 确定 按钮，结束艺术样条曲线的绘制。

图 4-30 绘制的艺术样条曲线

8. "多边形"命令

通过"多边形"命令可以绘制多边形。单击 ⊙ **多边形** 按钮, 弹出"多边形"对话框, 如图 4-31 所示。

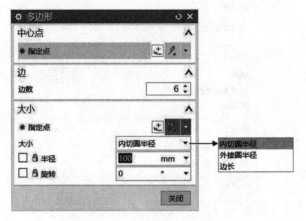

图4-31 "多边形"对话框

绘制多边形的步骤如下。

(1) 单击工具条中的 ⊙ **多边形** 按钮, 弹出"多边形"对话框, 在对话框中输入多边形的边数, 然后在对话框中的"大小"下拉列表框中选择"外接圆半径""内切圆半径"或"边长"。

(2) 在图形区中任意一个位置单击左键 (或者单击 ⊥ 按钮创建精准的中心点), 形成多边形的中心。

(3) 在多边形中心外的任意一个位置单击左键 (或在对话框中输入半径和旋转角度来得到精确的多边形), 形成一个多边形, 如图 4-32 所示。

(4) 单击对话框中的 关闭 按钮 (或者按键盘上<Esc>键), 结束多边形的绘制。

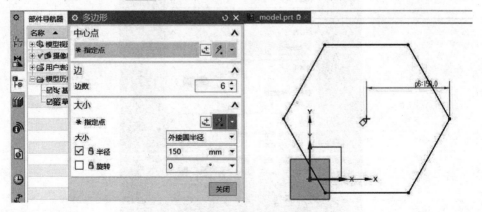

图4-32 绘制的多边形

9. "椭圆"命令

通过"椭圆"命令可以绘制椭圆。单击 ⊙ **椭圆** 按钮, 弹出"椭圆"对话框, 如图

4-33 所示。

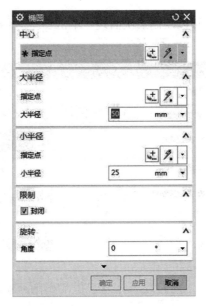

图 4-33 "椭圆"对话框

绘制椭圆的步骤如下。

（1）单击工具条中的 ⊙椭圆 按钮，弹出"椭圆"对话框，在对话框内输入椭圆的大半径、小半径和旋转的角度。

（2）在图形区中任意一个位置单击左键（或者单击 ⊡ 按钮创建精准的中心点），作为椭圆的中心，形成一个椭圆，如图 4-34 所示。

（3）单击对话框中的 确定 按钮，结束椭圆的绘制。

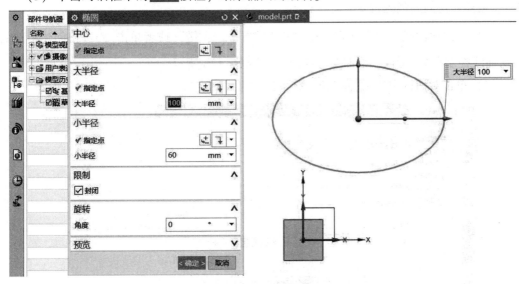

图 4-34 绘制的椭圆

10. "二次曲线"命令

通过"二次曲线"命令可以绘制二次曲线。单击 ⟩·二次曲线 按钮，弹出"二次曲线"对话框，如图 4-35 所示。

图 4-35 "二次曲线"对话框

绘制二次曲线的步骤如下。

（1）单击工具条中的 ⟩·二次曲线 按钮，弹出"二次曲线"对话框。

（2）在图形区中任意一个位置单击左键（或者单击 ⊞ 按钮创建精准的二次曲线起点），形成二次曲线的起点。

（3）在图形区中任意另一个位置单击左键（或者单击 ⊞ 按钮创建精准的二次曲线终点），形成二次曲线的终点。

（4）在二次曲线的起点和终点外的一个位置单击左键（或者单击 ⊞ 按钮创建精准的二次曲线控制点），形成二次曲线的控制点，如图 4-36 所示。

（5）单击对话框中的 确定 按钮，结束二次曲线的绘制。

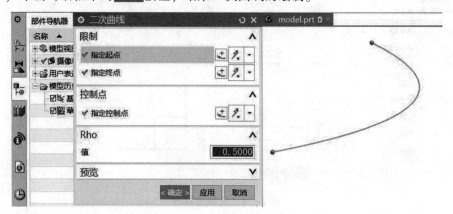

图 4-36 绘制的二次曲线

4.2.3　草图曲线操作

草图曲线操作命令有偏置曲线、阵列曲线、镜像曲线和投影曲线等，如图4-37所示。

图4-37　草图曲线操作命令

注意：可以通过单击左边的 ▼ 按钮进行上下移动，显示出其他的曲线操作命令，或者单击 ▼ 按钮，显示全部的命令。

1. "偏置曲线"命令

通过"偏置曲线"命令可对草图中的曲线进行一定距离偏移，形成与原曲线形状相似、有关联的新曲线。单击 偏置曲线 按钮，弹出"偏置曲线"对话框，如图4-38所示。

图4-38　"偏置曲线"对话框

偏置曲线的操作步骤如下。

（1）在草图任务环境下绘制一个矩形，如图4-39所示。

（2）单击工具条中的 偏置曲线 按钮，弹出"偏置曲线"对话框。

（3）在图形区中选择要偏置的矩形，形成偏置曲线。在对话框中"距离"文本框输入要偏离的距离，如10 mm，如图4-40所示。也可以单击 ✗ 按钮控制偏置的方向（向外或向内）。

（4）单击对话框中的 确定 按钮，形成向外偏置10 mm的新矩形，并保持原来的形状。

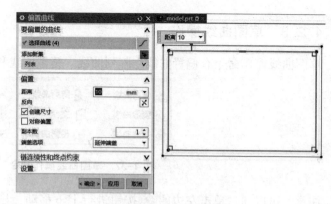

图 4-39　绘制的矩形　　　　　　　　　　图 4-40　输入偏离距离

2. "阵列曲线"命令

通过"阵列曲线"命令可对草图中的曲线进行阵列，阵列包括线性和圆形阵列。单击
阵列曲线 按钮，弹出"阵列曲线"对话框，如图 4-41 所示。

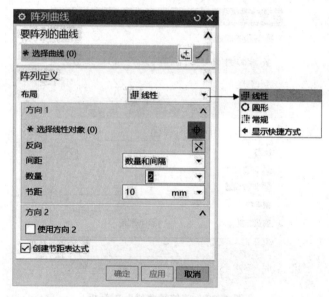

图 4-41　"阵列曲线"对话框

阵列曲线的操作有两种方式，分别如下。

1）线性阵列

线性阵列曲线的操作步骤如下。

（1）在草图任务环境下绘制一个矩形。

（2）单击工具条中的 阵列曲线 按钮，弹出"阵列曲线"对话框。在图形区中选择要阵列的矩形。

（3）在对话框中的"布局"下拉列表框中选择 线性 选项，相关设置如图 4-42 所示。如果需要改变阵列的方向，可以单击 按钮使阵列反向。

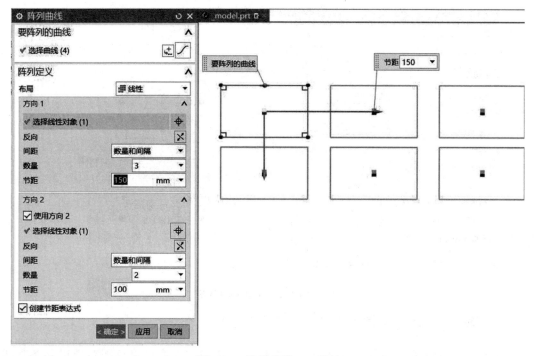

图4-42 阵列曲线——线性

（4）在阵列"方向1"中选中"选择线性对象（1）"选项，再单击基准坐标系的 *X* 轴作为方向1。

（5）在阵列"方向2"中选中"选择线性对象（1）"选项，再单击基准坐标系的 *Y* 轴作为方向2。

（6）单击对话框中的 确定 按钮，形成两行三列的阵列矩形。

2）圆形阵列

圆形阵列曲线的操作步骤如下。

（1）在草图任务环境下绘制一个圆。

（2）单击工具条中的 阵列曲线 按钮，弹出"阵列曲线"对话框。在图形区中选择要阵列的圆。

（3）在对话框中的"布局"下拉列表框中选择 圆形 选项。

（4）在对话框中的"间距"下拉列表框中选择"数量和间隔"选项。另外，还有"数量和跨距"和"节距和跨距"选项。

（5）在对话框中选择 指定点 选项，再单击基准坐标系的原点，形成圆阵列如图4-43 所示。

（6）单击对话框中的 确定 按钮，形成一组环形布置的阵列圆。

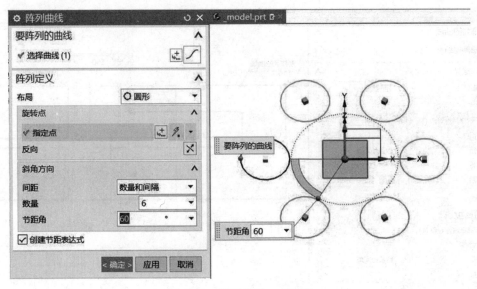

图4-43 阵列曲线——圆形

3. "镜像曲线"命令

通过"镜像曲线"命令可对草图中的曲线进行镜像。镜像是将草图对象以一条直线（中心线或坐标系的轴）为镜像中心线，将所选取的对象以镜像中心线为对称中心轴进行复制，生成新的草图对象。单击 镜像曲线 按钮，弹出"镜像曲线"对话框，如图4-44所示。

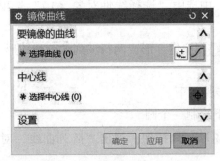

图4-44 "镜像曲线"对话框

镜像曲线的操作步骤如下。

（1）在草图任务环境下绘制一个由直线和圆弧组成的曲线。

（2）单击工具条中的 镜像曲线 按钮，弹出"镜像曲线"对话框。

（3）在图形区中选择所绘制的曲线。

（4）选中对话框中的 选择中心线 (0) 选项，然后在图形区选择 Y 轴作为镜像中心线。形成镜像曲线，如图4-45所示。

（5）单击对话框中的 确定 按钮，形成镜像曲线。

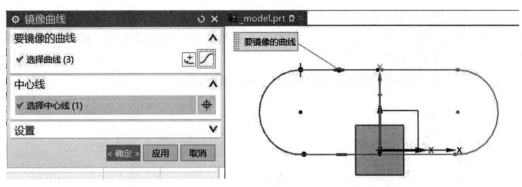

图 4-45　镜像曲线

4.2.4　草图曲线编辑

草图曲线编辑命令有快速修剪、快速延伸、圆角（即图 4-46 中"角焊"）和倒斜角等，如图 4-46 所示。

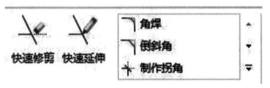

图 4-46　草图曲线编辑命令

注意：可以通过单击右边的 ▼ 按钮进行上下滚动，显示出其他命令；或者单击 ▼ 按钮，显示全部的命令。

1．"快速修剪"命令

通过"快速修剪"命令可对草图中的曲线进行修剪。单击 ✗ 按钮，弹出"快速修剪"对话框，如图 4-47 所示。如果"边界曲线"中不选择曲线，则自动按图形中各对象的相互分隔作为边界进行修剪。

图 4-47　"快速修剪"对话框

快速修剪曲线的操作步骤如下。

（1）在草图任务环境下绘制一个图形。

（2）单击工具条中 ✗ 按钮，弹出"快速修剪"对话框。

（3）单击图4-48所示线段的右侧，修剪掉被其他图形对象所分隔的右段部分；如果单击此线段的左侧，则其左边部分就会被修剪。如果按住鼠标左键不放，则可以拉动选择多条曲线，同时进行修剪。

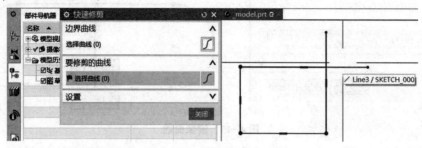

图4-48　快速修剪曲线

（4）单击对话框中的 **关闭** 按钮，完成操作，如图4-49所示。

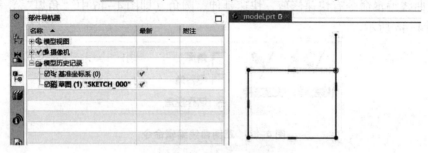

图4-49　快速修剪曲线完成

2. "快速延伸"命令

通过"快速延伸"命令可对草图中的曲线进行延伸。单击 ✕（快速延伸）按钮，弹出"快速延伸"对话框，如图4-50所示。如果"边界曲线"中不选择曲线，则自动按图形中各对象的相互分隔作为边界进行延伸。

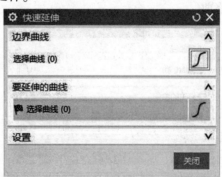

图4-50　"快速延伸"对话框

快速延伸曲线的操作步骤如下。

（1）在草图任务环境下绘制图形。

（2）单击 ![快速延伸] 按钮，弹出"快速延伸"对话框。

（3）单击要延伸的竖直直线的上半部分，该曲线就会延伸到上方的边界线，如图4-51所示；如果单击要延伸的此直线的下半部分，则该曲线就会延伸到下方的边界线。

（4）单击对话框中的 ![关闭] 按钮，完成操作，如图4-52所示。

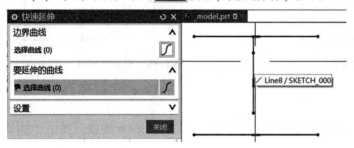

图4-51　快速延伸曲线　　　　　　图4-52　快速延伸曲线完成

3. "圆角"命令

通过"圆角"命令可以倒圆角。单击 ![圆角] 按钮，弹出"圆角"对话框，如图4-53所示。

图4-53　"圆角"对话框

倒圆角的操作有如下两种方式：

![修剪] 按钮表示修剪圆角，倒圆角后会自动修剪两条直线的边；

![不修剪] 按钮表示不修剪圆角，倒圆角后两条直线的边还保留，没有被修剪。

倒圆角的操作步骤如下。

（1）首先在草图任务环境下绘制图形。

（2）单击 ![圆角] 按钮，弹出"圆角"对话框。在"半径"文本框中输入倒圆的半径为"20"，如图4-54所示。

（3）分别单击两条直线，在两者之间形成半径为20 mm的圆角。

（4）单击对话框中的 ![关闭] 按钮，完成操作，如图4-55所示。

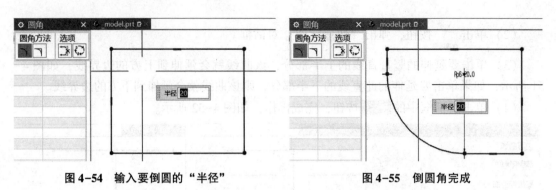

图 4-54　输入要倒圆的"半径"　　　　图 4-55　倒圆角完成

4. "倒斜角"命令

通过"倒斜角"命令可对草图中的曲线进行倒斜角。单击 ⌐ 倒斜角 按钮，弹出"倒斜角"对话框，如图 4-56 所示。

图 4-56　"倒斜角"对话框

倒斜角的操作步骤如下。

（1）首先在草图任务环境下绘制图形。

（2）单击 ⌐ 倒斜角 按钮，弹出"倒斜角"对话框。在对话框中"倒斜角"下拉列表框中选择"对称"选项（共有"对称""非对称""偏置和角度"3 个选项）。在"距离"文本框中输入倒斜角的距离，按<Enter>键确定。

（3）单击两条垂直的直线，形成倒斜角，如图 4-57 所示。

（4）单击对话框中的 关闭 按钮，完成操作。

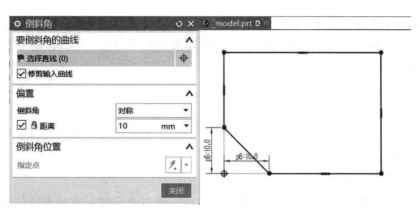

图 4-57　倒斜角完成

4.3　草图的约束

4.3.1　草图约束的功能区介绍

约束功能主要包括尺寸约束和几何约束两种类型。尺寸约束是用来驱动、限制和约束草图几何对象的大小和形状的。几何约束是用来定位草图对象和确定草图对象之间的相互关系的。

约束功能区有快速尺寸、几何约束、设为对称和显示草图约束等命令。除了这些命令外，还可以通过单击对应的 ▼ 按钮，显示相关下拉菜单，如图 4-58 所示。

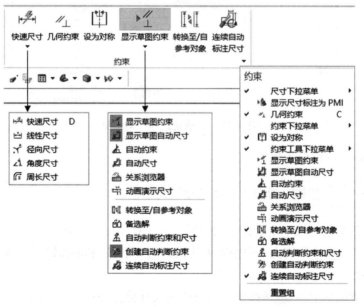

图 4-58　约束功能区

通过单击工具条"约束"组右下角的 ▼ 按钮，可以显示出所有约束的按钮，如图4-58所示。单击下拉菜单上的任意选项，使其被勾选或去掉勾选，可将该命令在约束功能区上显示或隐藏。

4.3.2 尺寸约束

尺寸约束是最基本的约束方式，它分为快速尺寸、线性尺寸、径向尺寸、角度尺寸和周长尺寸5种标注尺寸类型。

1."快速尺寸"命令

"快速尺寸"命令是一个智能的尺寸标注命令，通过选定的对象和光标位置自动判断尺寸类型来创建尺寸约束，它可以标注线性尺寸、径向尺寸和角度尺寸等。"快速尺寸"对话框如图4-59所示。

在对话框中的"方法"下拉列表框中默认选择"自动判断"选项，也可选择准确的标注类型。

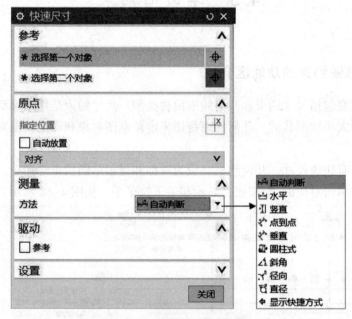

图4-59 "快速尺寸"对话框

快速尺寸标注的操作步骤如下。

（1）单击 按钮，弹出"快速尺寸"对话框。

（2）在草图绘制区域单击要标注的圆弧，创建直径尺寸约束，在拉出尺寸后单击形成直径尺寸，在直径尺寸数值文本框中输入所需的直径后按<Enter>键，完成尺寸数值修改，如图4-60所示。

（3）单击对话框中的 关闭 按钮，完成快速尺寸标注操作。

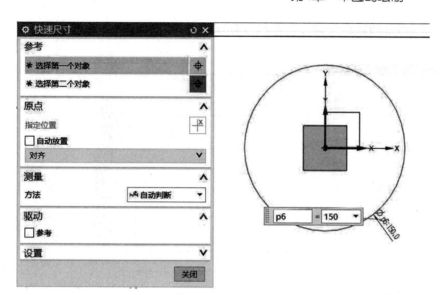

图 4-60　快速尺寸标注完成

2. "线性尺寸"命令

通过单击 快速尺寸 下的 ▼ 按钮，在下拉菜单中执行"线性尺寸"命令，弹出"线性尺寸"对话框，如图 4-61 所示。

图 4-61　"线性尺寸"对话框

在对话框中的"方法"下拉列表框中默认选择"自动判断"选项，也可选择准确的标注类型，包括"水平""竖直""圆柱式"等，如选择"圆柱式"选项，则标注出的尺寸数值前带 ϕ 符号。

线性尺寸标注的操作步骤与快速尺寸标注的基本一样，其标注出来的尺寸样式如图4-62所示。

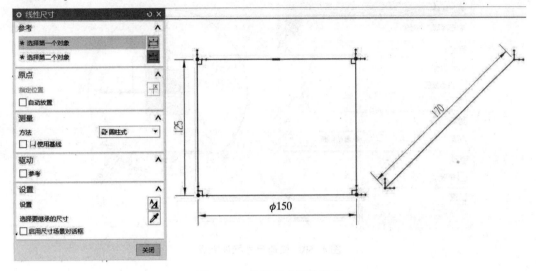

图4-62　线性尺寸标注完成

3. "径向尺寸"命令

通过单击 ⚡ 下的 ▼ 按钮，在下拉菜单中执行"径向尺寸"命令，弹出"径向尺寸"对话框，如图4-63所示。

快速尺寸

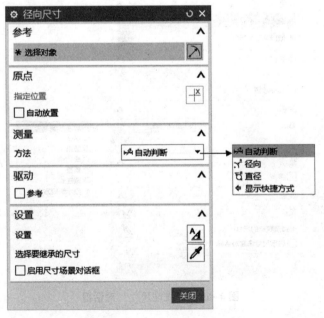

图4-63　"径向尺寸"对话框

"径向尺寸"命令用于标注圆弧/圆的半径或直径尺寸，在对话框中的"方法"下拉列表框中默认选择"自动判断"选项，也可选择准确的标注类型，包括"径向""直径"等。

径向尺寸标注的操作步骤与快速尺寸标注的基本一样，但选择标注的对象必须是圆弧/圆。

4．"角度尺寸"命令

通过单击  下的 ▼ 按钮，在下拉菜单中执行"角度尺寸"命令，弹出"角度尺寸"对话框，如图4-64所示。

"角度尺寸"命令用于标注两个不平行对象（直线或基准轴）之间的角度尺寸。角度尺寸标注完成后如图4-65所示。

图4-64　"角度尺寸"对话框

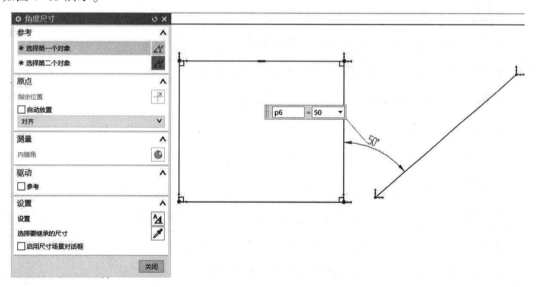

图4-65　角度尺寸标注完成

注意：对于标注好的尺寸，如果要修改其尺寸数值，可以双击尺寸数值，在弹出的"尺寸数值"文本框中输入新数值后按<Enter>键即可。

4.3.3　几何约束

几何约束在UG NX 12.0的草图绘制中占有十分重要的地位。当绘制轮廓时，要想形成准确的图形，除了尺寸约束外，还需要几何约束的控制。

单击约束功能区上的 按钮，弹出"几何约束"对话框，如图4-66所示。

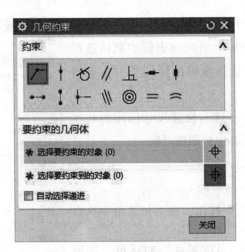

图 4-66 "几何约束"对话框

几何约束类型有重合、点在曲线上、相切、平行、垂直、水平、垂直等，各类型的功能说明如下。

◆ ▨ 重合：约束两个或多个选定的顶点或点，使之重合。

◆ ▨ 点在曲线上：约束一个选定的顶点或点，使之位于一条曲线之上。

◆ ▨ 相切：约束两条选定的曲线，使之相切。

◆ ▨ 平行：约束两条或多条选定的曲线，使之平行。

◆ ▨ 垂直：约束两条选定的曲线，使之垂直。

◆ ▨ 水平：约束一条或多条选定的曲线，使之水平。

◆ ▨ 垂直：约束一条或多条选定的曲线，使之垂直。

◆ ▨ 水平对齐：约束两个或多个选定的顶点或点，使之水平对齐。

◆ ▨ 垂直对齐：约束两个或多个选定的顶点或点，使之垂直对齐。

◆ ▨ 中点：约束一个选定的顶点或点，使之与一条线或圆弧的中点对齐。

◆ ▨ 共线：约束两条或多条选定的直线，使之共线。

◆ ▨ 同心：约束两条或多条选定的曲线，使之同心。

◆ ▨ 等长：约束两条或多条选定的直线，使之等长。

◆ ▨ 等半径：约束两个或多个选定的圆弧，使之半径相等。

几何约束中所有类型的操作方法基本一致。

1. 添加"相切"约束

添加"相切"约束的操作步骤如下。

（1）单击功能区上 ▨ 按钮，弹出"几何约束"对话框，单击对话框中的 ▨ 按钮，如图4-67所示。

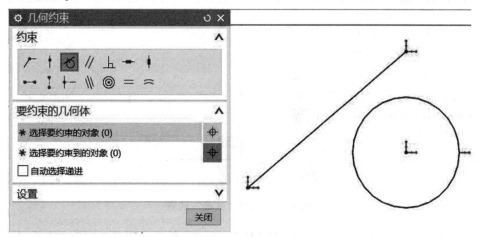

图4-67　添加"相切"约束

（2）在对话框中选中"选择要约束的对象（0）"，然后在图形区中单击直线。

（3）在对话框中选中"选择要约束到的对象（0）"，然后在图形区中单击圆，使直线与圆相切，如图4-68所示。

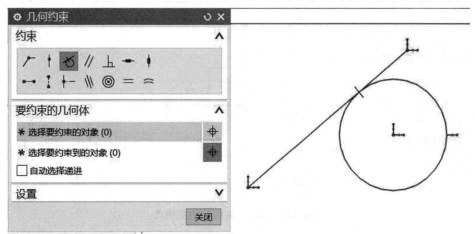

图4-68　添加"相切"约束完成

（4）单击对话框中的 关闭 按钮，完成几何约束操作。

注意：如果对话框中的"选择要约束的对象（0）"没有被选中，则需单击使之选中后才能进行选择对象。勾选对话框中"自动选择递进"的复选框，可使选择自动递进。

2. 添加"共线"约束

添加"共线"约束的操作步骤如下。

（1）单击功能区上 按钮，弹出"几何约束"对话框，先单击对话框中的 按钮，如图4-69所示。

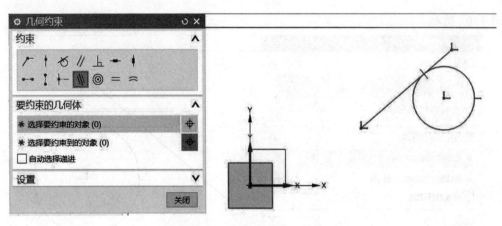

图4-69 添加"共线"约束

（2）在对话框中选中"选择要约束的对象（0）"，然后在图形区中单击直线。

（3）在对话框中选中"选择要约束到的对象（0）"，然后在图形区中单击基准坐标系的 X 轴，使直线与 X 轴共线，如图4-70所示。

（4）单击对话框中的 关闭 按钮，完成几何约束操作。

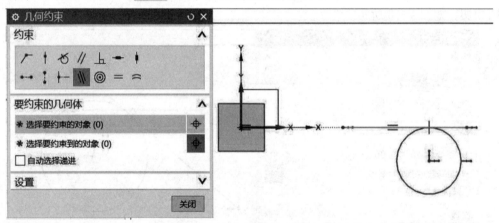

图4-70 添加"共线"约束完成

4.3.4 其他约束

1. "设为对称"命令

通过"设为对称"命令可将两个点或曲线约束为相对于草图上的对称线对称。首先单击工具条"约束"右方的 ▼ 按钮，在下拉菜单中执行"设为对称"命令，将其在功能区上显示。

设为对称的操作步骤如下。

（1）单击功能区上的 按钮，弹出"设为对称"对话框，如图4-71所示。

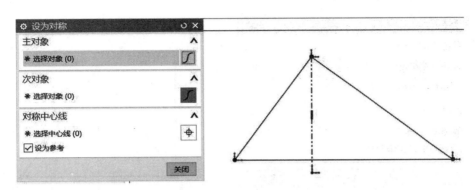

图4-71　"设为对称"对话框

（2）在对话框中，主对象选中"选择对象（0）"，然后单击图形区中的三角形左下角顶点。

（3）在对话框中，次对象选中"选择对象（0）"，然后单击图形区中的三角形右下角顶点。

（4）在对话框中，对称中心线选中"选择中心线（1）"，然后单击图形区中的三角形中心线，自动将三角形关于中心线对称，如图4-72所示。

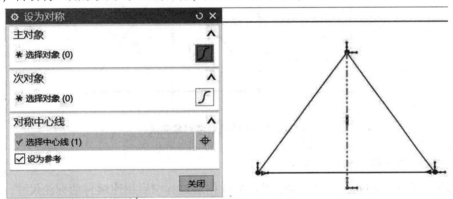

图4-72　关于中心线对称完成

（5）单击对话框中的 关闭 按钮，完成操作。

2．"转换至/自参考对象"命令

在草图图形绘制过程中，有些草图对象是作为基准、定位和参考用的，而且必须保留；但是在拉伸、旋转等特征操作时会引起冲突，就可利用"转换至/自参考对象"命令，将这些草图对象从活动对象转换为参考对象；或者利用此命令将参考对象转换为活动对象。后续的特征操作将自动不使用参考对象，并且参考尺寸不控制草图几何体。

首先要单击"约束"右方的 ▼ 按钮，在下拉菜单中"转换至/自参考对象"命令，使其在功能区上显示。

转换参考对象的操作步骤如下。

（1）单击工具条上的 转换至/自参考对象 按钮，弹出"转换至/自参考对象"对话框，如图4-73所示。

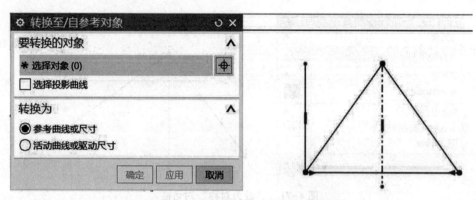

图4-73 "转换至/自参考对象"对话框

(2) 在对话框中选中"选择对象（0）"，然后单击图形区中左边的竖直直线。

(3) 单击对话框中的 确定 按钮，完成转换操作，实线变成中心线，如图4-74所示。

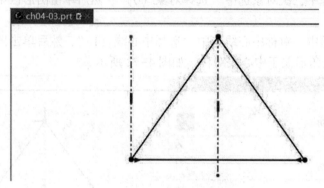

图4-74 转换至参考对象完成

3. "连续自动标注尺寸"命令

通过"连续自动标注尺寸"命令可在曲线构造过程中启用连续自动标注尺寸。首先单击"约束"右方的 ▼ 按钮，在下拉菜单中执行"连续自动标注尺寸"命令，使其在功能区上显示。

表示不连续自动标注尺寸，一般在草图绘制过程中都应关掉连续自动标注尺寸命令。单击该按钮后，该图标变成 （暗色），表示在绘制过程中连续自动标注尺寸。

4. "显示草图约束"命令

通过"显示草图约束"命令可显示当前草图中的几何约束。当该命令图标为（浅色）时，表示不显示草图的几何约束。单击该按钮后，该图标变成 （暗色），表示显示草图的几何约束。

5. "关系浏览器"命令

通过"关系浏览器"命令可查询草图对象并报告其关联约束、尺寸及外部引用。首先单击

"约束"右方的 ▼ 按钮,在下拉菜单中执行"关系浏览器"命令,使其在功能区上显示。

单击工具条上的 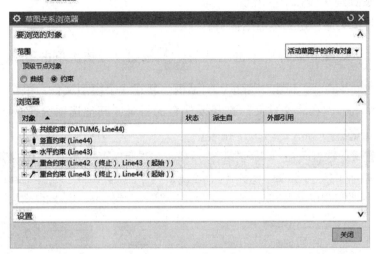 按钮,弹出"草图关系浏览器"对话框,如图4-75所示。

图4-75　"草图关系浏览器"对话框

在对话框中可以方便地查看所有对象或指定对象的约束情况,同时可以删除不正确的约束。

4.4　实例特训——绘制草图范例1

项目任务:

使用UG NX 12.0软件的草图功能,完成如图4-76所示的草图。

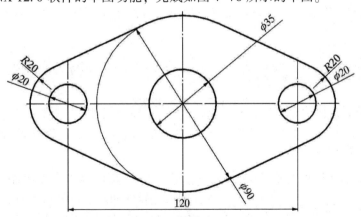

图4-76　草图范例1

4.4.1 草图绘制的详细步骤

草图绘制的详细步骤如下。

步骤1：新建文件，建立基准坐标系。

(1) 在 UG NX 12.0 软件中单击工具条 新建 按钮（或依次单击菜单栏中的"文件 (F)"→"新建（N）"），弹出"新建"对话框。新建一个模型文件，单位为"mm"，名称为"ch04-04.prt"，在"文件夹"选择要保存的目录，其他选项选择默认，如图 4-77 所示。然后单击 确定 按钮，进入工作界面。

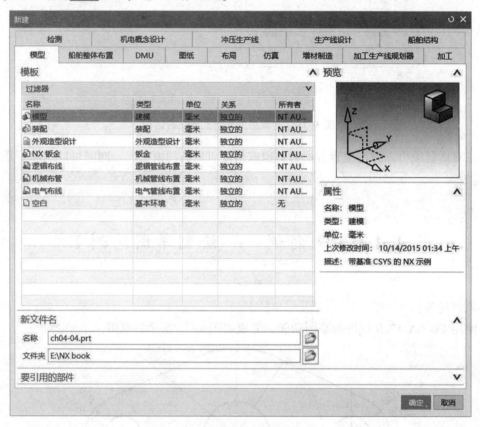

图4-77 新建模型文件

(2) 打开新建文件进入建模功能模块中，在图形区的左上角可以看到当前文件的信息。

注意：UG NX 12.0 中如果同时打开多个 NX 文件，这些文件会在图形区的左上角分别列出来；而对于 UG NX 10.0 及以下版本，则只在软件的左上角显示当前文件。

(3) 将 UG NX 12.0 主界面左边的资源栏切换到部件导航器，有一个自动创建好的基准坐标系。如果没有，则单击"主页"功能选项卡中工具条"特征"组中的 基准坐标系(C)... 按钮，在弹出的对话框中，类型为"动态"、参考坐标系为"绝对坐标系-显示部件"，操控器中指定方位的原点为（0，0，0），创建一个基准坐标系，如图 4-78

所示。

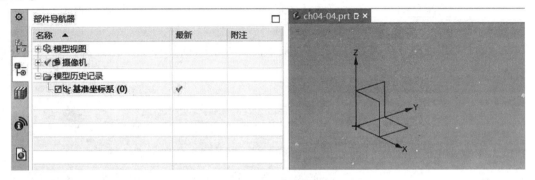

图4-78　创建基准坐标系

步骤2：新建草图，设置草图工作平面。

（1）单击主页功能区上的 草图 按钮，弹出"创建草图"对话框，默认选择基准坐标系的"*X-Y*平面"为草图平面，如图4-79所示。

图4-79　创建草图平面

单击对话框中的 确定 按钮进入草图工作界面，如图4-80所示。

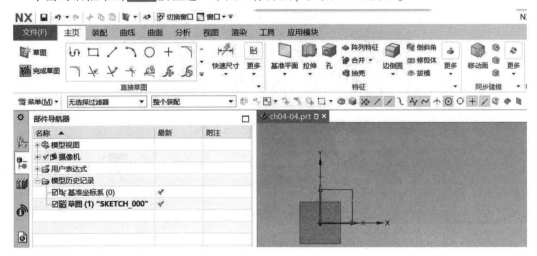

图4-80　进入草图工作界面

（2）一般绘制草图都是在"草图任务环境"中进行，所以单击主页功能区上的 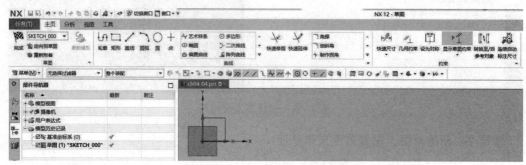 按钮，执行"在草图任务环境中打开"命令，进入草图任务环境工作界面，如图4-81所示。

图4-81 草图任务环境工作界面

注意：要通过"约束"右方的 ▼ 图标，在下拉菜单中执行"连续自动标注尺寸"命令，使其在功能区上显示。如果图标变成 （暗色），则需单击使之变成 （浅色），表示不用连续自动标注。

步骤3：绘制图形的中心线。

（1）单击 直线 按钮，在图形区中绘制一条水平直线和一条垂直直线，如图4-82所示。

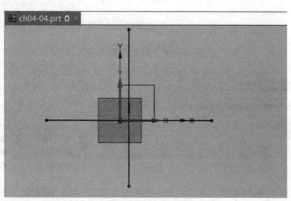

图4-82 绘制图形的中心线

（2）单击功能区上 几何约束 按钮，弹出"几何约束"对话框。单击 按钮，选择类型，先单击水平直线，再单击基准坐标的 X 轴，使水平直线与基准坐标的 X 轴共线。再进行同样的操作，使垂直直线和 Y 轴共线，如图4-83所示。

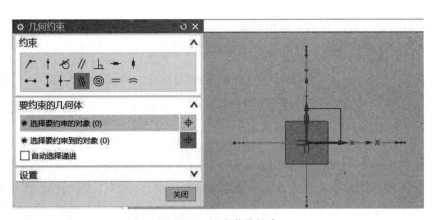

图 4-83 设定共线约束

单击对话框中的 关闭 按钮，退出此操作。

注意：利用几何约束使中心线与基准坐标系轴共线的作用是，在后面标注尺寸的时候，中心线不会发生偏移。

（3）继续单击 直线 按钮，绘制与水平直线相交的垂线，如图 4-84 所示。

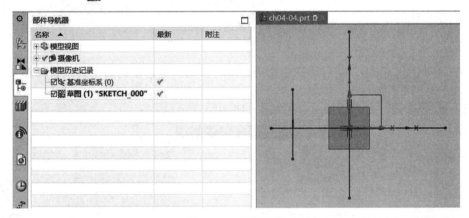

图 4-84 绘制直线

（4）单击 镜像曲线 按钮，弹出"镜像曲线"对话框，在图形区中选择要镜像的垂直直线，再单击与 Y 轴共线的垂直直线作为镜像中心线，形成镜像直线，如图 4-85 所示。

图 4-85 镜像直线

单击对话框中的 确定 按钮，退出此操作。

注意：通过镜像操作后，两条直线之间的距离只需标注一个尺寸。

（5）单击 快速尺寸 按钮，对两条对称直线距离进行标注，在文本框中输入"120"后按<Enter>键。

单击对话框中 关闭 按钮，完成尺寸标注，如图4-86所示。

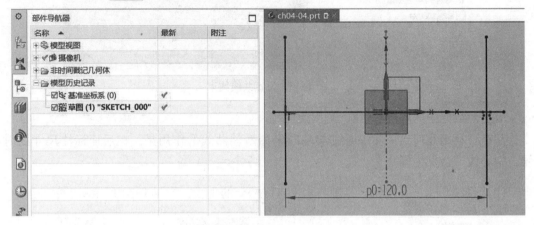

图4-86　快速尺寸标注

（6）单击 转换至/自参考对象 按钮，在对话框中选择还未转换为参考对象的三条直线，如图4-87所示。单击 确定 按钮，完成转换至参考对象的操作。

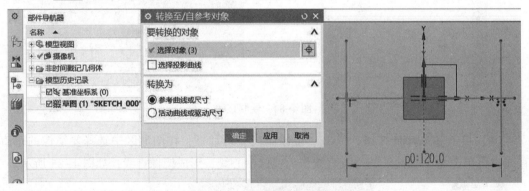

图4-87　转换至参考对象

步骤4：绘制图形的3个圆。

（1）单击 ○圆 按钮，再单击"上边框条"中的"相交"使之变成 ✛（暗色），捕捉两条直线的交点作为圆心来绘制圆，在图形区中分别绘制一个直径为90 mm的圆和两个直径为40 mm的圆，如图4-88所示。

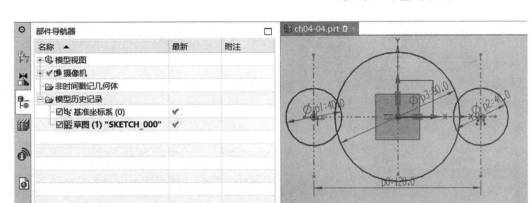

图 4-88 绘制 3 个圆

（2）绘制两个圆之间的切线。

①单击 ✏️ 直线 按钮，把鼠标放在小圆的圆弧上，当捕捉到圆弧上任意点后单击；再把鼠标移到大圆的圆弧上，当捕捉到大圆圆弧并且显示相切后，再单击，完成切线绘制，如图4-89 所示。

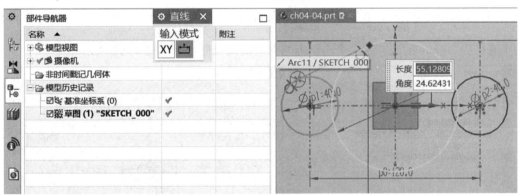

图 4-89 绘制相切直线

②用同样的方法，绘制剩下的 3 条切线，绘制完成后如图 4-90 所示。

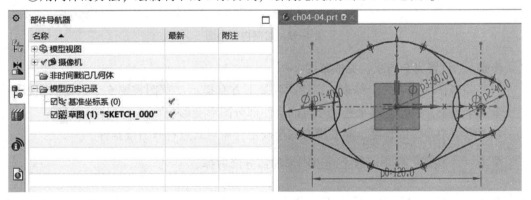

图 4-90 绘制相切直线完成

（3）删除多余的曲线。单击 ✂ 按钮，选择要删除的曲线，单击完成删除操作，如
图4-91所示。

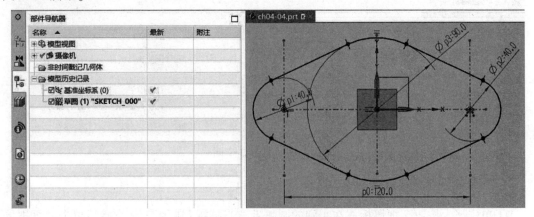

图4-91 删除多余曲线

注意：要学会用放大和移动操作来修剪并检查是否删除干净。

（4）绘制内部的3个小圆。单击 ○ 按钮，在图形区中绘制一个直径为35 mm的圆和
两个直径为20 mm的圆，这3个小圆需与对应的圆弧同心，如图4-92所示。

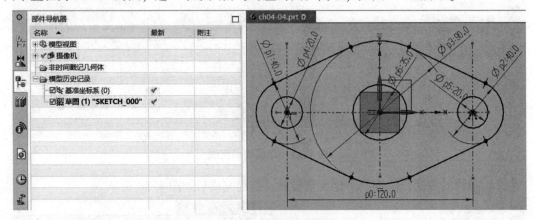

图4-92 绘制内部小圆

步骤5：设置完全约束，完成草图。

（1）检查图形是否完全约束。在绘图区最下方有提示"草图需要6个约束"，说明草
图还未完全约束，一旦修改某些尺寸可能会使部分图形变形。

该图形中中心线的长度、高度没有完全确定，需对其进行修剪或延伸。

单击 ✂ 按钮，将中心线上超出图形的部分修剪掉。
快速修剪

单击 ✂ 按钮，将中心线上下、左右都延伸到相应的曲线上。操作完后如图4-93
快速延伸
所示。

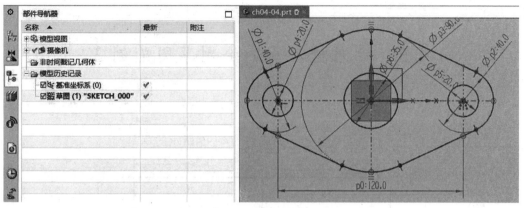

图 4-93　修剪多余曲线

注意：在绘制完成草图后，用放大和移动操作来检查图形细节之处，尽量确保草图的图形是完全约束的状态。

（2）单击 按钮，完成草图绘制并退出草图环境，如图 4-94 所示。

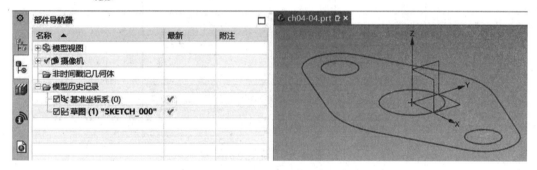

图 4-94　完成草图绘制

（3）单击主界面左上角的 按钮，保存整个 UG 文件。

建议完成每一步操作后，都及时进行保存，以免发生异常情况而丢失文件。

4.4.2　知识点的应用总结

本范例的主要步骤：新建文件→新建草图→绘制图形的中心线→绘制图形的 3 个圆→设置完全约束→完成草图。这是草图绘制的一般基本操作，其中草图中心线、圆的绘制、约束设置是重点，应该熟练掌握。

4.4.3　知识点扩展

在绘制草图过程中，要充分利用"几何约束"来进行定位约束，非必要尽量少用尺寸约束。特别要充分利用基准坐标系来进行定位，才会使图形在几何约束的时候不发生变动或变形。

4.5 实例特训——绘制草图范例 2

项目任务:

使用 UG NX 12.0 软件的草图功能,完成如图 4-95 所示的草图。

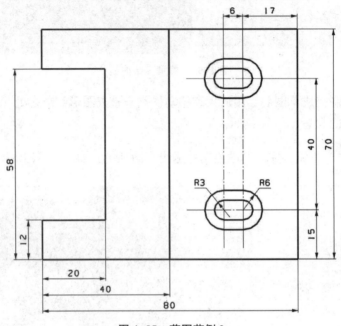

图 4-95 草图范例 2

4.5.1 草图绘制的详细步骤

草图绘制的详细步骤如下。

步骤 1:新建文件,建立基准坐标系。

(1) 在 UG NX 12.0 软件中单击工具条中的 <kbd>新建</kbd> 按钮,弹出"新建"对话框。新建一个模型文件,单位为"mm",名称为"ch04-05.prt",在"文件夹"选择要保存的目录,其他选项选择默认。然后单击 <kbd>确定</kbd> 按钮,进入工作界面。

(2) 将 UG NX 12.0 主界面左边的资源栏切换到部件导航器,有一个自动创建好的基准坐标系。如果没有,则单击 <kbd>基准坐标系(C)...</kbd> 按钮,建立一个基准坐标系,原点为 (0, 0, 0)。

步骤 2:新建草图,设置草图工作平面。

(1) 单击主页功能区上的 <kbd>草图</kbd> 按钮,弹出"创建草图"对话框,单击选择基准坐标系的"*Y-Z* 平面"为草图平面,如图 4-96 所示。

图 4-96 创建草图平面

单击对话框中的 确定 按钮进入草图工作界面。

（2）单击主页功能区上的 ![更多]按钮，执行"在草图任务环境中打开"命令，进入草图任务环境工作界面。

在功能区中单击 ![连续自动标注尺寸]按钮，使之颜色变暗，关闭"连续自动标注尺寸"功能。

步骤3：绘制图形的外轮廓线。

（1）单击 ![直线]按钮，以基准坐标原点为起点，绘制草图的外轮廓线。只需要大致的轮廓，但是图形的形状必须相同，如图 4-97 所示。

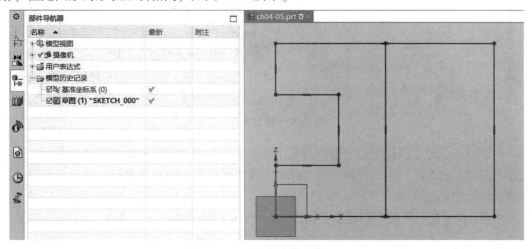

图 4-97 绘制外轮廓线

（2）单击 ![几何约束]按钮，设定水平直线、竖直直线，最左侧两段竖直直线为共线，如图 4-98 所示。

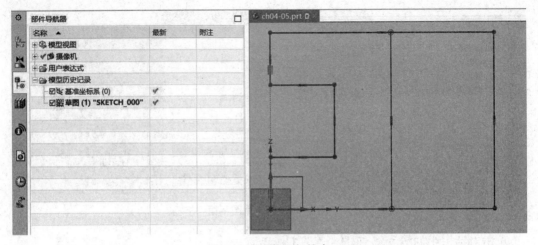

图 4-98　添加几何约束

（3）标注草图外轮廓线尺寸，单击 <img quick尺寸> 按钮，对各个线段进行标注，同时输入尺寸值后按<Enter>键，单击对话框中 关闭 按钮，完成尺寸标注，如图 4-99 所示。

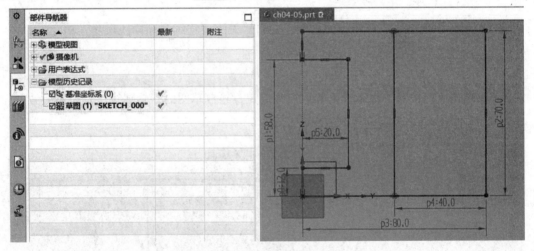

图 4-99　快速尺寸标注

注意：由于开始只是绘制图形的大致轮廓，可能会出现绘制的尺寸大小与实际的尺寸大小差别较大的情况，所以在标注尺寸时需要按照从小到大的顺序进行，以免出现修改尺寸值后图形变形的问题。

步骤 4：绘制图形的中心线和腰孔。

（1）单击 <img 直线> 按钮，绘制水平直线和竖直直线，并标注尺寸，如图 4-100 所示。

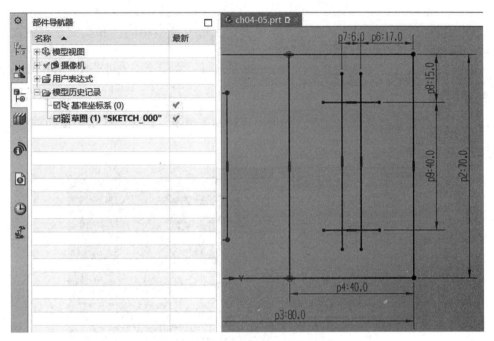

图4-100　绘制水平直线和竖直直线

（2）单击 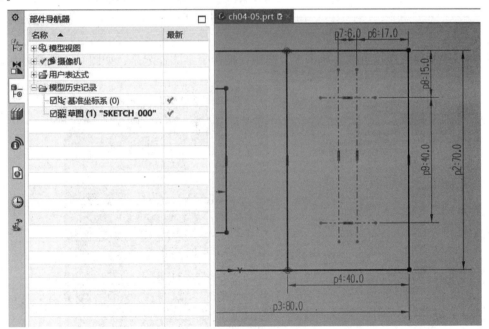 按钮，在对话框中选择这四条直线将其设为参考对象，如图4-101
所示。

图4-101　转换至参考对象

（3）绘制两个圆。单击 ⊖ 按钮，先单击"上边框条"中的"相交"选项使之变成

✈（暗色），捕捉两条直线的交点作为圆心来绘制圆，在 4 个交点处分别绘制一个直径为

12 mm 的圆。

单击 ✂ 按钮进行修剪（注意：如果出现过约束情况，则需删除过约束的部分），修

剪后如图 4-102 所示。

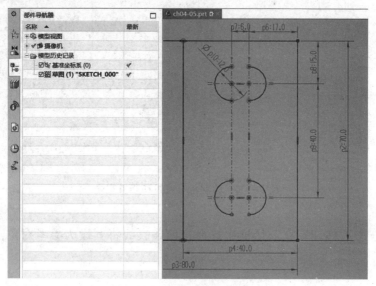

图 4-102　绘制圆并修剪

（4）绘制圆弧连接直线。单击 ╱ 按钮，把两个半圆连起来，如图 4-103 所示。

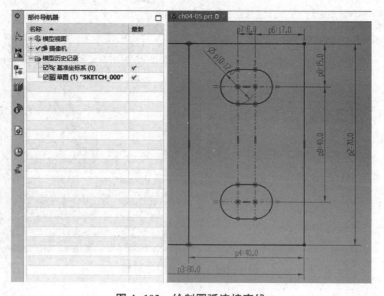

图 4-103　绘制圆弧连接直线

（5）重复第（3）、（4）步，绘制大腰孔里面的小腰孔，并标注圆弧半径为"3"，如图4-104所示。

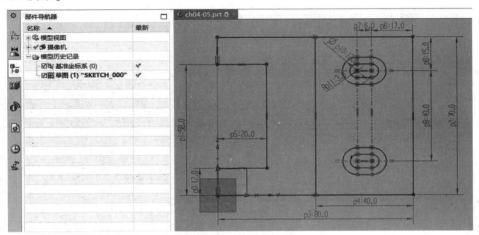

图4-104 绘制小腰孔

步骤5：设置完全约束，完成草图。

（1）检查图形是否完全约束。在绘图区最下方有提示"草图需要7个约束"，说明草图还未完全约束，一旦修改某些尺寸可能会使图形变形。

①此图形中心线的长度、高度没有完全确定，需对其进行修剪或延伸。

单击 ✕ 按钮，将中心线上超出图形的部分修剪掉。
快速修剪

单击 ✕ 按钮，将中心线上下、左右都延伸到相应的曲线上。
快速延伸

②删除大腰孔的直径尺寸"12"，重新标注大腰孔的半径尺寸为"6"。

③单击 ⊥ 按钮，设定2个大腰孔的4条圆弧等半径，2个小腰孔的4条圆弧等半径，
几何约束
各中心线的端点都在圆弧上且不超出。

修改完成后如图4-105所示，若所有曲线的颜色都是绿色，则表示都已完全约束。

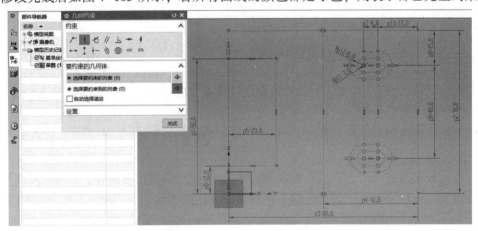

图4-105 完成草图约束

注意：在绘制完成草图后，要用放大和移动操作来检查图形细节之处，尽量确保草图的图形是完全约束的状态。

（2）单击 🏁 完成 按钮，完成草图绘制，如图4-106所示。

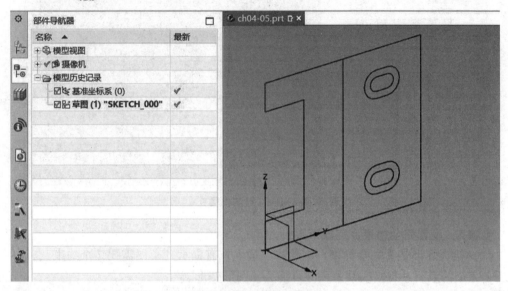

图4-106　完成草图绘制

（3）单击主界面左上角的 按钮，保存整个UG文件。

建议完成每一步操作后，都及时保存，以免发生异常情况而丢失文件。

4.5.2　知识点的应用总结

本范例的主要步骤：新建文件→新建草图→绘制图形的外轮廓线→绘制图形的中心线和腰孔→设置完全约束→完成草图。本范例在绘制外轮廓线时采用先绘制大致轮廓后通过尺寸约束来定形，在绘制草图的圆时通过直接输入尺寸来完成最终形状。在绘制草图过程中，应该根据草图图形的形状和绘制步骤来决定使用的绘制方法，它操作较灵活，所以要求用户要通过一定的练习来掌握方法和技巧。

4.5.3　知识点扩展

在绘制草图的过程中，UG NX 12.0软件对约束要求很高，过约束时会变为红色提示，要求会对过约束进行删除。

草图的各种约束可以在草图功能区的"显示草图约束"命令下的"关系浏览器"中查看。

对于比较复杂的草图，需要在绘制过程中适当进行一些尺寸标注，以限定图形形状。对于几何约束和尺寸约束，则需要根据图形情况灵活切换运用，以便更高效地完成草图。

4.6　本章小结

本章主要介绍了草图的绘制环境，草图工作界面，草图的约束包括尺寸约束、几何约束和其他的约束。本章针对一些常用知识点通过小案例进行讲解，并且强调一些注意事项和常用技巧，以便读者能快速掌握相关命令的使用方法。另外，为了让读者掌握草图绘制步骤，本章列举了两个绘制草图范例，加深读者理解。草图是实体建模设计的基础，应该熟练掌握草图绘制的步骤。

练习题

1. 根据下图所示图形尺寸，完成其草图绘制。

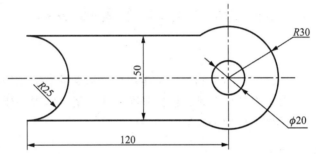

2. 根据下图所示图形尺寸，完成其草图绘制。

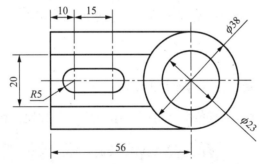

3. 根据下图所示图形尺寸，完成其草图绘制。

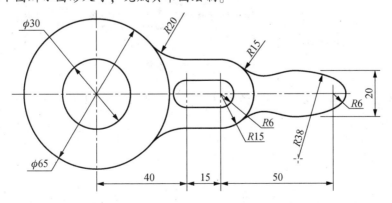

第 5 章
实体建模设计

5.1 实体建模的基础知识

产品设计是以零件实体建模为基础的，实体建模的基本组成单元是特征。本节主要介绍实体建模的基础知识及基本特征工具，包括基准特征、基本体素特征、拉伸特征、旋转特征、扫掠特征、特征操作、模型关联复制和特征编辑。

5.1.1 基准特征

UG NX 12.0 软件中基准特征包括基准平面、基准轴和基准坐标系，其中基准坐标系包括基准平面和基准轴。

1. 基准平面

"基准平面"命令可通过以下两种方式找到。

◆单击"主页"选项卡工具条中"特征"组中的 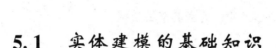 按钮，如图 5-1 所示；

图 5-1 "主页"选项卡

◆依次单击"菜单（M）"→"插入（S）"→"基准/点（D）"→"基准平面（D）"，如图 5-2 所示。

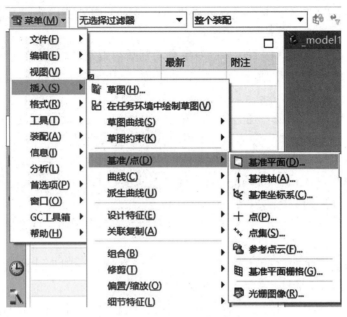

图 5-2 "基准平面"命令

基准平面作为创建各类特征如孔、草图等的辅助工具，分为两种类型，分别是相对基准平面和固定基准平面。

相对基准平面。相对基准平面是根据模型中的其他对象创建的，可使用曲线、面、边、点及其他基准作为参考对象来创建基准平面，创建后可以编辑修改。在默认情况下，"基准平面"对话框中"关联"的复选框是勾选的，创建出来的就是相对基准平面。

固定基准平面。固定基准平面是创建后不受其他几何对象约束的基准平面。在创建基准平面时不勾选"基准平面"对话框中"关联"的复选框，创建出来的就是固定基准平面。

"基准平面"对话框的界面如图 5-3 所示。

图 5-3 "基准平面"对话框

在"基准平面"对话框中选择不同的类型，对话框中选项内容也会相应变化。"类型"下拉列表框中各选项及其功能说明如下。

◆ "自动判断"选项：按照选择的对象自动判断约束条件。例如，在选取一个表面或基准平面时，系统会自动生成一个预览基准平面，可以输入偏置值和数量来创建基准平面。

◆ "按某一距离"选项：通过输入偏置值创建与已知平面（基准平面或实体表面）平行的基准平面。具体操作是先选择一个平面，然后输入偏置值。

◆ "成一角度"选项：通过输入角度值创建与已知平面成一定角度的基准平面。具体操作是先选择一个平面，然后选择一个与所选平面平行的线性曲线或基准轴来定义旋转轴，接着再输入角度值。

◆ "二等分"选项：创建与两平行平面距离相等的基准平面，或创建与两相交平面所成角度相等的基准平面。

◆ "曲线和点"选项：此类型下又分有6个子类型，分别是"曲线和点""一点""两点""三点""点和曲线/轴"和"点和平面/面"。

◆ "两直线"选项：通过选择两条现有直线，或直线与线性边、面的法向向量或基准轴的组合，创建相应的基准平面。

①如果两条直线共面，则创建的基准平面将同时包含这两条直线。

②如果两条直线不共面且不垂直，则创建的基准平面包含第一条直线且平行于第二条直线。

③如果两条直线垂直，则创建的基准平面包含第一条直线且垂直于第二条直线，或是包含第二条直线且垂直于第一条直线，可以通过单击"循环解"选项来切换实现。

◆ "相切"选项：此类型下又分有6个子类型，分别是"相切""一个面""通过点""通过线条""两个面"和"与平面成一角度"。

◆ "通过对象"选项：根据选定的对象创建基准平面，对象包括曲线、边缘、面、基准、圆柱、圆锥或旋转面的中心轴等。如果选定的对象是圆柱面或圆锥面，则通过该面的中心轴线创建基准平面。

◆ "点和方向"选项：通过定义一个点和一个方向来创建基准平面。

◆ "曲线上"选项：通过与曲线垂直或相切，以及已知点来创建基准平面。

◆ "YC-ZC平面"选项：通过工作坐标系或绝对坐标系的 *YC-ZC* 轴来创建固定基准平面。

◆ "XC-ZC平面"选项：通过工作坐标系或绝对坐标系的 *XC-ZC* 轴来创建固定基准平面。

◆ "XC-YC平面"选项：通过工作坐标系或绝对坐标系的 *XC-YC* 轴来创建固定基准平面。

◆ "视图平面"选项：通过平行于视图平面并穿过绝对坐标系原点来创建固定基准平面。

◆ "按系数"选项：通过使用系数 a、b、c 和 d 指定一个方程式 $ax+by+cz=d$ 来创建固定基准平面。

下面通过一个范例来演示创建基准平面的过程。

（1）打开范例文件"ch05-01-01. prt"；

（2）单击"主页"选项卡工具条中"特征"组中的 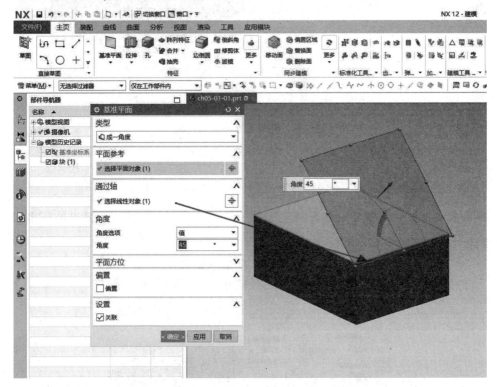 按钮，弹出"基准平面"对话框，创建需要的基准平面。

①在"基准平面"对话框中的"类型"下拉列表框中选择"成一角度"选项，此时对话框中的选项内容发生相应变化。

②选择"平面参考"区域中的"选择平面对象（1）"选项，单击左键选中长方体的上顶面。

③选择"通过轴"区域中的"选择线性对象（1）"选项，单击左键选中长方体的右侧棱边。

④在"角度"区域中，"角度选项"的下拉列表框中选择"值"选项，"角度"的下拉列表框中选择"45"选项，按<Enter>键，即可创建一个通过长方体棱边并与其上顶面成45°角的基准平面，如图5-4所示。

图5-4　基准平面的创建

（3）单击 确定 按钮完成"基准平面（3）"的创建，如图5-5所示。

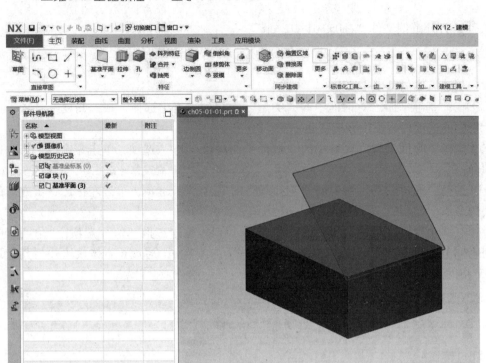

图5-5　完成基准平面的创建

2. 基准轴

"基准轴"命令可通过以下两种方式找到。

◆单击"主页"选项卡工具条中"特征"组 下的 按钮，在弹出的菜单中执行
"基准轴"命令，如图5-6所示。

图5-6　"基准轴"命令

◆依次单击"菜单（M）"→"插入（S）"→"基准/点（D）"→"基准轴（A）"。

基准轴是作为创建各类特征如基准、孔、草图等的辅助工具。基准轴分为两种类型，
分别是相对基准轴和固定基准轴。

"基准轴"对话框如图5-7所示。

图 5-7 "基准轴"对话框

在"基准轴"对话框中选择不同的"类型",对话框中选项内容会发生相应变化。"类型"下拉列表框中各选项的功能说明如下。

◆ "自动判断"选项:按照选择的对象自动判断约束条件。

◆ "交点"选项:通过两个相交平面来创建基准轴。

◆ "曲线/面轴"选项:通过选择曲线上的一个起点来创建基准轴。

◆ "曲线上矢量"选项:通过曲线的某点相切、垂直,或者与另一个对象垂直、平行来创建基准轴。

◆ "XC 轴"选项:沿 XC 轴方向来创建基准轴。

◆ "YC 轴"选项:沿 YC 轴方向来创建基准轴。

◆ "ZC 轴"选项:沿 ZC 轴方向来创建基准轴。

◆ "点和方向"选项:通过定义一个点和一个矢量方向来创建基准轴。

◆ "两点"选项:通过定义两个点来创建基准轴。

下面通过一个范例来演示创建基准轴的过程。

(1)打开范例文件"ch05-01-01. prt"。

(2)单击"主页"选项卡工具条中"特征"组 下的 按钮,执行"基准轴"命令,创建基准轴。

①在"基准轴"对话框中"类型"区域选择"两点"选项,此时对话框中的选项内容发生相应变化。

②选择"通过点"区域中的"指定出发点"选项,单击左键选中长方体的上顶面一个端点,选择"指定目标点"选项,选中长方体的上顶面另一个端点,如图5-8所示。

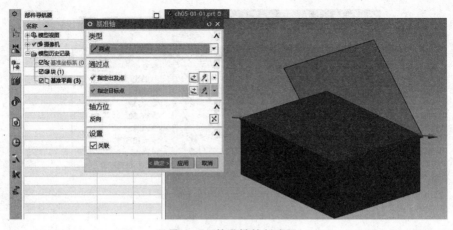

图 5-8 基准轴的创建

③单击"轴方位"区域中⊠按钮进行反向调整。

（3）单击 确定 按钮完成"基准轴（4）"的创建，如图 5-9 所示。

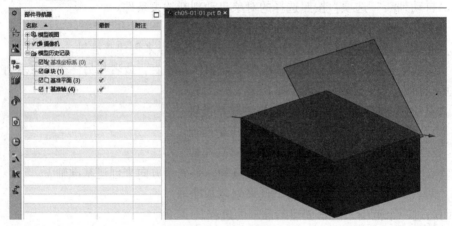

图 5-9 完成基准轴的创建

3. 基准坐标系

"基准坐标系"命令可通过以下两种方式找到。

◆单击"主页"选项卡工具条中"特征"组 ▢ 下的▾按钮，在弹出的菜单执行
基准平面
"基准坐标系"命令。

◆依次单击"菜单（M）"→"插入（S）"→"基准/点（D）"→"基准坐标系
（C）"。

基准坐标系是创建各类特征如基准、孔、草图等的辅助工具，也可作为装配图中各种
组件的定位工具。基准坐标系由三个基准平面、三个基准轴和一个原点组成，在使用中，
基准坐标系一般选择单个基准平面、基准轴和原点。

"基准坐标系"对话框如图 5-10 所示。

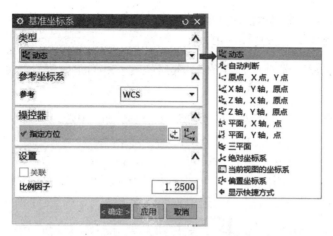

图5-10 "基准坐标系"对话框

在"基准坐标系"对话框中选择不同的"类型",对话框中选项内容会发生相应变化。"类型"下拉列表框中各选项功能的说明如下。

◆ "动态"选项:可以手动将坐标系移动到所需的任何位置和方向。

◆ "自动判断"选项:按照选择的对象和选项来创建相关的基准坐标系;或通过 X、Y 和 Z 分量的增量来创建基准坐标系。

◆ "原点,X 点,Y 点"选项:根据选择或定义的三个点来创建基准坐标系。

◆ "X 轴,Y 轴,原点"选项:根据所选择或定义的一点和两个矢量来创建基准坐标系。其中选择的两个矢量作为坐标系的 X 轴、Y 轴,选择的点作为坐标系的原点。

◆ "Z 轴,X 轴,原点"选项:根据所选择或定义的一点和两个矢量来创建基准坐标系。其中选择的两个矢量作为坐标系的 Z 轴、X 轴,选择的点作为坐标系的原点。

◆ "Z 轴,Y 轴,原点"选项:根据所选择或定义的一点和两个矢量来创建基准坐标系。其中选择的两个矢量作为坐标系的 Z 轴、Y 轴,选择的点作为坐标系的原点。

◆ "平面,X 轴,点"选项:根据所选择或定义的一个平面、一个矢量和一点来创建基准坐标系。其中,选择的平面作为 Y-Z 平面,选择的一个矢量作为坐标系的 X 轴,选择的点作为坐标系的原点。

◆ "平面,Y 轴,点"选项:根据所选择或定义的一个平面、一个矢量和一点来创建基准坐标系。其中选择的平面作为 X-Z 平面,选择的一个矢量作为坐标系的 Y 轴,选择的点作为坐标系的原点。

◆ "三平面"选项:根据所选择的三个平面来创建基准坐标系。X 轴是"X 向平面"指定平面的法向,Y 轴是"Y 向平面"指定平面的法向,Z 轴是"Z 向平面"指定平面的法向,三个指定平面的交点作为坐标系的原点。

◆ "绝对坐标系"选项:指定模型空间中的某个坐标系作为基准坐标系。X 轴和 Y 轴是"绝对坐标系"的 X 轴和 Y 轴,原点是"绝对坐标系"的原点。

◆ "当前视图的坐标系"选项:将当前视图的坐标系设置为基准坐标系。X 轴平行于视图底部,Y 轴平行于视图的侧面,原点是视图的原点(图形平面中间)。

◆ "偏置坐标系"选项:根据所选择的现有基准坐标系的 X、Y 和 Z 轴方向的增量来创建新基准坐标系。X 轴和 Y 轴是现有基准坐标系的 X 轴和 Y 轴,原点为指定的点。

下面通过一个范例来演示创建基准坐标系的过程。

（1）打开范例文件"ch05-01-01.prt"。

（2）单击"主页"选项卡工具条中"特征"组 基准平面 下的▼按钮，执行"基准坐标系"命令，创建基准坐标系。

①在"基准坐标系"对话框的"类型"下拉列表框中选择"Z轴，X轴，原点"选项，对话框中的选项内容发生相应变化。

②选择"原点"区域中"指定点"选项，单击左键选中长方体的上顶面一个端点；选择"Z轴"区域中"指定矢量"选项，单击左键选中长方体的上顶面；选择"X轴"区域中"指定矢量"选项，单击左键选中长方体的正面，如图5-11所示。

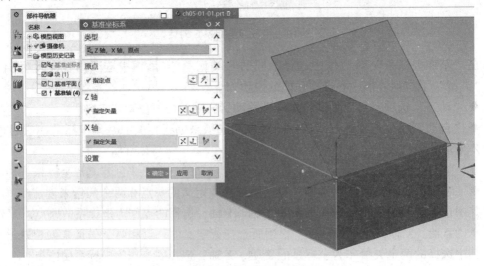

图5-11 基准坐标系的创建

③单击 确定 按钮完成"基准坐标系（5）"的创建，如图5-12所示。

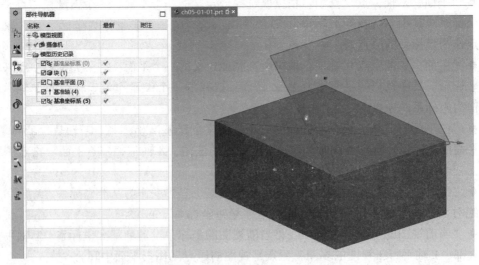

图5-12 完成基准坐标系的创建

5.1.2 基本体素特征

特征是构成零件模型的基本单元。基本体素特征常常作为零件模型的第一个基本特征使用，然后在此基础上通过添加新的特征从而得到所需的模型，所以基本体素特征对于零件的设计而言就是最基本的特征。在 UG NX 12.0 软件中，基本体素特征就是长方体、圆柱体、圆锥体和球体这四个基本特征，下面分别介绍这四个基本体素特征的创建及使用方法。

1. 长方体

"长方体"命令可通过以下两种方式找到。

◆单击"主页"选项卡工具条中"特征"组中的 按钮，在弹出的选项列表中选择"长方体"选项，如图 5-13 所示。

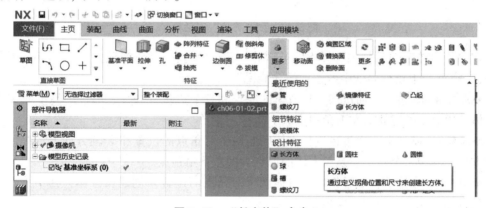

图 5-13 "长方体"命令 1

◆依次单击"菜单（M）"→"插入（S）"→"设计特征（E）"→"长方体（K）"，如图 5-14 所示。

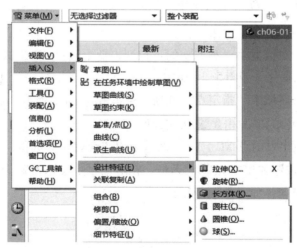

图 5-14 "长方体"命令 2

长方体是基本体素特征中最常用的一个特征，常作为块状特征使用，然后在其基础上生成其他特征。"长方体"对话框如图5-15所示。

图5-15 "长方体"对话框

在"长方体"对话框中选择不同类型后，各选项内容会相应变化，从而有不同的创建方法，"类型"下拉列表框中各选项的功能说明如下。

◆ **原点和边长** 选项：通过指定长方体的原点和三个边长（长度、宽度、高度）来创建长方体，原点是长方体的左下角顶点。

◆ **两点和高度** 选项：通过指定长方体底面两个对角点的位置和 Z 轴方向上的高度来创建长方体，其中一个对角点是长方体的原点，即左下角顶点。

◆ **两个对角点** 选项：通过指定长方体两个对角点的位置来创建长方体，其中一个对角点是长方体的原点，即左下角顶点。

下面通过一个范例来演示创建长方体的过程。

（1）打开范例文件"ch05-01-02. prt"。

（2）单击"主页"选项卡工具条中"特征"组中的 按钮，在弹出的选项列表中选择"长方体"选项，创建长方体。

①在"长方体"对话框中"类型"的下拉列表框中选择 **两点和高度** 选项，对话框中的选项内容也发生相应变化，如图5-16所示。

②选择"原点"区域中"指定点"选项，再单击 按钮弹出"点"对话框，在对话框中输入坐标（0，0，0），单击 确定 按钮返回。

③选择"从原点出发的点 XC，YC"区域中的"指定点"选项，再单击图形区上的某个点，或者单击 按钮弹出"点"对话框，在对话框中输入准确坐标（200，100，0），单击"确定"按钮返回，如图5-17所示。

图 5-16　长方体的创建 1

④在"尺寸"区域中的"高度（ZC）"文本框中输入"80"，即指定长方体的高度。

图 5-17　长方体的创建 2

（3）单击 确定 按钮完成"块（1）"，即长方体的创建。

2. 圆柱体

"圆柱"命令可通过以下两种方式找到。

◆单击"主页"选项卡工具条中"特征"组中的 按钮，在弹出的选项列表中选择"圆柱"选项。

◆依次单击"菜单（M）"→"插入（S）"→"设计特征（E）"→"圆柱（C）"。

圆柱体是基本体素特征中常用的一个特征，常作为圆柱状特征使用，然后在其基础上生成其他特征。

"圆柱"对话框如图 5-18 所示。

图 5-18　"圆柱"对话框

在"圆柱"对话框中选择不同类型后，各选项内容会发生相应变化，从而有不同的创建方法，"类型"下拉列表框中各选项的功能说明如下。

◆ 轴、直径和高度 选项：要求确定一个矢量方向作为圆柱体的轴线方向，再指定圆柱体的直径和高度参数以及圆柱体底面中心的位置来创建圆柱体。

◆ 圆弧和高度 选项：通过指定所选取的圆弧和高度来创建圆柱体。

下面通过一个范例来演示创建圆柱体的过程。

（1）打开范例文件"ch05-01-02.prt"。

（2）单击"主页"选项卡工具条中"特征"组中的 更多 按钮，在弹出的选项列表中选择"圆柱"选项，创建圆柱体。

①在"圆柱"对话框中"类型"的下拉列表框中选择 轴、直径和高度 选项，对话框中的选项内容也发生相应变化。

②定义圆柱体轴线方向。选择"轴"区域中"指定矢量"选项，再单击 按钮，弹出"矢量"对话框，在该对话框的"类型"下拉列表框中选择"ZC 轴"选项，单击 确定 按钮返回对话框。

③定义圆柱底面圆心位置。选择"轴"区域中"指定点"选项，再单击 按钮，弹出"点"对话框，在对话框中输入准确坐标（300，0，0），单击 确定 按钮返回对话框，如图 5-19 所示。

图 5-19 圆柱的创建 1

④定义圆柱体参数。在"尺寸"区域的"直径"文本框中输入"100",在"高度"文本框中输入"130",如图 5-20 所示。

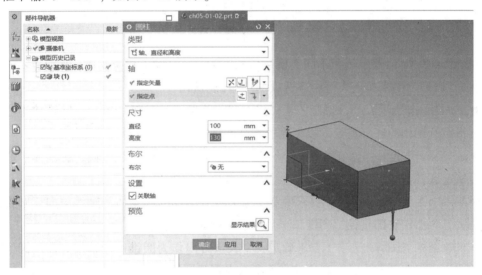

图 5-20 圆柱的创建 2

（3）单击 确定 按钮完成"圆柱（2）"的创建。

3. 圆锥体

"圆锥"命令可通过以下两种方式找到。

◆单击"主页"选项卡工具条中"特征"组中的 更多 按钮，在弹出的选项列表中选择"圆锥"选项。

◆依次单击"菜单（M）"→"插入（S）"→"设计特征（E）"→"圆锥（O）"。

圆锥体是基本体素特征中常用的一个特征，常作为圆锥状、圆台状特征使用，然后在此基础上生成其他特征。"圆锥"对话框如图5-21所示。

图5-21 "圆锥"对话框

在"圆锥"对话框中选择不同类型后，各选项内容会发生相应变化，从而有不同的创建方法，"类型"的下拉列表框中各选项的功能说明如下。

◆ 直径和高度选项：要求确定一个矢量方向作为圆锥体的轴线方向、圆锥体中心的位置，再指定圆锥体的底部直径、顶部直径和高度参数来创建圆锥体。

◆ 直径和半角选项：要求确定一个矢量方向作为圆锥体的轴线方向、圆锥体中心的位置，再指定底部直径、顶部直径和半角参数来创建圆锥体。

◆ 底部直径，高度和半角选项：要求确定一个矢量方向作为圆锥体的轴线方向、圆锥体中心的位置，再指定底部直径、高度和半角参数来创建圆锥体。

◆ 顶部直径，高度和半角选项：要求确定一个矢量方向作为圆锥体的轴线方向、圆锥体中心的位置，再指定顶部直径、高度和半角参数来创建圆锥体。

◆ **两个共轴的圆弧**选项：通过指定所选取的两个圆弧对象来创建圆锥体。

下面通过一个范例来演示创建圆锥体的过程。

（1）打开范例文件"ch05-01-02. prt"。

（2）单击"主页"选项卡工具条中"特征"组中的 按钮，在弹出的选项列表中选择"圆锥"选项，创建圆锥体。

①在"圆锥"对话框中"类型"的下拉列表框中选择"直径和半角"选项，对话框中的选项内容发生相应变化。

②定义圆锥体轴线方向。选择"轴"区域中"指定矢量"选项，再单击 按钮，弹

出"矢量"对话框，在该对话框的"类型"下拉列表框中选择"ZC 轴"选项，单击 确定 按钮返回对话框。

③定义圆锥中心位置。选择"轴"区域中"指定点"选项，再单击 ⊞ 按钮，弹出"点"对话框，在对话框中输入准确坐标（200，200，0），单击 确定 按钮返回对话框，如图 5-22 所示。

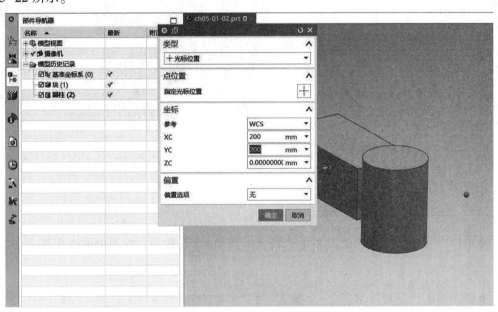

图 5-22　圆锥的创建 1

④定义圆锥体参数。在"尺寸"区域的"底部直径"文本框中输入"200"，"顶部直径"文本框中输入"50"，"半角"文本框中输入"30"，如图 5-23 所示。

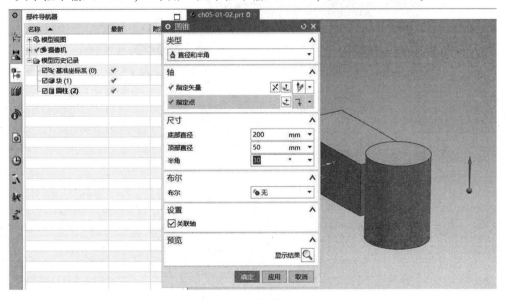

图 5-23　圆锥的创建 2

（3）单击 确定 按钮完成"圆锥（3）"的创建，如图5-24所示。

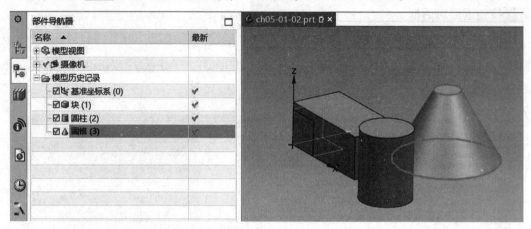

图5-24　圆锥的创建3

4. 球体

"球"命令可通过以下两种方式找到。

◆单击"主页"选项卡工具条中"特征"组中的 更多 按钮，在弹出的选项列表中选择"球"选项。

◆依次单击"菜单（M）"→"插入（S）"→"设计特征（E）"→"球（S）"。

球体是基本体素特征中常用的一个特征，常作为球状特征使用，然后在此基础上生成其他特征。

"球"对话框如图5-25所示。

图5-25　"球"对话框

在"球"对话框中选择不同类型后，各选项内容会发生相应变化，从而有不同的创建方法，"类型"下拉列表框中各选项的功能说明如下。

◆⊕**中心点和直径** 选项：要求确定球体中心的位置，再指定球体的直径来创建球体。

◆○**圆弧** 选项：通过指定所选取的圆弧对象来创建球体。

下面通过一个范例来演示创建球体的过程。

（1）打开范例文件"ch05-01-02.prt"。

（2）单击"主页"选项卡工具条中"特征"组中的 更多 按钮，在弹出的选项列表中选择"球"选项，创建球体。

①在"球"对话框中"类型"的下拉列表框中选择⊕**中心点和直径** 选项，对话框中的选项内容也发生相应变化。

②定义球体中心位置。单击"中心点"区域中"指定点"的 按钮，弹出"点"对话框，在对话框中输入准确坐标（0，300，100）。单击 确定 按钮返回对话框。

③定义球体参数。在"尺寸"区域的"直径"文本框中输入"150"，如图 5-26 所示。

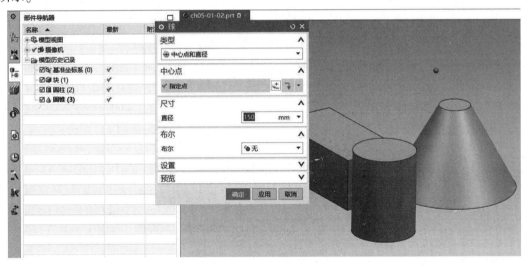

图 5-26　球的创建

（3）单击 确定 按钮完成"球（4）"的创建。

5.1.3　拉伸特征

拉伸特征是指将截面沿着截面所在平面的垂直方向拉伸而成的特征，拉伸是零件建模中最常用的方法。只要实体中某部分的截面相同，就可以通过拉伸操作来生成。拉伸特征的操作示意如图 5-27 所示。

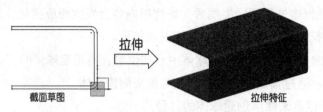

图 5-27 拉伸特征的示意

"拉伸"命令可通过以下两种方式找到。

◆单击"主页"选项卡工具条中"特征"组中的 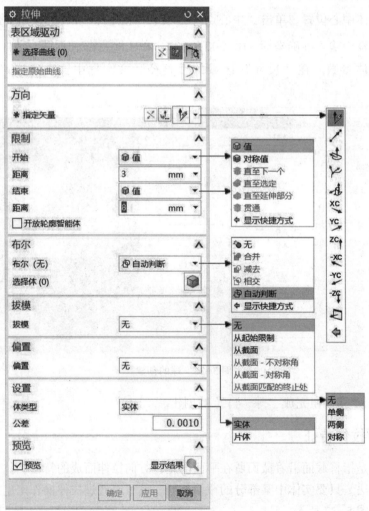按钮。

◆依次单击"菜单（M）"→"插入（S）"→"设计特征（E）"→"拉伸（X）"。

"拉伸"对话框如图 5-28 所示。

图 5-28 "拉伸"对话框

"拉伸"对话框中相关选项的功能说明如下。

（1）"表区域驱动"区域：指定要选择的曲线作为截面来进行拉伸，包括三个图标按钮，分别是 ⊠、 📷 和 🔓。

◆⊠按钮表示反向，即使选择曲线的方向与原来相反。

◆📷按钮表示绘制截面，即创建一个新草图作为拉伸特征的截面，在完成草图并退出草图环境后，系统自动选择该草图作为拉伸特征的截面。

◆🔓按钮表示选择曲线，即选择已有的草图或几何体边缘作为拉伸特征的截面。

注意：假如已选择的曲线不正确，需要取消重新选择时，可以单击"上边框条"工具条中的 ⬚ 按钮从而取消当前所选择的对象，如图5-29所示。

图5-29　"上边框条"工具条

（2）"方向"区域：通过指定一个矢量方向作为拉伸特征的方向。

◆📍按钮表示矢量对话框，在对话框中定义矢量。详细说明请参看"矢量定义"内容。

◆🔽按钮表示用于指定拉伸的方向。可单击此按钮，从弹出的下拉列表框中选取相应的方式，指定矢量方向。

◆⊠按钮表示反向。单击此按钮，系统就会自动使当前的矢量方向反向。

（3）"限制"区域：该区域中的命令用于控制拉伸的方式。"开始"和"结束"的下拉列表框中都包括六种选项。

◆"值"选项：在"开始"和"结束"下面的"距离"文本框中输入具体的数值（可以是负数）来确定拉伸的深度，开始值和结束值之差的绝对值就是拉伸的深度。

◆"对称值"选项：将截面所在平面的两侧同时进行拉伸，且两侧的拉伸深度值相等。

◆"直至下一个"选项：拉伸至下一个障碍物的表面处终止。

◆"直至选定"选项：拉伸到选定的实体、平面、辅助面或曲面为止。

◆"直至延伸部分"选项：拉伸到选定的曲面，但是选定面的大小不能与拉伸体完全相交，系统将会按照选定面的边界自动延伸其大小并切除生成的拉伸体。

◆"贯通"选项：在拉伸方向上延伸，直至与所有的曲面相交。

（4）"布尔"区域：如果图形区在拉伸之前已经创建有其他实体，则可以在拉伸时与这些实体进行布尔操作，包括求和、求差和求交。

（5）"拔模"区域：沿拉伸方向对拉伸体进行拔模。当"角度"值大于0时，沿拉伸方向向内拔模；当"角度"值小于0时，沿拉伸方向向外拔模。"拔模"的下拉列表框中有六种方式，具体说明如下。

◆"无"选项：不进行拔模操作。

◆"从起始限制"选项：直接从设置的起始位置开始拔模。

◆ "从截面" 选项：从拉伸截面作为起始位置开始拔模。

◆ "从截面-不对称角" 选项：在拉伸截面两侧进行不对称的拔模。

◆ "从截面-对称角" 选项：在拉伸截面两侧进行对称的拔模。

◆ "从截面匹配的终止处" 选项：在拉伸截面两侧进行拔模，所输入的角度为 "结束" 侧的拔模角度，且起始面与结束面的大小相同。

（6）"偏置" 区域："偏置" 的下拉列表框中有 "无" "单侧" "两侧" 和 "对称" 这四种方式，其中 "两侧" 和 "对称" 方式可创建拉伸薄壁类型特征。"两侧" 方式通过设置起始值与结束值，两者之差的绝对值为薄壁厚度。

（7）"设置" 区域："体类型" 选项用于指定生成的特征是片体（即曲面）还是实体。

（8）"预览" 区域：勾选 "预览" 复选框，可以实时查看到所创建出的特征。

预览时，可按住鼠标中键进行旋转查看，如果所创建出的特征不符合设计意图，可选择对话框中的相关选项重新定义或修改。

1. 矢量定义

矢量在建模过程中的应用非常广泛，如前面的 "拉伸" 操作，还有后面的 "旋转" 操作等都需要用到。矢量的设置主要用在定义对象的高度方向、投影方向和旋转中心轴等方面。

单击 "拉伸" 对话框中 "方向" 区域的 按钮，弹出的 "矢量" 对话框如图 5-30 所示。

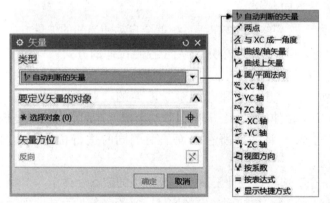

图 5-30　"矢量" 对话框

在 "矢量" 对话框中选择不同的类型后，对话框中选项的内容会发生相应变化。"类型" 下拉列表框中各选项功能说明如下。

◆ 自动判断的矢量 选项：根据选取的对象自动判断所定义矢量的类型。

◆ 两点 选项：通过空间两点创建一个矢量，矢量方向由第一点指向第二点。

◆ 与XC成一角度 选项：在 *XC* 平面上创建与 *XC* 轴成一定角度的矢量。

◆ 曲线/轴矢量 选项：通过选取曲线上某点的切向矢量来创建一个矢量。

◆ 曲线上矢量 选项：通过曲线上任一点创建一个与曲线相切的矢量，可按照圆弧长或百分比圆弧长指定点的位置。

◆ 面/平面法向 选项：创建与实体表面（须是平面）法线或圆柱面的轴线平行的矢量。

◆ **XC XC轴**选项：创建与*XC*轴正方向同向的矢量。

注意：这里新创建出的矢量只是与*XC*轴的正方向同向但不是*XC*轴，以下5项与此相同。

◆ **YC YC轴**选项：创建与*YC*轴正方向同向的矢量。

◆ **ZC ZC轴**选项：创建与*ZC*轴正方向同向的矢量。

◆ **-XC -XC轴**选项：创建与*XC*轴负方向同向的矢量。

◆ **-YC -YC轴**选项：创建与*YC*轴负方向同向的矢量。

◆ **-ZC -ZC轴**选项：创建与*ZC*轴负方向同向的矢量。

◆ **视图方向**选项：创建与当前工作视图平行的矢量。

◆ **按系数**选项：通过系数创建一个矢量。

◆ **= 按表达式**选项：通过矢量类型的表达式来创建矢量。

创建矢量的方法如下。

（1）在"矢量"对话框中的"类型"下拉列表框中选择所需类型，对话框中选项内容相应变化。

（2）根据对话框中各选项内容，选择相应对象后自动生成矢量的预览。

（3）根据矢量预览情况，如果方向不符合则单击矢量方位区域中的 ⊠ 按钮进行反向。

（4）设置完成所有参数后，单击 确定 按钮返回，创建出所需的矢量。

2. 创建拉伸实例

关于拉伸特征的具体创建方法，将在后面章节的实例特训中做详细介绍。

5.1.4 旋转特征

旋转特征是指将截面绕着一条中心线旋转而成的特征，它是零件建模中最常用的方法。只要是回转体类型的实体，都可以通过旋转操作来生成。旋转特征的操作示意如图5-31所示。

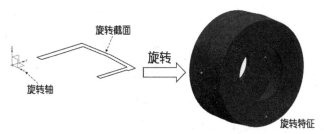

图5-31 旋转特征的操作示意

"旋转"命令可通过以下两种方式找到。

◆单击"主页"选项卡工具条中"特征"组中 拉伸 下的 ▾ 按钮，在弹出的选项列表中选择 ● 旋转 选项，如图5-32所示。

图 5-32　"旋转"命令

◆依次单击"菜单（M）"→"插入（S）"→"设计特征（E）"→"旋转（R）"。"旋转"对话框如图 5-33 所示。

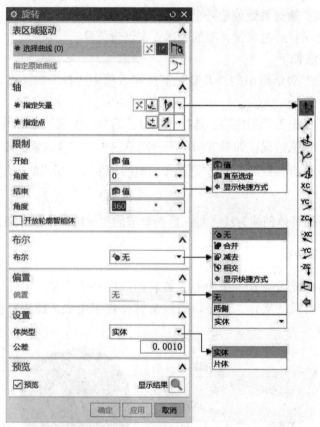

图 5-33　"旋转"对话框

"旋转"对话框中相关选项的功能说明如下。

（1）"表区域驱动"区域：指定要选择的曲线作为截面来进行拉伸，包括 3 个图标按钮，分别是 ⊠、▦ 和 ▯ 。

◆⊠按钮表示反向，即使选择曲线的方向与原来相反。

◆▦按钮表示绘制截面，即创建一个新草图作为旋转特征的截面，完成草图并退出草图环境后，系统自动选择该草图作为旋转特征的截面。

◆▯按钮表示选择曲线，即选择已有的草图或几何体边缘作为旋转特征的截面。

注意：假如已选择的曲线不正确，需要取消重新选择时，可以单击"上边框条"工具条中的 🎝 按钮从而取消当前所选择的对象。

（2）"轴"区域：通过指定一个矢量方向作为旋转特征的方向。

"指定矢量"选项中的三个按钮的功能说明如下。

◆ 🔽 按钮表示矢量对话框，操作者可以在对话框中定义矢量。

◆ 🔽 按钮表示指定旋转的方向。可单击此按钮，从弹出的下拉列表框中选取相应的方式，指定矢量方向。

◆ ✕ 按钮表示反向。单击此按钮，系统就会自动使当前的矢量方向反向。

"指定点"选项：单击 ⚏ 按钮弹出"点构造器"对话框，定义一个点从而完全定位旋转轴。

注意：当创建矢量时所选择的类型为"与 XC 轴平行""与 YC 轴平行""与 ZC 轴平行""与-XC 轴平行""与-YC 轴平行"和"与-ZC 轴平行"这六种方式时，仅表示所定义的旋转特征旋转轴是与 *XC* 轴、*YC* 轴和 *ZC* 轴其中之一平行的，这时要完全定义旋转轴就必须再选取一个点从而定位旋转轴。

（3）"限制"区域：该区域的命令用于控制旋转的方式。"开始"和"结束"下拉列表框中都包括两种选项。

◆ "值"选项：分别在"开始"和"结束"下面的"角度"文本框中输入具体的数值（可以是负数）来确定旋转的范围，开始角度值和结束角度值之差的绝对值就是旋转的角度。

◆ "直至选定"选项：选择要开始或停止旋转到的面或相对基准平面。

旋转的方向是以与旋转轴成右手定则为准。

（4）"布尔"区域：如果图形区在拉伸之前已经创建有其他实体，则可以在旋转时与这些实体进行布尔操作，包括求和、求差和求交。

（5）"偏置"区域："偏置"下拉列表框中有"无""两侧"这两种方式，其中"两侧"方式可创建旋转薄壁类型特征。

（6）"设置"区域："体类型"选项用于指定生成的特征是片体（即曲面）还是实体。

（7）"预览"区域：系统默认勾选"预览"复选框，可以实时查看所创建出的特征。

预览时，可按住鼠标中键进行旋转查看，如果所创建出的特征不符合设计意图，可选择对话框中的相关选项重新定义或修改。

关于旋转特征的具体创建方法，将在后面章节的实例特训中做详细介绍。

5.1.5 扫掠特征

扫掠特征是指将一条截面线串沿着一条空间的路径移动而成的特征，它是含有曲面特征的零件建模中常用的方法，其路径称为引导线。扫掠特征的操作示意如图 5-34 所示：

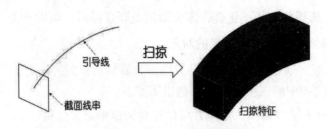

图 5-34 扫掠特征的操作示意

"扫掠"命令可通过以下两种方式找到。

◆单击"主页"选项卡工具条中"特征"组中的 更多 按钮，在弹出的选项列表中选择

扫掠选项。

◆依次单击"菜单（M）"→"插入（S）"→"扫掠（W）"→"扫掠（S）"。

"扫掠"对话框如图 5-35 所示。

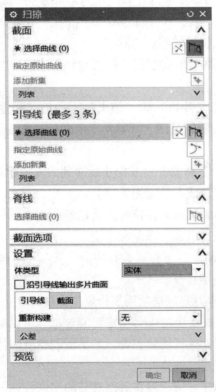

图 5-35 "扫掠"对话框

"扫掠"对话框中相关选项的功能说明如下。

（1）"截面"区域：指定要选择的曲线作为截面来进行扫掠，包括两个图标按钮，分别是⊠和冐。

◆⊠按钮表示反向，即使选择曲线的方向与原来相反。

◆冐按钮表示选择曲线，即选择已有的草图或几何体边缘作为扫掠特征的截面。

注意：假如已选择的曲线不正确，需要取消重新选择时，可以单击"上边框条"工具条中的 🔧 按钮从而取消当前所选择的对象。

（2）"引导线（最多3条）"区域：通过指定曲线作为扫掠特征的路径。

（3）"设置"区域："体类型"选项用于指定生成的特征是片体（即曲面）还是实体。

（4）"预览"区域：系统默认勾选"预览"复选框，可以实时查看所创建出的特征。

预览时，可按住鼠标中键进行旋转查看，如果所创建出的特征不符合设计意图，可选择对话框中的相关选项重新定义或修改。

下面通过一个范例来演示创建扫掠的过程。

（1）打开范例文件"ch05-01-05.prt"。

（2）在此范例文件中已经创建有截面草图、引导线，本例中不再重复介绍其创建过程。

（3）单击"主页"选项卡中的工具条中"特征"组中的 更多 按钮，在弹出的选项列表中选择 扫掠 选项，弹出"扫掠"对话框，创建特征。

①定义截面线串。选择对话框"截面"区域中的"选择曲线"选项，选中图形区里矩形的4条曲线，如图5-36所示。

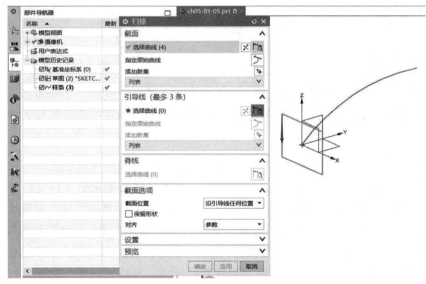

图5-36 扫掠的创建1

②定义引导线。选择对话框"引导线（最多3条）"区域中的"选择曲线"选项，选中图形区里的样条曲线，如图5-37所示。

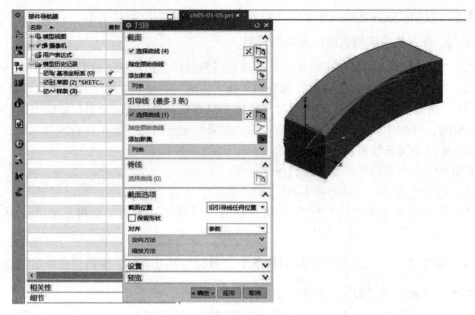

图5-37 扫掠的创建2

③对话框中其他选项参数默认即可。

④单击 确定 按钮完成"扫掠（5）"的创建。

5.1.6 特征操作

特征操作构建的特征不能单独生成，而只能在其他特征上生成，如布尔运算操作、孔特征、凸起特征、槽特征、螺纹特征、抽壳、边倒圆和倒斜角这些都是典型的特征操作。

1. 布尔运算操作

布尔运算操作是将原先存在的多个独立实体进行运算，以生成新的实体。布尔运算操作包括三种形式：布尔求和（合并）、布尔求差（减去）和布尔求交（相交）。

在进行布尔运算操作时，首先选择目标体（即执行布尔运算的实体，只能选择一个），然后选择工具体（即在目标体上执行操作的实体，可以选择多个）；运算完成后，工具体成为目标体的一部分，新产生的实体继承目标体原有的特性（如图层、颜色和线型等）。如果 NX 部件文件中已存在实体，那么当创建新特征时，新特征就是工具体，已存在的实体作为目标体。

"布尔"命令可通过如下两种方式找到。

◆单击"主页"选项卡工具条中"特征"组中的 合并按钮，选项列表中还有减去和 相交按钮，如图5-38所示。

图5-38 "布尔"命令

◆依次单击"菜单（M）"→"插入（S）"→"组合（B）"→"合并（U）""减去（S）"和"相交（I）"。

如果使用布尔运算操作的方法不正确，则在操作过程中可能出现错误，主要出错信息及其原因如下。

◆出错信息为"工具体完全在目标体外"，其原因是所选工具体和目标体在空间上没有接触，系统报错。

◆出错信息为"不能创建任何特征"，其原因是在进行操作时使用了复制目标，且没有创建一个或多个特征，系统报错。

◆出错信息为"非歧义实体"，其原因是将一个片体与另一个片体进行布尔求差，系统报错。

◆出错信息为"无法执行布尔运算"，其原因是将一个片体与另一个片体进行布尔求交操作，系统报错。

注意：在 NX 建模操作中，如果创建的是第一个特征则不存在布尔运算，"布尔"下拉列表框为灰色。从创建第二个特征开始，以后加入的特征都可以选择"布尔"下拉列表框中的相关操作；而且对于一个独立的部件，在非特殊情况下，每一个添加的特征都应选择"布尔"下拉列表框中的操作，确保这个独立部件中只有 1 个实体。

1）布尔求和操作

布尔求和（合并）操作用于将工具体和目标体合并为一体。布尔求和操作的示意如图 5-39 所示：

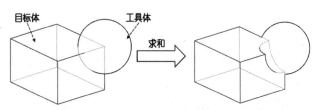

图5-39 布尔求和操作的示意

单击 🎯 合并按钮，弹出"合并"对话框，如图5-40所示。

图5-40　"合并"对话框

对话框中相关选项的功能说明如下。

（1）"目标"区域：选定目标体。

（2）"工具"区域：选定工具体。

（3）"设置"区域：有多个复选框分别如下。

◆ □保存目标 复选框：勾选后，为求和操作保存目标体的副本。默认不勾选。

◆ □保存工具 复选框：勾选后，为求和操作保存工具体的副本。默认不勾选。

注意：布尔运算操作要求工具体和目标体必须在空间上有接触才能进行运算，否则将提示出错。

下面通过一个范例来演示创建布尔运算操作的过程。

（1）打开范例文件"ch05-01-06-01. prt"。

（2）在此范例文件中已经创建有一个实体特征。

（3）此文件中部件导航器的"合并（3）"就是合并特征，具体操作过程这里不再作介绍。

2）布尔求差操作

布尔求差（减去）操作用于将工具体从目标体中移除。布尔求差操作的示意如图5-41所示。

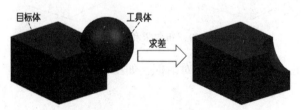

图5-41　布尔求差操作的示意

单击 🔩 减去按钮，弹出"求差"对话框，如图 5-42 所示。

图 5-42 "求差"对话框

对话框中相关选项的功能说明如下。

（1）"目标"区域：选定目标体。

（2）"工具"区域：选定工具体。

（3）"设置"区域：有多个复选框分别如下。

◆ □保存目标复选框：勾选后，为求差操作保存目标体的副本。默认不勾选。

◆ □保存工具复选框：勾选后，为求差操作保存工具体的副本。默认不勾选。

3）布尔求交操作

布尔求交（相交）操作用于创建工具体和目标体之间的公共部分。布尔求交操作的示意如图 5-43 所示。

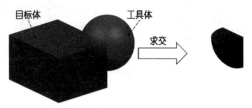

图 5-43 布尔求交操作的示意

单击 🔩 相交按钮，弹出"相交"对话框，如图 5-44 所示。

图5-44 "相交"对话框

对话框中相关选项的功能说明如下。

(1)"目标"区域：选定目标体。

(2)"工具"区域：选定工具体。

(3)"设置"区域：有多个复选框分别如下。

◆□保存目标复选框：勾选后，为相交操作保存目标体的副本。默认不勾选。

◆□保存工具复选框：勾选后，为相交操作保存工具体的副本。默认不勾选。

2. 孔特征

"孔"命令可以在实体上创建3种类型的孔特征。孔特征的示意如图5-45所示。

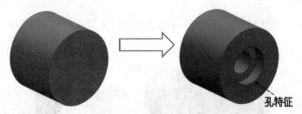

图5-45 孔特征的示意

"孔"命令可通过以下两种方式找到。

◆单击"主页"选项卡工具条中"特征"组中的 按钮。

◆依次单击"菜单（M）"→"插入（S）"→"设计特征（E）"→"孔（H）"。
"孔"对话框如图5-46所示。

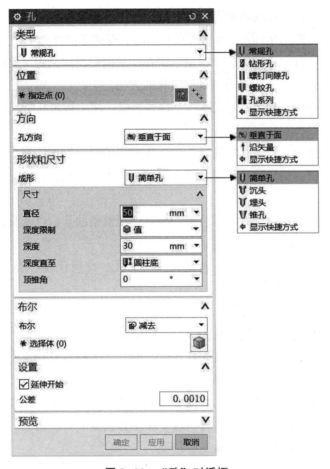

图 5-46 "孔"对话框

对话框中相关选项的功能说明如下。

（1）"类型"区域：指定要创建的孔类型，"类型"下拉列表框中有五个选项，其功能如下。

◆ **常规孔**选项：创建指定尺寸的常规孔特征，常规孔包括简单孔、沉头孔、埋头孔和锥孔 4 种形式。

◆ **钻形孔**选项：创建 ANSI 或 ISO 标准的简单钻形孔特征。

◆ **螺钉间隙孔**选项：创建指定尺寸的螺钉间隙孔，包括简单孔、沉头孔或埋头孔特征。

◆ **螺纹孔**选项：创建指定尺寸的螺纹孔，其尺寸由螺纹尺寸、径向进给等参数控制。

◆ **孔系列**选项：创建一组孔特征，这组孔是起始、中间和结束孔尺寸一致的多形状、多目标体的对齐孔。

（2）"位置"区域：通过不同方式确定孔的定位位置。

◆ **按钮表示绘制截面。单击此按钮将打开"创建草图"对话框，并通过指定放置面和方位在新建草图中创建孔的中心点。可以在草图中绘制多个孔的中心点，同时创建多个参数相同的孔特征。

◆ **按钮表示绘制点。单击此按钮可使用现有的点来指定孔的中心点。利用"上边框条"工具条中提供的工具按钮来选择现有的点或点特征。

（3）"方向"区域：用于指定创建的孔的方向，有如下两种选项。

◆ "垂直于面"选项：沿着每个指定点所在面法向的反向来定义孔的方向。

◆ "沿矢量"选项：沿指定的矢量定义孔的方向。

（4）"形状与尺寸"区域的"成形"下拉列表框：用于指定孔特征的形状，具体选项及其功能如下。

◆ "简单孔"选项：创建具有指定直径、深度和尖端顶锥角的简单孔。

◆ "沉头"选项：创建具有指定直径、深度、顶锥角的孔，以及具有沉头孔径和深度的沉头孔。

◆ "埋头"选项：创建具有指定直径、深度、顶锥角的孔，以及具有埋头孔径和深度的埋头孔。

◆ "锥孔"选项：创建具有指定斜度和直径的孔，此项仅在"类型"下拉列表框中选择"常规孔"选项时可用。

（5）"尺寸"区域：用于控制孔的尺寸参数。

① "直径"文本框：控制孔直径的大小。

② "深度限制"下拉列表框：控制孔深度类型，具体选项及其功能如下。

◆ "值"选项：给定孔的具体深度值。

◆ "直至选定对象"选项：孔的深度为"直至选定对象"。

◆ "直至下一个"选项：对孔进行扩展，深度为直至下一个面。

◆ "贯通体"选项：通孔，贯通所有特征。

（6）"布尔"区域："布尔"下拉列表框中的选项用于指定创建孔特征的布尔操作，具体选项及其功能如下。

◆ "无"选项：创建孔特征的实体表示，而不是将其从目标体中减去。

◆ "减去"选项：创建孔特征的实体表示，并将其从目标体中减去。

（7）"预览"区域：勾选"预览"复选框，可以实时查看所创建出的特征。

预览时，可按住鼠标中键进行旋转查看，如果所创建出的特征不符合设计意图，可选择对话框中的相关选项重新定义或修改。

下面通过一个范例来演示创建孔特征的过程。

（1）打开范例文件"ch05-01-06-02. prt"。

（2）在此范例文件中已经创建有一个实体特征。

（3）此文件中部件导航器的"沉头孔（2）"就是孔特征。

3. 凸起特征

"凸起"命令是 UG NX 12.0 的新功能，它包括了 UG NX 10 以前版本中的"凸台"和"垫块"两个命令，从 UG NX 12.0 开始，"凸起"命令逐步取代了"凸台"和"垫块"命令。"凸起"命令可以在实体的表面创建一个局部的凸台或凹坑，凸起的形状和范围由封闭的截面草图来定义，凸起的高度可以通过偏移值或平面参照来定义。凸起特征的示意如图 5-47 所示。

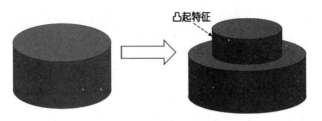

图 5-47 凸起特征的示意

"凸起"命令可通过以下两种方式找到。

◆单击"主页"选项卡工具条中"特征"组中的 ![按钮]更多 按钮，在弹出的选项列表中选择"凸起"选项。

◆依次单击"菜单（M）"→"插入（S）"→"设计特征（E）"→"凸起（M）"。

"凸起"对话框如图 5-48 所示。

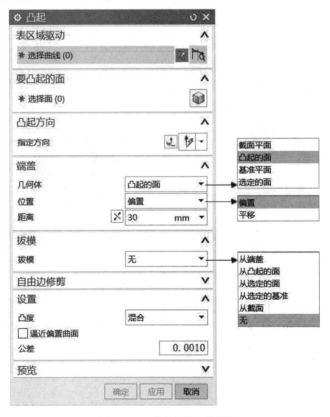

图 5-48 "凸起"对话框

"凸起"对话框中相关选项的功能说明如下。

（1）"表区域驱动"区域：指定要选择的曲线作为截面来进行凸起，包括如下两个图标按钮。

◆ 按钮表示绘制截面，即创建一个新草图作为截面曲线，完成草图并退出草图环境后，系统自动选择该草图作为截面曲线。

◆ 按钮表示选择曲线，即选择已有的草图或曲线作为截面曲线。

（2）"要凸起的面"区域：指定要凸起的面。

（3）"凸起方向"区域：指定要凸起的矢量方向。

（4）"端盖"区域：用于控制凸起的方式。"几何体"下拉列表框中包括四种选项，"位置"下拉列表框中包括两个选项。

注意：单击"距离"文本框旁的 ✗ 按钮，可以创建凹坑。

（5）"拔模"区域：沿拉伸方向对凸起进行拔模，类似拉伸特征。

下面通过一个范例来演示创建凸起的过程。

（1）打开范例文件"ch05-01-06-03. prt"。

（2）在此范例文件中已经创建有一个实体特征。

（3）此文件中部件导航器的"凸起（2）"就是凸起特征。

4. 槽特征

使用"槽"命令可以在实体中创建一个沟槽，如可在圆柱面或圆锥面上向内或向外创建沟槽。沟槽的示意如图5-49所示。

沟槽-向内　沟槽-向外

图5-49　沟槽的示意

"槽"命令可通过如下两种方式找到。

◆单击"主页"选项卡工具条中"特征"组中的 按钮，在弹出的选项列表选择"槽"选项。

◆依次单击"菜单（M）"→"插入（S）"→"设计特征（E）"→"槽（G）"。

"槽"对话框如图5-50所示。

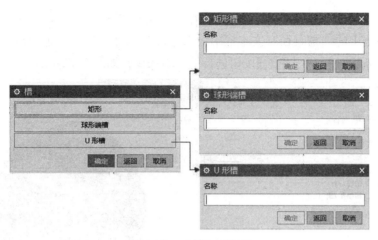

图 5-50　"槽"对话框

"槽"对话框中相关选项的功能说明如下。

◆在对话框中有三种类型的沟槽：矩形槽、球形端槽、U 形槽，分别对应不同截面形状。

在产品设计中，大多数情况下都是选择"矩形"类型。

选定对应类型的沟槽后，会弹出相应的对话框，选择要创建沟槽的圆柱面或圆锥面，输入沟槽尺寸，然后进行定位。

◆槽的定位可以是实体的外表面或内表面。

◆槽的定位和其他成形特征的定位不同，只需在轴向定位即可。通过选定目标实体的一条边及槽的边或中心线来定位沟槽。

下面通过一个范例来演示创建沟槽的过程。

（1）打开范例文件"ch05-01-06-04.prt"。

（2）文件中已提前创建好一个阶梯轴。

（3）选择"槽"选项，弹出"槽"对话框，再单击"矩形"按钮进入"矩形槽"对话框，如图 5-51 所示。

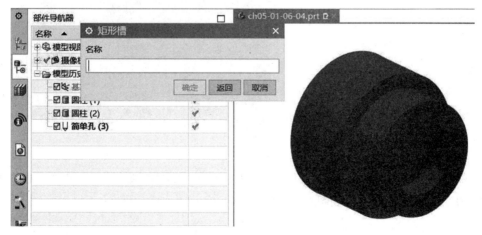

图 5-51　沟槽的创建 1

（4）在"矩形槽"对话框中，单击选中图形区的小圆柱面，然后设置矩形槽的尺寸。

①在对话框中的"槽直径"文本框中输入"75"，"宽度"文本框中输入"10"，即创建一个矩形槽φ75×10，单击 确定 按钮进行下一步操作，如图5-52所示。

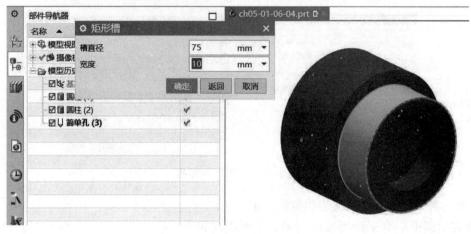

图5-52　沟槽的创建2

②进入"定位槽"对话框，在图形区空白处右击弹出快捷菜单，再依次选择"渲染模式（D）"→"静态边框（W）"切换到线框视图模式，以方便选择对象进行定位，如图5-53所示。

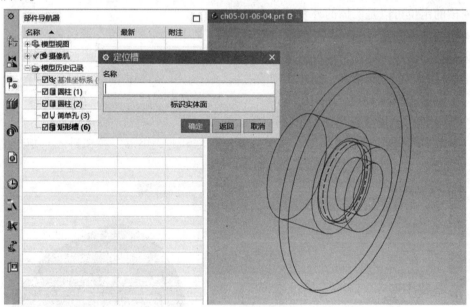

图5-53　沟槽的创建3

先单击图形区大圆柱右边线，再单击沟槽左边线，设置这两个边的距离为"0"，单击 确定 按钮完成沟槽的定位，如图5-54所示。

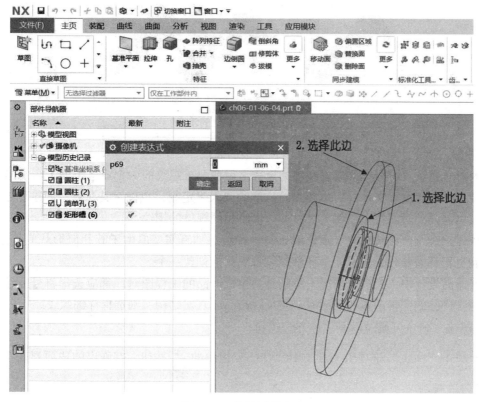

图 5-54　沟槽的创建 4

（5）在"定位槽"对话框中单击 确定 按钮完成"矩形槽（6）"的创建，如图 5-55 所示。

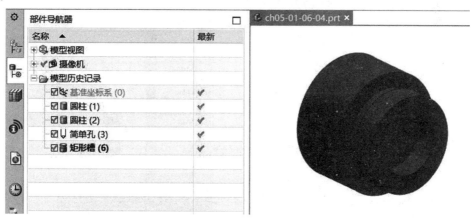

图 5-55　沟槽的创建 5

5. 螺纹特征

使用"螺纹"命令可以在孔中创建内螺纹，或在圆柱面上创建外螺纹。创建螺纹的示意如图 5-56 所示。

A. 创建符号螺纹　　B. 创建详细螺纹

图 5-56　创建螺纹的示意

在 UG NX 12.0 中可以创建如下两种类型的螺纹。

◆符号螺纹。符号螺纹以虚线圆的形式显示在要攻螺纹的一个或多个面上。符号螺纹可以使用外部螺纹表文件（可以根据特殊螺纹要求来定制）以确定其参数。创建和更新符号螺纹所需要的时间很短，每次可以创建多组相同规格的螺纹。

◆详细螺纹。详细螺纹显示效果比符号螺纹更加真实，但由于其几何形状的复杂性，创建和更新都需要较长的时间。详细螺纹每次只能创建一个。

在产品设计中，大多数情况下特别是要生成产品的工程图时，都应选择符号螺纹；如果是用于产品的广告图或效果图时，想反映产品的真实结构，则选择详细螺纹。

"螺纹"命令可通过以下两种方式找到。

◆单击"主页"选项卡工具条中"特征"组中的 按钮，在弹出的选项列表中选择"螺纹刀"选项。

◆依次单击"菜单（M）"→"插入（S）"→"设计特征（E）"→"螺纹（T）"。

"螺纹切削"对话框有两种，符号类型的如图 5-57 所示，详细类型的如图 5-58 所示。

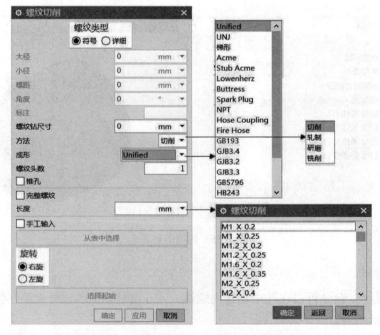

图 5-57　"螺纹切削"对话框（符号类型）

图 5-58 "螺纹切削"对话框(详细类型)

"螺纹切削"对话框中相关选项的功能说明如下。

(1)"螺纹类型"区域:选择不同的类型后,各选项内容会发生相应变化从而有不同的创建方法。

◆ "符号"类型:创建符号螺纹。

◆ "详细"类型:创建详细螺纹。

(2)"符号"类型"方法":下拉列表框中有多种选项方法,可以选择切削、轧制、研磨和铣削。

(3)"符号"类型"成形":下拉列表框中有多种螺纹标准及种类,可以选择公制、英制、美制,管螺纹、锥螺纹等。

例如,创建公制 M12 螺纹,选定"GB193"选项;如果创建美制 NPT 螺纹,选定"NPT"选项。

(4)"符号"类型 从表中选择 按钮:当自动创建出来的螺纹规格不是所需的,可以单击 从表中选择 按钮从弹出的对话框里选择正确的规格。

(5)"旋转"区域:指定螺纹的方向,左旋或右旋。

下面通过一个范例来演示创建螺纹的过程。

(1)打开范例文件"ch05-01-06-05.prt"。

(2)选择"螺纹"选项弹出"螺纹切削"对话框。

①在对话框中"螺纹类型"选择"符号"。

②"方法"下拉列表框中默认选择"切削"选项,"成形"下拉列表框中选择"GB193"选项。

③单击实体中的圆柱面,因为它的直径是 12,因此自动创建出 M12 外螺纹。如自动创建的螺纹规格或螺距不对,则单击 从表中选择 按钮在新对话框中选择所需的螺纹。

(3)此文件中"部件导航器"的"符号螺纹(4)"就是符号螺纹特征,"螺纹(5)"就是详细螺纹特征。

6. 抽壳

使用"抽壳"命令可以利用指定的壁厚来抽空实体，或以实体创建壳体，可以指定不同表面的厚度或移除某个面。抽壳操作的示意如图 5-59 所示。

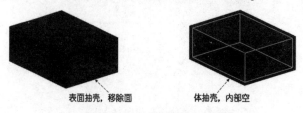

表面抽壳，移除面　　　　体抽壳，内部空

图 5-59　抽壳操作的示意

"抽壳"命令可通过如下两种方式找到。

◆单击"主页"选项卡工具条中"特征"组中的 抽壳按钮。

◆依次单击"菜单（M)"→"插入（S)"→"偏置缩放（O)"→"抽壳（H)"。

"抽壳"对话框如图 5-60 所示。

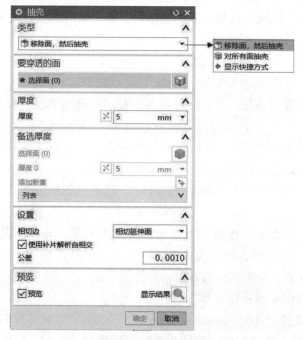

图 5-60　"抽壳"对话框

"抽壳"对话框中相关选项的功能说明如下。

（1）"类型"区域：选择不同类型后，各选项内容会发生相应变化从而有不同的创建方法。

◆ 移除面，然后抽壳选项：选择要从壳体中移除的面，可以选择多个移除面。当选择移除面时，"选择要移除的面"工具条被激活。

◆ 对所有面抽壳 选项：选择要抽壳的体，以此实体为基础创建一个壳体，壳体是全封闭的，没有穿透面。

（2）"厚度"区域：用于设置壳体的厚度值。可单击区按钮使壳体的偏置方向反向，设置壳体在原实体基础上加厚或变为薄壁。

下面通过一个范例来演示抽壳的过程。

（1）打开范例文件"ch05-01-06-06. prt"。

（2）在此范例文件中已经创建有一个实体特征。

（3）此文件中"部件导航器"的"壳（3）"就是抽壳后的壳体。

7. 边倒圆

使用"边倒圆（倒圆角）"命令可以使多个面共享的边缘变得光滑，它可以创建圆角的边倒圆，从而对凸边缘去除材料或对凹边缘添加材料。边倒圆操作的示意如图5-61所示。

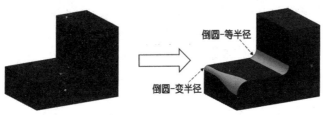

图5-61　边倒圆操作的示意

"边倒圆"命令可通过如下两种方式找到。

◆单击"主页"选项卡工具条中"特征"组中的 边倒圆按钮。

◆依次单击"菜单（M）"→"插入（S）"→"细节特征（L）"→"边倒圆（E）"。

"边倒圆"对话框如图5-62所示。

图5-62　"边倒圆"对话框

"边倒圆"对话框中相关选项的功能说明如下。

（1）"边"区域：用于创建一个恒定半径的圆角，这是最简单、最容易生成的圆角。

①"选择边"选项：用于指定要创建圆角的边缘。

②"形状"选项：用于定义圆角的形状，包括以下两种形状。

◆ 圆形 选项：圆角的截面形状为圆形。

◆ 二次曲线 选项：圆角的截面形状为二次曲线。

（2）"变半径"区域：用于创建一个有不同半径的圆角。可先选定边缘上的点，然后输入各点位置的圆角半径值，沿边缘的长度方向改变倒圆半径。必须先指定一个半径恒定的边缘，然后才能用该选项对它添加可变半径点。

（3）"拐角倒角"区域：添加回切点到一倒圆拐角，通过调整每一个回切点到顶点的距离，对拐角应用其他的变形。一般情况下，不需要设置此项。

（4）"拐角突然停止"区域：通过添加突然停止点，可以在非边缘端点处停止倒圆，进行局部边缘段倒圆。一般情况下，不需要设置此项。

下面通过一个范例来演示创建变半径边倒圆的过程。

（1）打开范例文件"ch05-01-06-07. prt"。

（2）在此范例文件中已经创建有一个实体。

（3）单击"主页"选项卡工具条中"特征"组中的 边倒圆 按钮，弹出"边倒圆"对话框，创建需要的特征。

①选取要倒圆的边缘，单击选中图中的一条棱边。

②定义圆角形状。在对话框"形状"下拉列表框中选择"圆形"选项，"半径1"文本框的值不做考虑。

③定义第一个变半径点。选择"变半径"区域中的"指定半径点"选项，单击倒圆边缘上任意一点，对话框中出现多个选项，设置"V半径1"为"5"，"位置"为"弧长百分比"，"弧长百分比"为"30"，按<Enter>键完成第一个点的倒圆参数设置，如图5-63所示。

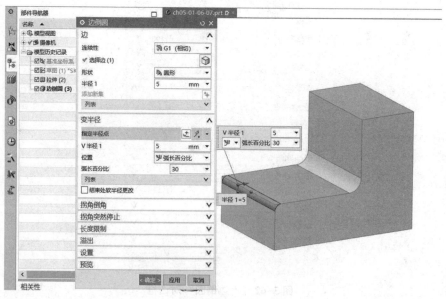

图5-63　边倒圆的创建1

④定义第二个变半径点。选择"变半径"区域中的"指定半径点"选项，单击倒圆边缘上第二个点，对话框中出现多个选项，设置"V 半径 2"为"10"，"位置"为"弧长百分比"，"弧长百分比"为"65"，按<Enter>键完成第二个点的倒圆参数设置，如图5-64 所示。

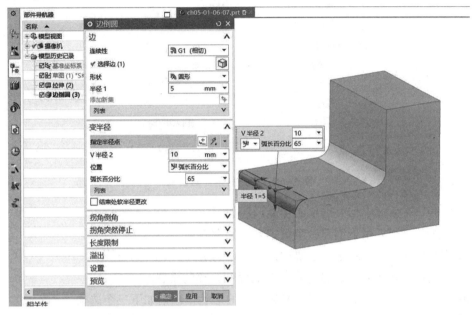

图 5-64 边倒圆的创建 2

⑤根据需要，可重复以上步骤继续创建多个变半径点。

（4）单击 确定 按钮完成"边倒圆（3）"的创建。

8. 倒斜角

使用"倒斜角"命令可以在两个面之间创建需要的倒角。倒斜角操作的示意如图5-65 所示：

图 5-65 倒斜角操作的示意

"倒斜角"命令可通过如下两种方式找到。

◆单击"主页"选项卡工具条中"特征"组中的 倒斜角 按钮。

◆依次单击"菜单（M）"→"插入（S）"→"细节特征（L）"→"倒斜角（M）"。"倒斜角"对话框如图5-66 所示。

图 5-66 "倒斜角"对话框

"倒斜角"对话框中相关选项的功能说明如下。

(1)"边"区域:用于创建一个恒定半径的倒斜角。

"选择边"选项框:用于指定要创建倒斜角的边缘。

(2)"偏置"区域:该区域包含有横截面和距离的设置。

"横截面"下拉列表框:用于定义倒斜角的形状,包括如下三个选项。

◆ 对称 选项:创建一个简单倒斜角,沿两个表面的偏置值是相同的。

◆ 非对称 选项:创建一个简单倒斜角,沿两个表面的偏置值是不同的。

◆ 偏置和角度 选项:创建一个简单倒斜角,其偏置量是由一个偏置值和一个角度值决定的。

(3)"设置"区域:"偏置法"下拉列表框中有如下两个选项。

◆ "沿面偏置边"选项:仅为简单形状生成精确的倒斜角,从倒斜角的边开始沿着面设置偏置值。

◆ "偏置面并修剪"选项:用于很复杂的被倒斜角的面,可延伸用于修剪原始曲面的每个偏置曲面。

5.1.7 模型关联复制

模型的关联复制可以对已有的模型特征进行操作,创建出与已有模型特征相关联的目标特征,从而减少许多重复的操作,提高建模效率。模型的关联复制功能命令如图5-67所示,主要包括"抽取几何特征""阵列特征""阵列几何特征"和"镜像特征"等。

图 5-67　模型关联复制命令

1. 抽取几何特征

在产品设计过程中，常常会用到抽取模型特征的功能，可以充分利用已有的模型，从而大大提高建模效率。抽取几何特征是用来创建所选取几何的关联副本，操作的对象包括复合曲线、点、基准、面、面区域和体。如果抽取一条曲线，则创建的是曲线特征；如果抽取一个面或一个区域，则创建的是片体特征；如果抽取一个体，则创建的是体特征。在抽取时可以设置是否关联原有特征，关联后若原有特征有修改，则抽取后的特征也会得到更新。

"抽取几何特征"命令可通过如下两种方式找到。

◆单击曲面选项卡工具条中"曲面操作"组中的 抽取几何特征按钮，如图 5-68 所示。

图 5-68　"抽取几何特征"命令

◆依次单击"菜单（M）"→"插入（S）"→"关联复制（A）"→"抽取几何特征（E）"命令。

"抽取几何特征"对话框如图 5-69 所示。

图 5-69   "抽取几何特征"对话框

对话框中相关选项的功能说明如下。

◆ "类型"区域：选择不同类型后，各选项内容会发生相应变化从而有不同的创建方法，"类型"下拉列表框中各选项的功能说明如下。

◆ 复合曲线选项：用于从实体或片体模型中抽取曲线特征。

◆ 点选项：用于从点对象中抽取点特征。

◆ 基准选项：用于从基准对象中抽取基准特征。

◆ 草图选项：用于从草图对象中抽取草图特征。

◆ 面选项：用于从实体或片体模型中抽取曲面特征，能生成三种类型的曲面。

◆ 面区域选项：用于从实体或片体模型中抽取区域曲面特征（片体）。需定义种子面和边界面来创建片体，此片体是由从种子面开始向四周延伸到边界面的所有曲面构成的（其中包括种子面，但不包括边界面）。

◆ 体选项：用于创建与整个所选对象相关联的实体。

◆ 镜像体选项：用于从实体或片体模型中创建镜像体，需指定镜像平面。

◆ "设置"区域：有"关联""隐藏原先的""允许自相交"和"高级曲线拟合"等多个复选框。

☑ 关联复选框在勾选后，抽取后的几何特征与原有的特征保持关联。

以下为常用的抽取几何特征类型的操作方法。

（1）抽取面特征。抽取面特征操作是从实体或片体中抽取曲面特征。抽取面特征操作的示意如图 5-70 所示。

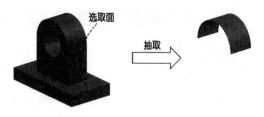

图 5-70　抽取面特征操作的示意

在"抽取几何特征"对话框中"类型"的下拉列表框中选择 面选项，各相关选项发生相应变化，如图 5-71 所示。

图 5-71　"抽取几何特征"对话框——抽取面特征

对话框中"表面类型"的下拉列表框用于设置抽取后的曲面类型，有三个选项。

◆ "与原先相同"选项：从模型中抽取的曲面特征保留原来的曲面类型。

◆ "三次多项式"选项：从模型中抽取的曲面特征改为三次多项式 B 曲面类型。

◆ "三次多项式"选项：从模型中抽取的曲面特征改为一般 B 曲面类型。

（2）抽取体特征。抽取体特征操作是创建与整个所选对象相关联的实体。抽取体特征操作的示意如图 5-72 所示。

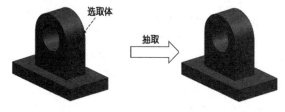

图 5-72　抽取体特征操作的示意

在"抽取几何特征"对话框中"类型"的下拉列表框中选择 体选项，各相关选项发生相应变化，如图 5-73 所示。

图 5-73 "抽取几何特征"对话框——抽取体特征

对话框中"特征"的下拉列表框用于设置抽取后的体形式，有两个选项，分别是"所有体对应一个特征"和"每个体对应单独特征"。

2. 阵列特征

阵列特征的功能是对特征进行一个或多个的关联复制，并按照一定的规律排列复制的特征。阵列的所有实例都是相互关联的，可以通过编辑原特征的参数来改变其所有的实例。常用的阵列方式有线性阵列、圆形阵列、多边形阵列、螺旋式阵列、沿曲线阵列、常规阵列和参考阵列等。

"阵列特征"命令可通过如下两种方式找到。

◆单击"主页"选项卡工具条中"特征"组中的"阵列特征"按钮。

◆依次单击"菜单（M）"→"插入（S）"→"关联复制（A）"→"阵列特征（A）"。

"阵列特征"对话框如图 5-74 所示。

对话框中相关选项的功能说明如下。

（1）"要形成阵列的特征"区域：选定要进行阵列的特征。

图 5-74 "阵列特征"对话框

（2）"阵列定义"区域：有"布局""间距"等选项。

①"布局"下拉列表：用于定义阵列方式，其下拉列表框中各选项的功能说明如下。

◆ **线性** 选项：沿着指定的一个或两个线性方向进行线性阵列。

◆ **圆形** 选项：绕着一根指定的旋转轴进行圆形阵列，阵列实例绕着旋转轴的圆周分布。

◆ **多边形** 选项：沿着一个正多边形进行阵列。

◆ **螺旋** 选项：沿着平面螺旋线进行阵列。

◆ **沿** 选项：沿着一条曲线路径进行阵列。

◆ **常规** 选项：根据空间的点或由坐标系定义的位置点进行阵列。

◆ **参考** 选项：参考此模型中已有的阵列方式进行阵列。

◆ **螺旋** 选项：沿着空间螺旋线进行阵列。

② "间距"：用于定义各阵列方向的数量和间距形式，其下拉列表框中各选项的功能说明如下。

◆ "数量和间距" 选项：通过输入阵列的数量和每两个实例的中心距离进行阵列。

◆ "数量和跨距" 选项：通过输入阵列的数量和每两个实例的跨距进行阵列。

◆ "节距和跨距" 选项：通过输入阵列的节距和每两个实例的跨距进行阵列。

◆ "列表" 选项：通过定义的列表数据进行阵列。

如果阵列特征的使用不正确，则在操作过程中可能出现错误，主要的出错信息为"父特征更新失败"，其含义是阵列实例必须在相应的实体上，即阵列参数的设置必须确保阵列后所有实例还是在相应实体上不能超出其范围，否则系统报错。以下为常用的阵列布局介绍。

（1）线性阵列。线性阵列操作是指沿着指定的一个或两个线性方向对指定特征进行线性阵列。线性阵列操作的示意如图 5-75 所示。

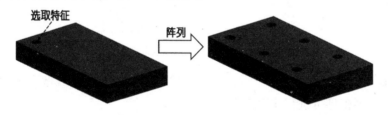

图 5-75 线性阵列操作的示意

在"阵列特征"对话框中"布局"的下拉列表框中选择"线性"选项，各相关选项发生相应变化，如图 5-76 所示。

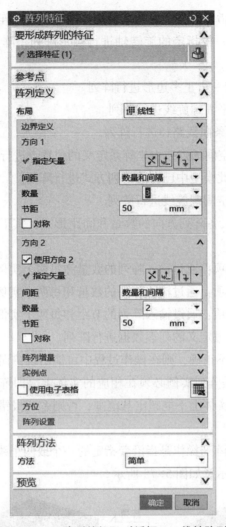

图5-76 "阵列特征"对话框——线性阵列

在对话框中的"方向1"和"方向2"区域，分别指定一个或两个方向，定义其矢量，输入阵列参数值即可进行线性阵列。

（2）圆形阵列。圆形阵列操作是指绕着一根指定的旋转轴对指定特征进行圆形阵列。圆形阵列操作的示意如图5-77所示。

图5-77 圆形阵列操作的示意

在"阵列特征"对话框中"布局"的下拉列表框中选择"圆形"选项，各相关选项发生相应变化，如图5-78所示。

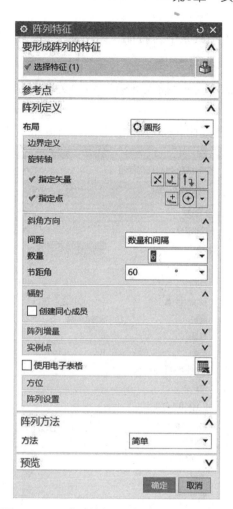

图5-78 "阵列特征"对话框——圆形阵列

在对话框中的"旋转轴"区域，指定旋转轴的矢量和通过点从而完全定位旋转轴，输入阵列参数值即可进行圆形阵列。

3. 阵列几何特征

阵列几何特征的功能是创建对象的副本，轻松地复制几何体、面、边、曲线、点、基准平面和基准轴等，并保持实例特征与其原始特征之间的关联性。阵列几何特征操作的示意如图5-79所示。

图5-79 阵列几何特征操作的示意

"阵列几何特征"命令可通过如下两种方式找到。

◆单击"主页"选项卡工具条中"特征"组中的 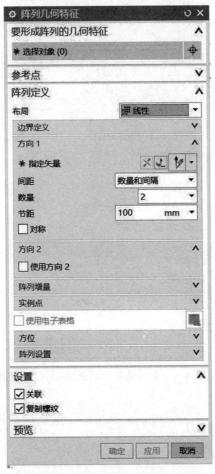更多 按钮,在弹出的选项列表中选择"阵列几何特征"选项。

◆依次单击"菜单(M)"→"插入(S)"→"关联复制(A)"→"阵列几何特征(T)"。

"阵列几何特征"对话框如图5-80所示。

图5-80 "阵列几何特征"对话框

对比"阵列几何特征"和"阵列特征"的对话框,可以发现两者有很多相同之处,而两者的区别如下。

◆"阵列几何特征"命令针对不同实体的几何对象,包括几何体、面、边、曲线、点、基准平面和基准轴等;几何对象不需要在同一个实体上,阵列后的几何特征不用在相应实体上。

◆"阵列特征"命令是针对同一个实体中的特征,且阵列实例也必须在相应的实体上,不能超出对应实体范围。

4. 镜像特征

镜像特征的功能是将指定特征相对于一个平面(镜像中心平面)进行对称的复制,从而得到所选特征的一个副本，镜像中心平面可以是部件平面或基准平面。镜像特征操作的示意如图5-81所示。

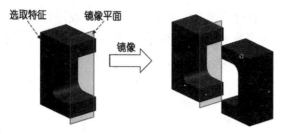

图5-81 镜像特征操作的示意

"镜像特征"命令可通过如下两种方式找到。

◆单击"主页"选项卡工具条中"特征"组中的 <kbd>更多</kbd> 按钮，在弹出的选项列表中选择"镜像特征"选项。

◆依次单击"菜单（M）"→"插入（S）"→"关联复制（A）"→"镜像特征（R）"。

"镜像特征"对话框如图5-82所示。

图5-82 "镜像特征"对话框

"镜像特征"对话框中相关选项的功能说明如下。

◆"要镜像的特征"区域：选定要进行镜像的特征。

◆"镜像平面"区域：选定镜像中心平面，此平面可以是现有的实体平面或基准平面，也可以新建平面。

5.1.8 特征编辑

特征编辑是指在特征创建完成后,对其中的一些参数进行编辑。特征编辑可以对特征的尺寸、位置和先后次序等参数进行重新编辑,并在大多数情况下能保留其与相关特征的关联关系。特征编辑包括编辑参数、编辑位置、移动、重排序、替换和抑制等多方面内容。

依次单击"菜单(M)"→"编辑(E)"→"特征(F)",打开特征编辑的下拉菜单,如图5-83所示。

图5-83 特征编辑的下拉菜单

下面针对常用的特征编辑操作作详细介绍。

1. 编辑参数

"编辑参数"命令用于在已创建好的特征基础上修改编辑其参数,实现特征更新。

在左侧资源栏"部件导航器"模型树中右击相应特征,在弹出的菜单中执行"编辑参数"命令,即可编辑相应特征的参数。系统会根据用户所选择的特征弹出相应的对话框来完成对该特征的编辑。

2. 重排序

"重排序"命令可以改变模型中特征的次序,即将重定位特征移至选定的参考特征之前或之后。对具有关联性的特征重排序以后,与其关联的特征也将被自动重排序。重排序操作的示意如图5-84所示。

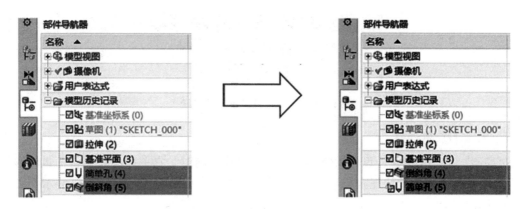

图 5-84 重排序操作的示意

"重排序"命令可通过如下两种方式找到。

◆依次单击"菜单（M）"→"编辑（E）"→"特征（F）"→"重排序（R）"。

◆在左侧资源栏"部件导航器"模型树中选中某个特征，然后按住鼠标左键将其拖动到相应特征之前或之后即可实现特征重排序。

执行"重排序"命令，弹出的对话框如图 5-85 所示。

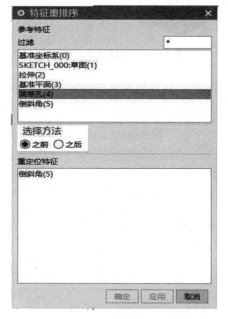

图 5-85 "特征重排序"对话框

"特征重排序"对话框中相关选项的功能说明如下。

"选择方法"区域：该区域包含"之前"和"之后"两个选项，各选项功能说明如下。

◆"之前"选项：选中的重排序特征被移动到参考特征之前。

◆"之后"选项：选中的重排序特征被移动到参考特征之后。

注意：对于关联的特征，不能将它放在其基础特征之前，否则系统会提示报错，如图 5-86 所示。

图 5-86 "特征重排序"的报错

3. 抑制和取消抑制

"抑制"命令可以从模型中移除一个或多个特征，同时与它关联的相关特征也将被抑制。当取消抑制后，其特征及与它关联的特征也将显示在图形区。抑制操作的示意如图5-87所示。

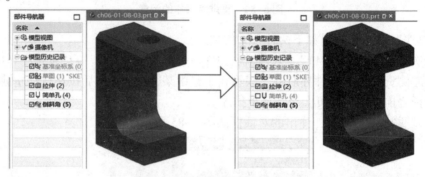

图 5-87 抑制操作的示意

特征被抑制后，在"部件导航器"模型树中相应特征前的复选框就被取消勾选。

"抑制"或"取消抑制"命令可通过如下两种方式找到。

◆依次单击"菜单（M）"→"编辑（E）"→"特征（F）"→"抑制（S）"或"取消抑制（U）"。

◆在左侧资源栏"部件导航器"模型树中右击相应特征，在弹出的菜单中执行"抑制"或"取消抑制"命令，即可实现抑制或取消抑制，如图5-88所示。

图 5-88 "抑制"命令

5.2 实例特训——油压泵体的实体建模

项目任务：

使用UG NX 12.0的建模完成与图5-89工程图对应的三维模型（见图5-90）。

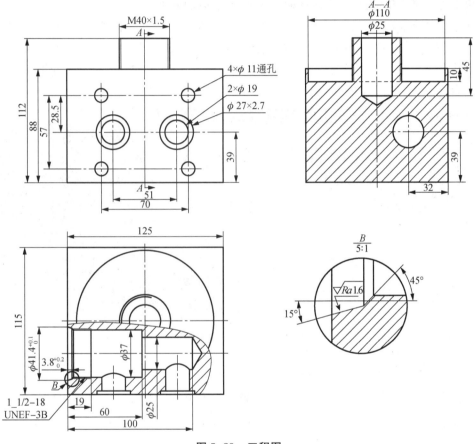

图5-89 工程图

图5-90 三维模型

5.2.1 产品实体建模的详细步骤

产品的三维模型主要由一个长方体和圆台组成，在长方体上加工形成多个孔，长方体顶部有个圆柱台。三维建模的步骤如下。

步骤1：新建文件，建立基准坐标系。

（1）在 UG NX 12.0 软件中单击"新建"按钮，弹出"新建"对话框。新建一个模型文件，单位为"mm"，名称为"ch05-02.prt"，选定该文件存放的文件夹位置。

单击对话框中的 确定 按钮，自动进入建模功能模块中。

新建文件完成后进入建模功能模块中，在图形区的左上角可以看到当前文件的信息。

（2）将 UG NX 12.0 主界面左边的资源栏切换到"部件导航器"，图中有一个自动创建好的基准坐标系。如果没有，则单击"基准坐标系（C）"按钮，创建一个基准坐标系，其原点为（0，0，0），如图5-91所示。

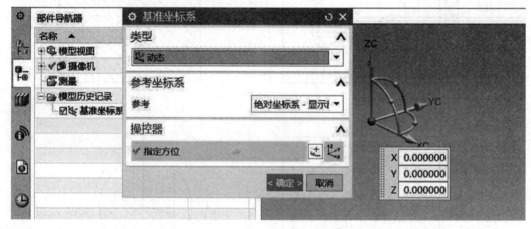

图5-91 创建基准坐标系

步骤2：创建长方体。

（1）单击"主页"选项卡工具条中"特征"组中的 更多 按钮，在弹出的选项列表中选择"长方体"，创建长方体。

（2）在弹出的"长方体"对话框中，类型选择 原点和边长 选项。

①指定原点为（0，0，0）。单击"原点"区域中"指定点"右侧的"点对话框"按钮，弹出"点"对话框，指定坐标点为（0，0，0）。

②"尺寸"区域中，输入长度为"125"、宽度为"115"、高度为"88"。

③"布尔"区域中选择"无"选项。

④"设置"区域中勾选 关联原点 复选框，方便后续修改长方体的原点。如图5-92所示。

图 5-92 创建长方体

（3）单击对话框中的 确定 按钮完成"块（1）"的创建。

步骤 3：创建长方体正面的 2 个沉孔和 4 个通孔。

（1）单击"主页"选项卡工具条中"特征"组中的 按钮，弹出"孔"对话框。

（2）在"孔"对话框中，选中"位置"区域中"指定点"选项，将鼠标移到长方体的正面，即 X-Z 面上，图中自动出现创建草图的坐标系，草图坐标系的方位如图 5-93 所示。

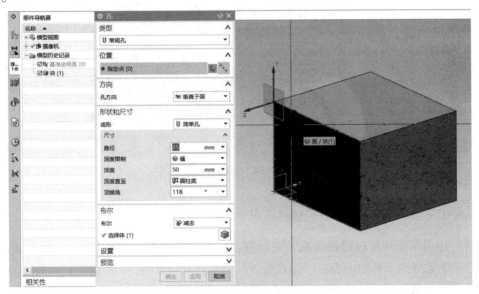

图 5-93 创建沉孔 1

在选定平面上单击左键，进入草图环境。

（3）在草图环境中，确定两个沉孔的圆心位置。

①在草图任务环境中单击 按钮，取消"连续自动尺寸标注"设置。这样后续再创建点、直线等，系统就不会自动创建尺寸标注，以免出现多余的连续自动尺寸标注，干扰绘图。

②在草图中已经自动创建有一个点，单击 按钮创建第二个点。关闭"草图点"对话框，单击 按钮将两个点连接。单击"转换至/自参考对象"按钮选择新建的直线将其转换为"参考曲线或尺寸"。

③单击"主页"选项卡工具条中"约束"组中的 按钮，在"几何约束"对话框中先选择"水平约束"选项，然后选择两点之间的直线将其设为水平。

④选中之前自动创建的两个尺寸，将其删除，并重新标注尺寸。单击"约束"组中的"快速尺寸"按钮，标注好正确的尺寸，如图5-94所示。

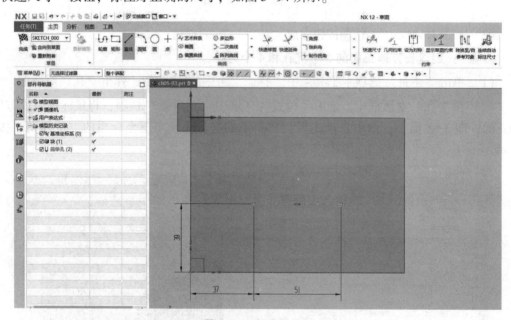

图5-94　创建沉孔2

⑤单击草图环境左上角的 按钮退出草图环境。

（4）退出草图环境后回到"孔"对话框，此时"位置"区域中变为"指定点（2）"，表示已经创建好两个孔的中心点。接着设置孔的形状和尺寸等。

①在"形状和尺寸"选项的"成形"下拉列表框中选择"沉头"选项。

②在"尺寸"区域中输入正确的尺寸。"沉头直径"为"27"，"沉头深度"为"2.7"，"直径"为"19"，"深度限制"选择"值"选项，"深度"为"30"，其他为

默认。

③ "布尔"区域中，默认为"减去"选项，"选择体"默认是长方体。如图5-95所示。

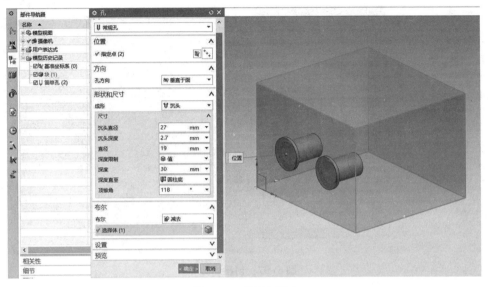

图5-95 创建沉孔3

④单击 确定 按钮完成两个沉孔的创建，即"部件导航器"中的"沉头孔（2）"特征。

（5）参照以上（1）～（4）步，在长方体正面创建四个φ11的通孔。

①单击 按钮，选择长方体的正面，即X-Z面，进入草图环境，创建四个孔的圆心点。利用几何约束和尺寸确定四个点的位置，如图5-96所示。

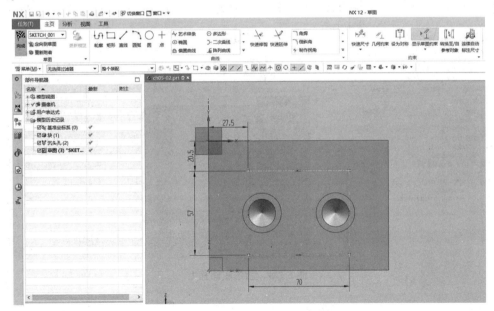

图5-96 创建通孔1

②完成草图，退回到"孔"对话框，选择"方向"区域中"孔方向"为"垂直于面"选项；"形状和尺寸"区域中"成形"为"简单孔"选项，"尺寸"中"直径"为"11""深度限制"为"贯穿体"选项，如图5-97所示。

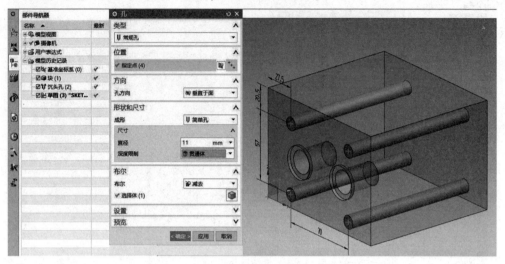

图5-97 创建通孔2

③单击 确定 按钮完成四个通孔的创建，即"部件导航器"中的"简单孔（3）"特征。

步骤4：创建左侧的复杂孔。

（1）单击"主页"选项卡工具条中"特征"组中的 按钮，弹出"孔"对话框。

①在"孔"对话框中，选中"位置"区域中"指定点"选项，将鼠标移到长方体的左侧面上，自动出现创建草图的坐标系，单击选定平面后进入草图环境中。

②在草图坏境中指定复杂孔的圆心位置，通过尺寸完全约束其位置，如图5-98所示。

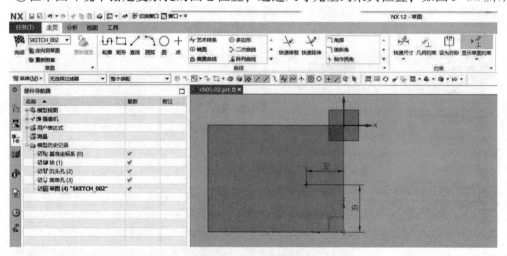

图5-98 创建左侧孔1

③单击草图环境左上角的 按钮退出草图环境。

（2）退出草图环境回到"孔"对话框后，定义"形状与尺寸"区域中的相关参数，如图 5-99 所示。

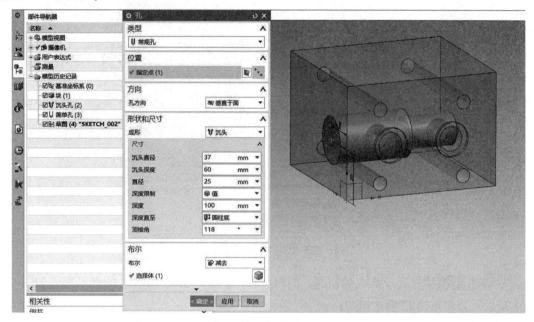

图 5-99 创建左侧孔 2

（3）参数定义完成后，单击 确定 按钮，生成一个沉头孔，即"部件导航器"中的"沉头孔（2）"特征。

（4）在沉头孔上生成螺纹。

①单击"主页"选项卡工具条中"特征"组中的 更多 按钮，在弹出的选项列表中选择"螺纹刀"选项，弹出"螺纹切削"对话框。在对话框中，螺纹类型默认选择"符号"选项，正常情况都应选择符号类型。

②单击要创建螺纹的圆柱面，选择沉头直径为 ϕ37 的圆柱面后，软件将根据"成形"选项中的螺纹标准自动计算出相应的螺纹参数并填入对话框中。此处的螺纹是 1_ 1/2-18_ UNEF，因此选择"成形"下拉列表框中的螺纹标准为"Unified"，即可获得正确的螺纹。

③在对话框中的"长度"文本框中输入螺纹长度为"19"，其他默认即可。如图 5-100 所示。

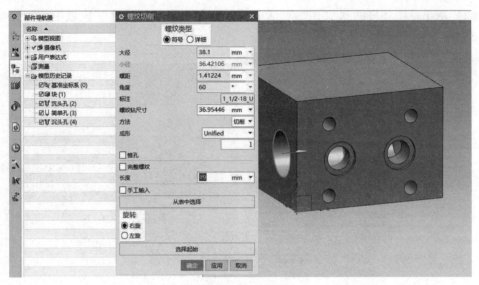

图 5-100　创建螺纹 1

④单击 [确定] 按钮完成螺纹的创建，同时会弹出一个"螺纹切削"的提示框，如图 5-101 所示。直接单击 [确定] 按钮忽略它。

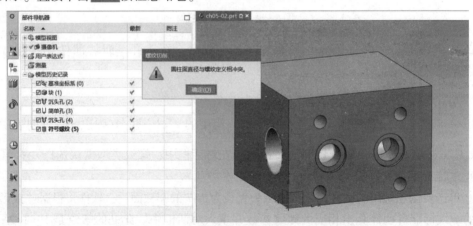

图 5-101　创建螺纹 2

（5）在沉头孔上创建密封斜面 $\phi 41.4$。单击"主页"选项卡工具条中"特征"组中的"拉伸"按钮，弹出"拉伸"对话框。

①在"表区域驱动"区域选中"选择曲线"选项，单击实体右侧的沉头孔 $\phi 37$ 圆的边线。选择时根据情况可滚动鼠标滚轮将模型放大，以便选择到正确的边线。切不可选择到某个平面，否则就会进入草图环境中。

②"方向"区域的选项将根据所选的曲线自动获得矢量方向是垂直右侧面并向里，如矢量方向不对可单击右侧 ⨯ 按钮反向。

③"限制"区域中："开始"设置为"值"，"距离"设置为"0"；"结束"设置为"值"，"距离"设置为"3.8"。

④"布尔"区域中："布尔"设置为"减去"，"选择体"默认为"长方体"。

⑤"拔模"区域中："拔模"设置为"从起始限制"，"角度"设置为"15°"。

⑥"偏置"区域中："偏置"设置为"单侧"，结束为"2.2"。因为密封斜面直径是$\phi41.4$，选定的拉伸曲线直径是$\phi37$，所以两者之间的单边距离为（41.4−37)/2＝2.2，即将沉头孔外圆向外部延伸2.2 mm，拔模角度为"15°"，拉伸距离为3.8 mm。如图5−102所示。

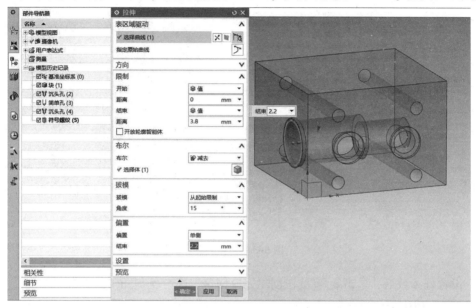

图5−102　创建密封斜面

⑦设置好参数后，单击 确定 按钮完成密封斜面的创建，即"拉伸（6）"特征。

（6）在沉头孔上创建密封斜面与内孔的过渡倒角。

①单击"分析"选项卡工具条中"测量"组的"更多"按钮，在列表中找到"简单直径"命令并单击，测得密封斜面内侧圆的直径为"$\phi39.3636$"，如图5−103所示。

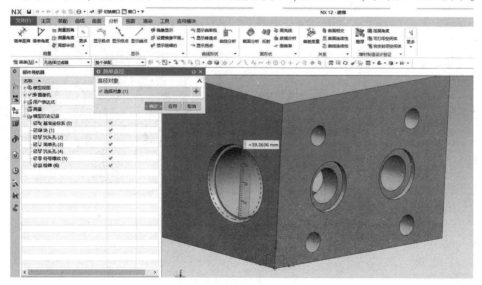

图5−103　测量直径

计算出沉头孔 $\phi37$ 与密封斜面内侧圆的单边距离为 $(39.363\,6-37)/2=1.181\,8$。

②单击"主页"选项卡工具条中"特征"组中的"倒斜角"按钮，弹出"倒斜角"对话框。在"倒斜角"对话框中，选中"选择边（1）"选项，再选中沉头孔 $\phi37$ 的圆边线；"横截面"设置为"对称"，距离为"1.181 8"，其他默认。如图5-104所示。

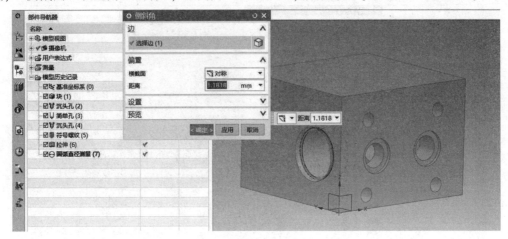

图5-104　倒斜角

③设置好参数后，单击 确定 按钮创建完成倒角，即"倒斜角（8）"特征。

步骤5：创建顶面的大圆孔 $\phi110$。

（1）单击"主页"选项卡工具条中"特征"组中的 按钮，弹出"孔"对话框。

①在"孔"对话框中，选中"位置"区域中"指定点"选项，再将鼠标移到长方体的顶面上，图中自动出现创建草图的坐标系，草图坐标系如图5-105所示，单击选定平面后进入草图环境中。

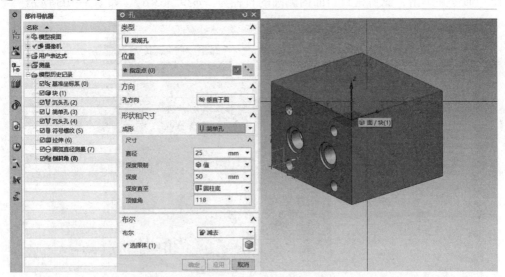

图5-105　创建大圆孔1

②在草图环境中指定圆腔的圆心位置，通过尺寸完全约束其位置，如图5-106所示。

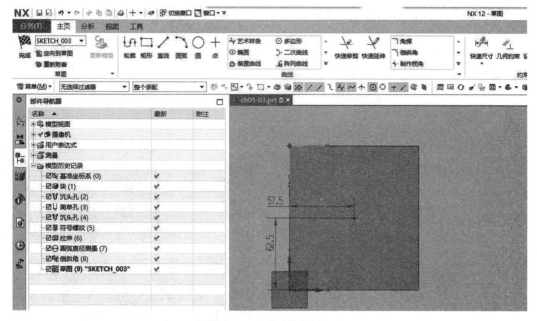

图 5-106 创建大圆孔 2

③单击草图环境左上角的 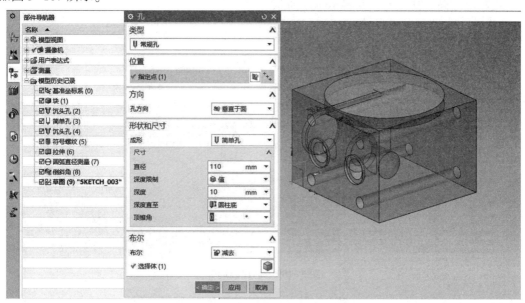 按钮，退出草图环境。

（2）退出草图环境回到"孔"对话框，定义"形状和尺寸"区域中此孔的相关参数，如图 5-107 所示。

图 5-107 创建大圆孔 3

（3）孔参数定义完成后，单击 确定 按钮完成大圆孔的创建，即"部件导航器"中"简单孔（3）"的特征。

步骤6：创建顶面的凸台 ϕ40 及螺纹。

（1）单击"主页"选项卡工具条中"特征"组中的 更多 按钮，在弹出的选项列表中选择"凸起"选项，弹出"凸起"对话框。

①在"凸起"对话框中，选中"表区域驱动"区域中"选择曲线"选项，再将鼠标移到长方体顶面大圆孔的底面上，自动出现创建草图的坐标系，草图坐标系如图5-108所示，单击选定平面后进入草图环境中。

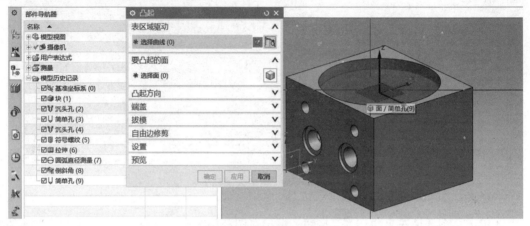

图5-108　创建凸起1

②在草图环境中绘制凸台的轮廓曲线，凸台的轮廓曲线与大圆孔 ϕ110 同心，通过几何约束和尺寸确定其位置，如图5-109所示。

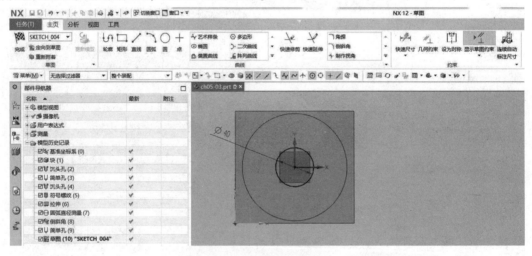

图5-109　创建凸起2

③单击草图环境左上角的 完成 按钮退出草图环境。

（2）退出草图环境回到"凸起"对话框，定义各选项中相关参数。

①在"要凸起的面"区域中，选中"选择面（1）"选项，再单击长方体顶面大圆孔的底面，设定凸台的起始面。

②在"凸起方向"区域中，已自动按已选定的"要凸起的面"生成其矢量方向，调整矢量方向竖直向上。

③在"端盖"区域中，"几何体"设置为"凸起的面"，"位置"设置为"偏置"，"距离"为"34"。

④在"拔模"区域中，"拔模"设置为"无"。如图5-110所示。

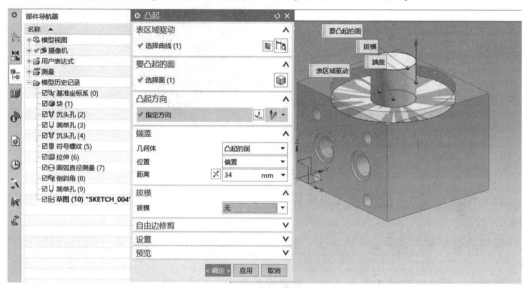

图5-110　创建凸起3

（3）凸起参数定义完成后，单击 确定 按钮完成凸台的创建，即"部件导航器"中的"凸起（10）"特征。

（4）在凸台上生成螺纹M40×1.5。

①单击"主页"选项卡工具条中"特征"组中的 更多 按钮，在弹出的选项列表中选择"螺纹刀"选项，弹出"螺纹切削"对话框。

②在对话框中"螺纹类型"默认是"符号"，一般情况都应选用符号类型。

③单击要创建螺纹的圆柱面，此处选择凸台φ40的圆柱面，软件将根据"成形"选项中的螺纹标准自动计算出相应的螺纹参数并填入对话框中。图纸要求的螺纹是公制标准，因此修改"成形"选项中的螺纹标准为"GB193"，即可获得公制M螺纹。

④在对话框中勾选"完整螺纹"的复选框，如图5-111所示。

⑤如果"标注"选项中获得的螺纹规格不符合图纸要求，可以单击对话框中的 从表中选择 按钮，从弹出的新对话框中选择正确的规格。

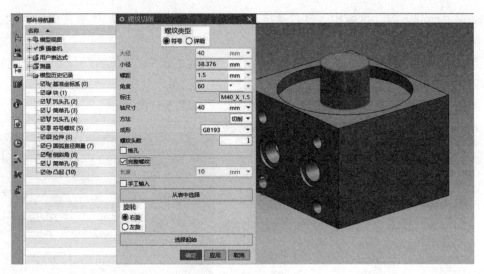

图 5-111　创建螺纹

（5）单击对话框中 **确定** 按钮完成螺纹的创建，即"部件导航器"中的"符号螺纹（11）"特征。

螺纹特征创建完成后会弹出一个"螺纹切削"的提示框，直接单击 **确定** 按钮忽略它即可。

步骤 7：创建顶面的凸台中心孔，编辑对象显示。

（1）单击"主页"选项卡工具条中"特征"组中的 按钮，弹出"孔"对话框。

在"孔"对话框中，选中"位置"区域中"指定点"选项，再将鼠标移到凸台 $\phi 40$ 的外圆曲线上，从而自动捕捉圆弧曲线的中心点，确定中心孔的圆心位置，如图 5-112 所示。

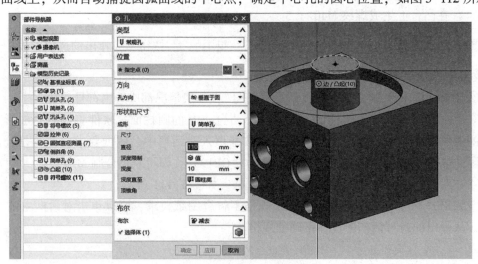

图 5-112　创建中心孔 1

这样就不用进入草图环境中指定其点位置。

（2）在"孔"对话框中，"方向"区域中"孔方向"设置为"垂直于面"；"形状和尺寸"区域中"成形"设置为"简单孔"，尺寸区域中"直径"为"25""深度"为

"45"，其他选项默认，如图5-113所示。

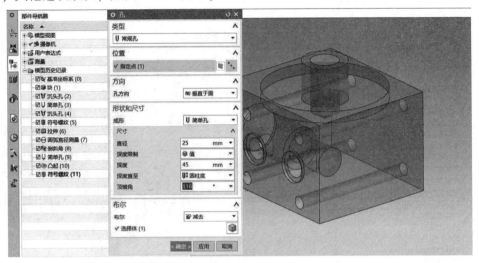

图5-113　创建中心孔2

（3）孔参数定义完成后，单击 确定 按钮完成中心孔的创建，即"部件导航器"中的"简单孔（12）"特征。

（4）单击"视图"选项卡工具条中"可视化"组中的"编辑对象显示"按钮，弹出"类选择"对话框。

①在"类选择"对话框中，单击实体模型进行选定，然后单击 确定 按钮回到"编辑对象显示"对话框中。

②在"编辑对象显示"对话框中可以修改对象的图层、颜色、线型和宽度等特性；在"颜色"选项中选择想要的颜色，如图5-114所示。

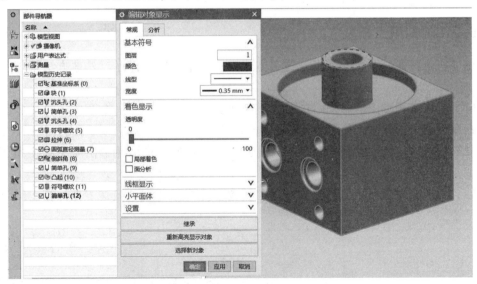

图5-114　编辑对象显示

③单击 确定 按钮完成对象的颜色显示修改。

（5）完成这个油压泵体的实体建模，如图5-115所示。单击左上角的 🖫 按钮，保存当前文件。

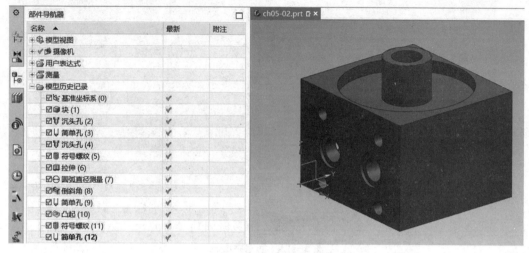

图5-115 完成三维模型

5.2.2 知识点应用总结

在"实例特训——油压泵体"的实体建模过程中，首先找到实体的主要形状特征，直接用建模工具的"长方体"命令完成其实体创建；利用建模工具的"孔"命令分别完成各个孔的创建；利用"拉伸"命令结合它的"拔模"参数创建出密封斜面的特征；再用"凸起"命令完成凸台特征的创建。

此实例用到了建模中的多个常用命令，如"长方体""拉伸""孔""凸起"和"螺纹"等命令，需要将这些命令综合起来进行灵活的运用。

5.2.3 知识点拓展

在"实例特训——油压泵体"的实体建模过程中，也可以通过其他方法来创建相应特征。

（1）参考工程图中的俯视图在 X-Y 基准平面上直接绘制出一个草图，通过多次"拉伸"命令创建出长方体、顶面的大圆孔和凸台。

（2）在长方体侧面绘制一个草图，通过多次"拉伸"命令创建出4个圆孔和2个沉头孔。

（3）对于密封斜面特征可尝试通过"倒角"命令来创建，但是要先计算出斜角的两个边尺寸。

5.3 实例特训——连接筒的实体建模

项目任务：

使用 UG NX 12.0 的建模方法，完成与图 5-116 工程图对应的三维模型。

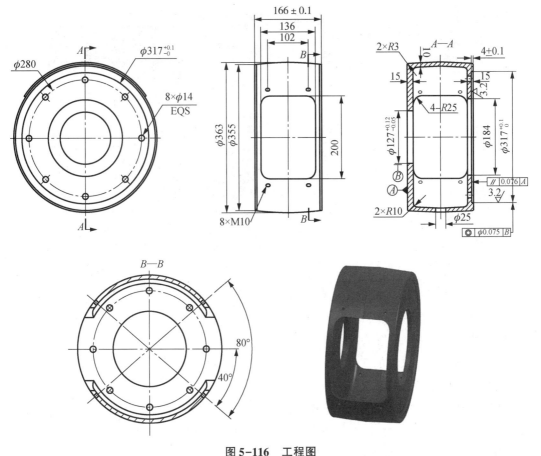

图 5-116 工程图

5.3.1 产品实体建模的详细步骤

产品实体建模的详细步骤如下。

步骤 1：新建文件，建立基准坐标系。

（1）在 UG NX 12.0 软件中单击工具条中的"新建"按钮，弹出"新建"对话框。新建一个模型文件，单位为"mm"，名称为"ch05-03.prt"，选定该文件存放的文件夹位置。

单击对话框中的 确定 按钮，自动进入建模功能模块中。

（2）将 UG NX 12.0 主界面左边的资源栏切换到"部件导航器"，有一个自动创建好的基准坐标系。如果没有，则单击"基准坐标系"按钮，创建一个基准坐标系，其原点为(0，0，0)。

步骤2：创建旋转截面的草图。

(1) 切换到"视图"选项卡，在其工具条中"可见性"组中的"图层"下拉列表框中选择"31"，将当前图层设置为31层。

(2) 切换到"主页"功能选项卡，单击工具条中"直接草图"组中的 草图按钮，弹出"创建草图"对话框，确定草图平面和 X、Y 方向，如图 5-117 所示。

图 5-117　创建草图1

①在"草图类型"区域中，选择"在平面上"选项。

②在"草图坐标系"区域中，"平面方法"设置为"自动判断"，"参考"设置为"水平"，"原点方法"设置为"指定点"。

③单击基准坐标系中的 X-Y 基准平面，将其作为草图的平面；草图平面的 X、Y 方向分别与基准坐标系的 X 轴、Y 轴方向一致。

④选定好草图平面，并设定正确的 X、Y 方向后，单击 确定 按钮完成草图平面的创建。

(3) 在"创建草图"对话框中单击 确定 按钮后进入直接草图环境中。单击"直接草图"组中的"更多"按钮，再执行"在草图任务环境中打开"命令，进入草图任务环境中，再开始绘制草图。

(4) 在草图任务环境中绘制实体的主要截面草图，作为"旋转"的截面图。

①按照工程图中 A—A 截面图作为基本草图绘制。

②连接筒两端是空心孔的，因此草图上只绘制两端孔的外径直线，在中心轴线上不要有直线。

③先不考虑 A—A 截面图中的圆角，以免影响草图中尺寸标注，如图 5-118 所示。

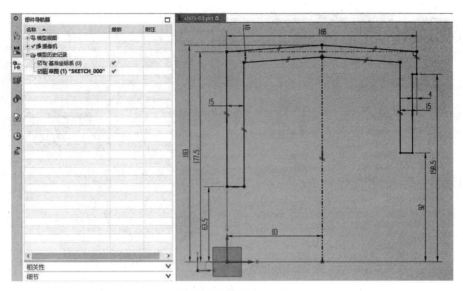

图5-118　创建草图2

（5）草图绘制完成并标注好尺寸后，单击 🏁 按钮退出草图环境，如图5-119所示。
完成

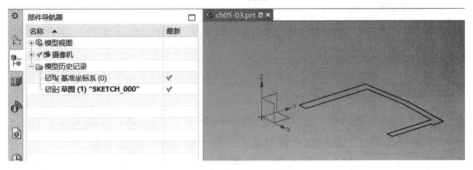

图5-119　创建草图3

步骤3：创建旋转实体。

（1）切换到"视图"选项卡，在工具条"可见性"组中的"图层"下拉列表框中选择"1"，将当前图层设置为1层。

（2）切换到"主页"选项卡，单击工具条"特征"组中的 ▦ 下的▾按钮，在弹出的
拉伸
选项列表中执行"旋转"命令并单击，弹出"旋转"对话框，进行旋转操作。

①在"表区域驱动"区域中，选中"选择曲线"选项，选择上一步创建的草图曲线。

②在"轴"区域中，"指定矢量"选定旋转的中心轴线，即基准坐标系的 X 轴，此时旋转原点"指定点"默认就是 X 轴的原点。

③在"限制"区域中，"开始"设置为"值"，"角度"设置为"0°"；"结束"设置为"值"，"角度"设置为"360°"，即旋转"360°"。

④在"布尔"区域中，默认为"无"选项，其他选项默认即可，如图5-120所示。

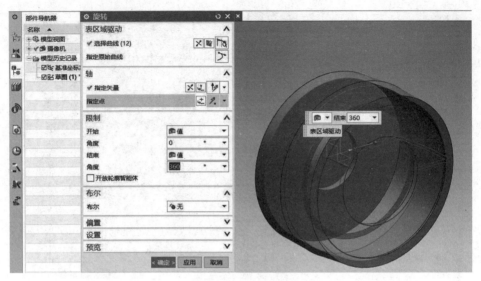

图5-120 创建旋转体

（3）旋转参数设置完成后，单击 确定 按钮完成旋转特征创建，即"部件导航器"中的"旋转（2）"特征。

步骤4：创建前后侧的腔体。

（1）切换到"视图"选项卡，在工具条"可见性"组中的"图层"下拉列表框中选择"31"，将当前图层设置为31层。

（2）切换到"主页"选项卡，单击工具条"直接草图"组中的"草图"按钮，弹出"创建草图"对话框，确定草图平面和 X、Y 方向。

①在"创建草图"对话框中，单击基准坐标系中的"X-Z"基准平面，将其作为草图的平面；草图平面的 X、Y 方向分别与基准坐标系的 X 轴、Z 轴方向一致。

②在"创建草图"对话框中选定好草图平面，并设定正确的 X、Y 方向后，如图5-121所示。

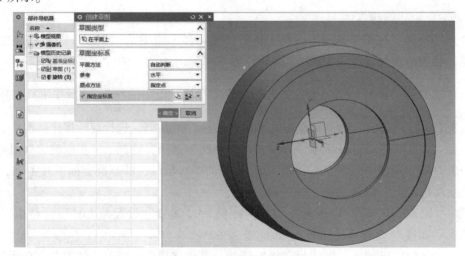

图5-121 创建腔体的草图1

单击 确定 按钮完成草图平面的创建并进入直接草图环境中。

③单击工具条"直接草图"组中的"更多"按钮，再执行"在草图任务环境中打开"命令，进入草图任务环境中，再开始绘制草图。

注意：在草图任务环境中取消"连续自动标注尺寸"设置。

（3）在草图任务环境中绘制实体的主要截面草图，作为"拉伸"的截面图。

①将工程图中间腔体图作为基本草图绘制。

②草图绘制完成并标注好尺寸后，如图5-122所示。

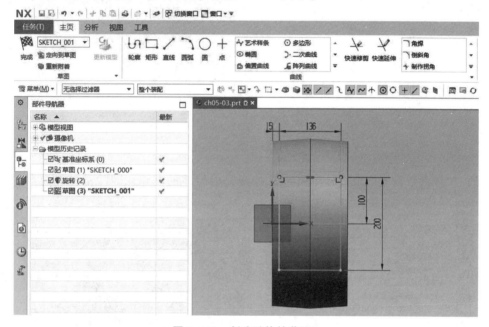

图5-122 创建腔体的草图2

③单击左上角的 完成 按钮退出草图环境。

（4）切换到"视图"选项卡，在工具条"可见性"组中的"图层"下拉列表框中选择"1"，将当前图层设置为1层。

（5）切换到"主页"选项卡，单击工具条"特征"组中的 按钮，弹出"拉伸"对话框，进行拉伸操作。

①在"表区域驱动"区域中，选中"选择曲线"选项，选择上一步创建的草图曲线。

②在"方向"区域中，"指定矢量"会根据选定草图曲线，自动生成矢量垂直草图曲线所在平面。

③在"限制"区域中，"结束"设置为"对称值"，"距离"设置为稍大于圆筒半径的值"370/2"，确保完全穿透。

④在"布尔"区域中，"布尔"设置为"减去"，"选择体"设置为上一步创建的旋转特征实体，如图5-123所示。

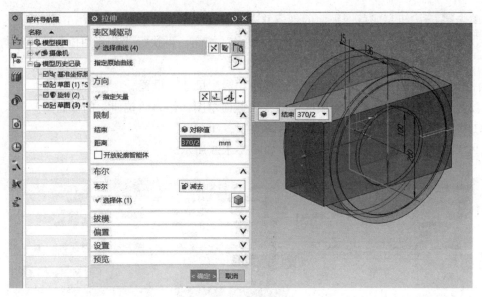

图 5-123　创建腔体 1

（6）拉伸参数设置完成后，单击 确定 按钮完成腔体的创建，即"部件导航器"中的"拉伸（4）"特征，如图 5-124 所示。

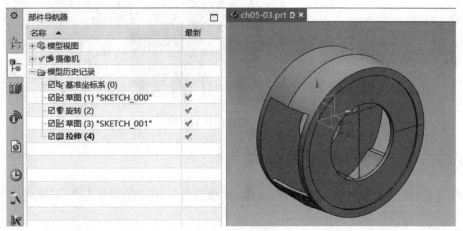

图 5-124　创建腔体 2

步骤 5：创建所需的基准平面。

（1）切换到"视图"选项卡，在工具条"可见性"组中的"图层"下拉列表框中选择"61"，将当前图层设置为 61 层。

（2）切换到"主页"选项卡，单击工具条"特征"组中的 ▢ 按钮，弹出"基准平面"对话框，创建基准平面。

①在对话框中"类型"的下拉列表框中选择"自动判断"选项。

②在"要定义平面的对象"区域中，默认选择"选择平面（0）"选项，首先把鼠标光标移到图形区中旋转实体的中心位置，此处图中会自动出现旋转实体的中心轴线，选中该轴线，就会出现一个通过此中心轴线的基准平面。

③单击选中基准坐标系中的$X-Y$基准平面，这时对话框中增加一个"角度"选项，将"角度"选项的值设置为"50"（根据实际情况，如基准平面不对，则设为"-50"）后按下<Enter>键，即可创建一个通过旋转实体中心轴线并与$X-Y$基准平面成50°的基准平面，如图5-125所示。

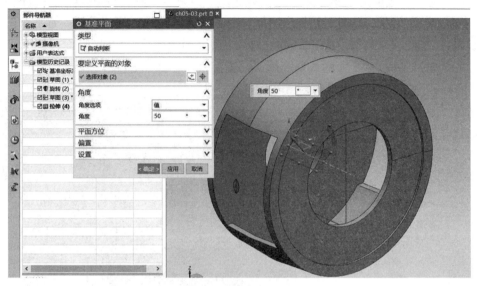

图5-125　创建基准平面1

④单击 确定 按钮完成一个基准平面的创建，即"部件导航器"中的"基准平面（5）"特征。

（3）单击工具条"特征"组中的"基准平面"按钮，弹出"基准平面"对话框，参照"基准平面（5）"的创建方法，创建一个通过旋转实体中心轴线并与"基准平面（5）"垂直的基准平面，即"基准平面（6）"，如图5-126所示。

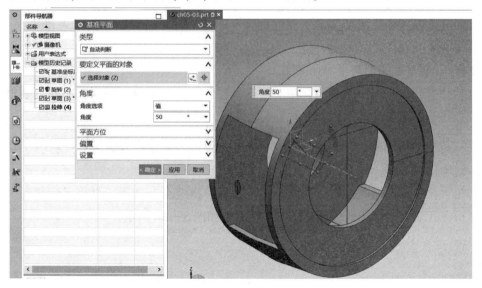

图5-126　创建基准平面2

（4）单击工具条"特征"组中的"基准平面"按钮，弹出"基准平面"对话框，创建需要的基准平面。

①在"基准平面"对话框中"类型"的下拉列表框中选择"自动判断"选项。

②在"要定义平面的对象"区域中，默认选中"选择平面（0）"选项，再单击选中"基准平面（5）"选项，这时对话框中增加一个"偏置"选项。将"偏置"选项中的"距离"设置为"363/2"后按下<Enter>键，即可创建一个平行于"基准平面（5）"且偏移"363/2"的基准平面，"平面的数量"默认设置为"1"，如图5-127所示。

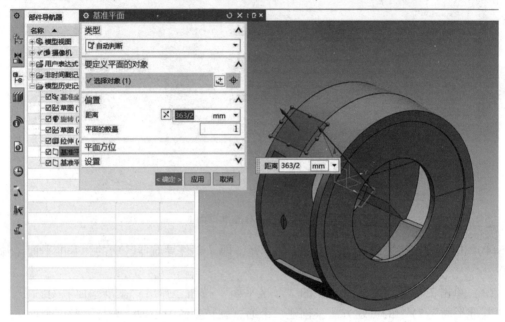

图5-127　创建基准平面3

③单击 确定 按钮完成新基准平面的创建，即"部件导航器"中的"基准平面（7）"特征。

步骤6：创建圆周的两个M10螺孔。

（1）切换到"视图"选项卡，在工具条"可见性"组中的"图层"下拉列表框中选择"1"，将当前图层设置为1层。

（2）切换到"主页"选项卡，单击工具条"特征"组中的 📦 按钮，弹出"孔"对话框，创建孔。

①在"孔"对话框中，选中"位置"区域中"指定点"选项，再将鼠标移到"基准平面（7）"上，会自动出现创建草图的坐标系，如图5-128所示。

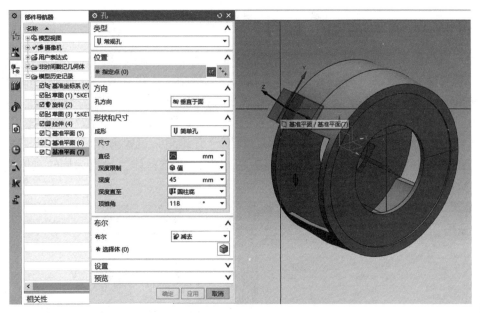

图 5-128　创建孔 1

单击选定平面后进入草图环境中。在草图环境中"连续自动尺寸标注"选项取消连续自动尺寸标注。

②在草图环境中指定两个螺母 M8 的圆心位置，标注两点的尺寸约束其位置，设置几何约束，使两点的水平连线与"基准平面（6）"共线，从而控制其在圆周上的角度。如图 5-129 所示。

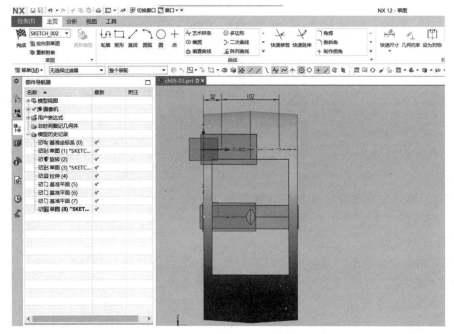

图 5-129　创建孔 2

③单击草图环境左上角的 按钮退出草图环境。

（3）退出草图环境回到"孔"对话框，设置各选项中相关参数。

①"类型"设置为"螺纹孔"；在"方向"区域中，"孔方向"设置为"沿矢量"，即自动指定孔所在"基准平面（7）"的矢量方向；在"形状与尺寸"区域中，"大小"设置为"M10×1.5"，"螺纹深度"的设置值要大于壁厚，如此处设置为"20"；在"尺寸"区域中，"深度"设为不小于螺纹深度的值，"顶锥角"设置为"0"。

②在"布尔"区域中，"布尔"设置为"减去"，"选择体"设置为旋转实体，如图5-130所示。

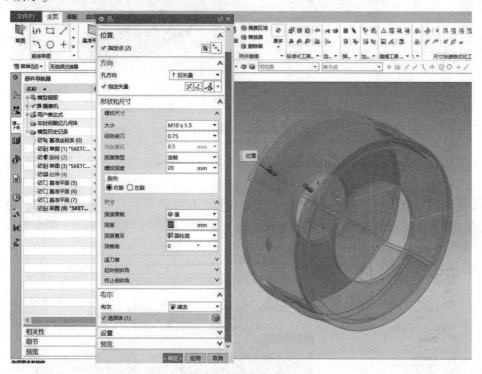

图 5-130　创建孔 3

（4）孔参数设置完成后，单击 确定 按钮完成两个螺孔 M10 的创建，即"螺纹孔（8）"特征。

步骤 7：阵列生成圆周的两个 M10 螺孔。

（1）切换到"主页"选项卡，单击工具条"特征"组中的"阵列特征"按钮，弹出"阵列特征"对话框。

①在对话框中，单击"要形成阵列的特征"区域中的"选择特征"按钮，选择上一步创建的"螺纹孔（8）"特征。

②在"阵列定义"区域中，"布局"设置为"圆形"；在"旋转轴"区域中，"指定矢量"选择基准坐标系中的 X 轴，选中"指定点"选项，再单击基准坐标系中的原点。

③在"斜角方向"区域中，"间距"设置为"数量和间隔"，"数量"设置为"2"，"节距角"设置为"80°"。

④在"阵列方法"区域中，"方法"设置为"简单"，如图5-131所示。

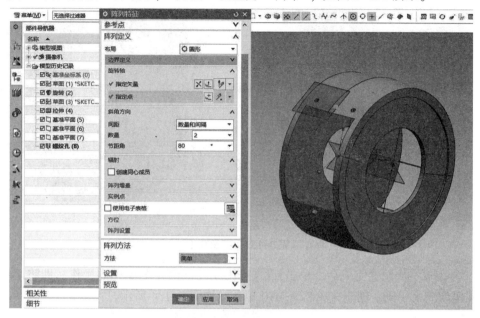

图5-131　阵列孔1

（2）阵列参数设置完成后，单击 确定 按钮生成2个阵列孔，即"部件导航器"中的"阵列特征［圆形］（9）"特征，如图5-132所示。

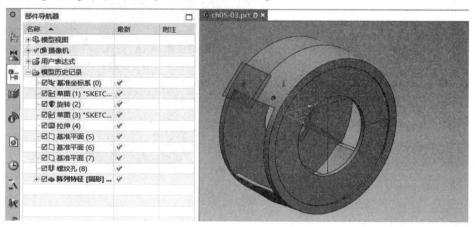

图5-132　阵列孔2

步骤8：镜像生成对称的4个M10螺孔。

（1）单击"主页"选项卡工具条中"特征"组中的 按钮，再执行"镜像特征"命令，弹出"镜像特征"对话框。

①在对话框中"要镜像的特征"区域中，选中"选择特征（0）"选项，按住<Ctrl>键，单击选中左侧"部件导航器"中的"螺纹孔（8）"和"阵列特征［圆形］（9）"，选择好两个特征后再松开<Ctrl>键。

②在"镜像平面"区域中，"平面"设置为"现有平面"；"选择平面"选择基准坐

标系中的 *X–Z* 基准平面，如图 5-133 所示。

图 5-133　镜像孔 1

（2）镜像参数设置完成后，单击 确定 按钮完成镜像 4 个螺孔的操作，即将之前的 4 个螺孔镜像到另一侧，创建完成 8 个 M10 螺孔，如图 5-134 所示。

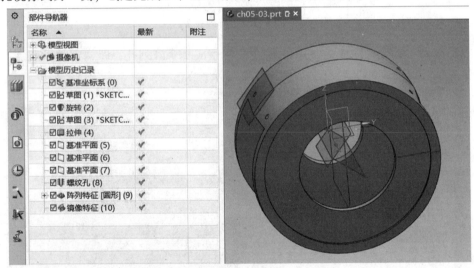

图 5-134　镜像孔 2

步骤 9：创建右侧的 8 个 φ14 孔。

（1）切换到"视图"选项卡，在工具条"可见性"组中的"图层"下拉列表框中选择"31"，将当前图层设置为 31 层。

（2）切换到"主页"选项卡，单击工具条"特征"组中的"直接草图"按钮，弹出"创建草图"对话框，创建草图。

①在对话框中，将鼠标移动到旋转实体右侧面上，会自动出现创建草图的坐标系。

单击 确定 按钮进入草图环境，选择"在草图任务环境中打开"选项进入草图任务环境中，并单击"连续自动尺寸标注"按钮取消连续自动尺寸标注。

②在草图任务环境中，先确定 1 个 φ14 圆的位置，然后通过"阵列曲线"命令完成另外 7 个 φ14 圆，如图 5-135 所示。

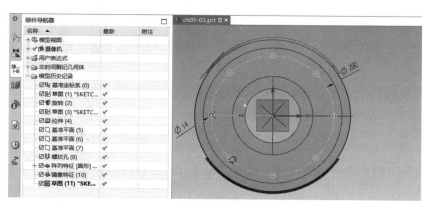

图 5-135 创建右侧孔 1

③草图创建完成后，单击草图环境左上角的 按钮退出草图环境。
完成

（3）切换到"视图"选项卡，在工具条"可见性"组中的"图层"下拉列表框中选择"1"，将当前图层设置为1层。

（4）在"主页"选项卡下，单击工具条"特征"组中的"拉伸" 按钮，弹出"拉伸"对话框，创建要拉伸的特征。

①在"表区域驱动"区域中，"选择曲线"设置为上一步创建的草图曲线。

②在"方向"区域中，"指定矢量"按所选择的草图曲线自动生成其矢量方向，如矢量方向不对，可单击右侧的 按钮调整其方向朝向旋转实体。

③在"限制"区域中，"开始"设置为"值""距离"设置为"0"，"结束"设置为"值""距离"设置为"15"。

④在"布尔"区域中，"布尔"设置为"减去"，"选择体"默认为"旋转实体"。

⑤在"拔模"区域中，"拔模"设置为"无"。

⑥在"偏置"区域中，"偏置"设置为"无"，如图5-136所示。

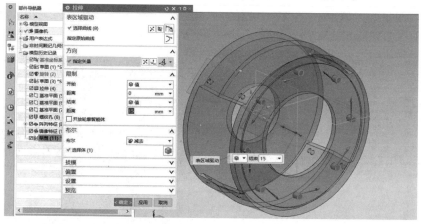

图 5-136 创建右侧孔 2

（5）设置好拉伸参数后，单击 确定 按钮完成8个 φ14 孔的创建，即"部件导航器"中"拉伸（12）"特征。

步骤10：创建底部的 φ25 孔。

（1）在"主页"选项卡下，单击工具条"特征"组中的 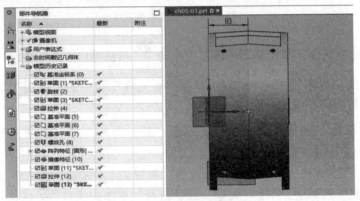 按钮，弹出"孔"对话框，创建孔。

①在对话框中，选中"位置"区域中的"指定点"选项，再将鼠标移到基准坐标系中 X-Y 基准平面上，会自动出现创建草图的坐标系。

单击选定平面后进入草图环境，单击"连续自动尺寸标注"按钮取消连续自动尺寸标注。

②在草图环境中指定 φ25 的圆心位置，设置几何约束此点在 X-Z 基准平面上，如图5-137 所示。

图 5-137　创建底部孔 1

③单击草图环境左上角的 按钮退出草图环境。

（2）退出草图环境回到"孔"对话框，设置各选项中相关参数。

①"类型"设置为"常规孔"；在"方向"区域中，"孔方向"设置为"沿矢量"，即矢量方向为竖直向下。

②在"布尔"区域中，"布尔"设置为"减去"，"选择体"设置为旋转实体。

③其他参数如图 5-138 所示。

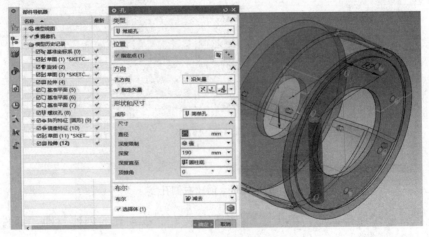

图 5-138　创建底部孔 2

（3）孔参数设置完成后，单击 确定 按钮完成 φ25 孔的创建，即"部件导航器"中的"简单孔（13）"特征，如图 5-139 所示。

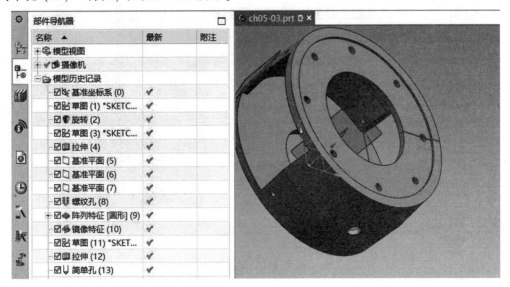

图 5-139　创建底部孔 3

步骤 11：创建旋转实体的圆角。

（1）在"主页"选项卡下，单击工具条"特征"组中的"边倒圆"按钮，弹出"边倒圆"对话框，创建圆角。

①在对话框中，"连续性"设置为"G1（相切）"；"选择边"设置为旋转实体左右两侧最外圆的两条边；"形状"设置为"圆形"。

②"半径 1"设置为"3"，即倒圆角半径为 3 mm。如图 5-140 所示。

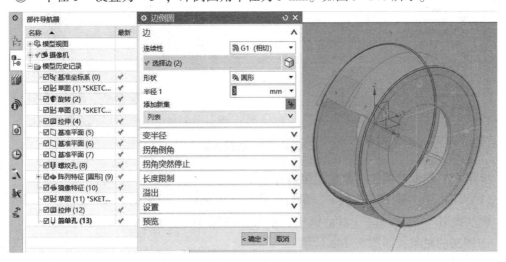

图 5-140　倒圆角 1

倒圆角参数设置完成后，单击 确定 按钮完成倒圆角的创建，即"边倒圆（14）"特征。

（2）按照同样的方法，将"选择边"设置为旋转实体内侧的两条边，"半径1"设置为"10"，如图5-141所示，创建"边倒圆（15）"特征。

图5-141　倒圆角2

（3）按照同样的方法，将"选择边"设置为旋转实体前后的腔体，"半径1"设置为25，如图5-142所示；创建出"边倒圆（16）"特征。

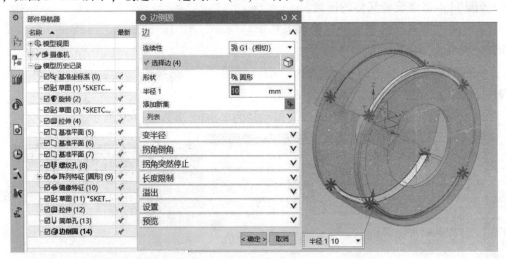

图5-142　倒圆角3

步骤12：隐藏非实体对象层，编辑对象显示。

（1）切换到"视图"选项卡，单击工具条"可见性"组中的"图层设置"按钮，弹出"图层设置"对话框。在对话框中，不勾选图层31、61数字前的复选框，即可隐藏31、61图层的对象，如图5-143所示。

单击 关闭 按钮退出对话框。

图 5-143　隐藏图层

（2）单击"视图"选项卡工具条中"可视化"组中的"编辑对象显示"按钮，弹出"类选择"对话框。

①在"类选择"对话框中，单击左键选择图形区的实体特征。

②单击 确定 按钮回到"编辑对象显示"对话框中。在对话框中修改对象的图层、颜色、线型、宽度等特性；选择"颜色"选项，更换颜色。

③单击 确定 按钮完成对象的颜色显示修改。

（3）完成实体建模，如图 5-144 所示。单击 🖫 按钮，保存当前文件。

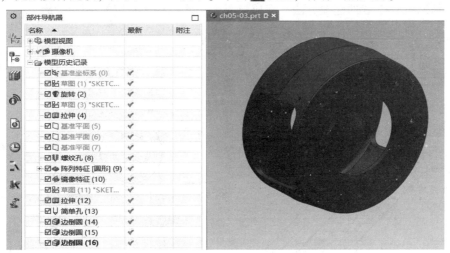

图 5-144　完成三维模型

5.3.2　知识点应用总结

在"实例特训——连接筒"的实体建模过程中，首先分析出实体的主要形状特征是回转体，利用"草图"命令绘制出截面图，再用建模工具的"旋转"命令完成其实体构建；然后利用"草图"命令绘制其腔体的截面图，用"拉伸"命令求差去除材料；再在回转体圆周上创建基准平面，用建模工具的"孔"命令基于此基准平面完成圆周上孔的创建；

最后利用"阵列特征"命令和"镜像特征"命令完成圆周上其他孔的创建。

此实例用到了草图、建模中的多个常用命令，如"旋转""拉伸""基准平面"和"孔"等命令，需要将这些命令综合起来灵活运用，从而创建出所需要的实体模型。

5.3.3　知识点拓展

在"实例特训——连接筒"的实体建模过程中，也可以通过其他方法来创建相应特征。

（1）用草图绘制回转体的截面图时，可以不考虑左右两侧的大圆孔，绘制好两侧封闭的草图后就用"旋转"命令生成回转体，之后再用"孔"命令生成左侧的圆孔。

（2）对于右侧的 8 个 $\phi14$ 孔，可以通过绘制草图后用"拉伸"命令并求差来创建。

（3）创建"孔"或"草图"时，需要指定其所在的平面或基准平面，不能直接在曲面上创建；因此对于圆周上的孔，必须先创建出与圆周相切的基准平面，然后再进行"孔"或"草图"操作，当修改此基准平面的角度参数时，依附在上方的特征定位尺寸也会发生相应变化。

5.4　实例特训——带法兰排气管的实体建模

项目任务：

使用 UG NX 12.0 的建模方法，完成与图 5-145 工程图对应的三维模型。

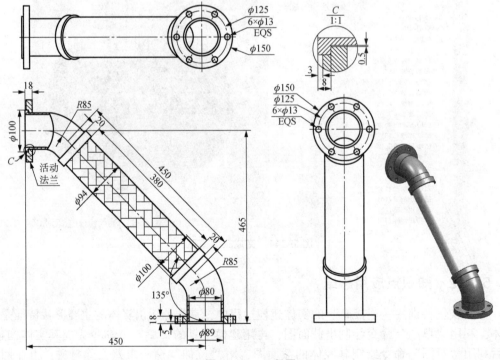

图 5-145　工程图

5.4.1　产品实体建模的详细步骤

产品实体建模的详细步骤如下。

步骤 1：新建文件，建立基准坐标系。

（1）在 UG NX 12.0 软件中单击工具条的"新建"按钮，弹出"新建"对话框。新建一个模型文件，单位为"mm"，名称为"ch05-04.prt"，选定文件存放的文件夹位置。

单击对话框中的 确定 按钮，自动进入建模功能模块中。

（2）将 UG NX 12.0 主界面左边的资源栏切换到"部件导航器"，有一个自动创建好的基准坐标系。如果没有，则单击"基准坐标系"按钮，创建一个基准坐标系，其原点为（0，0，0）。

步骤 2：创建所需的基准平面。

（1）切换到"视图"选项卡，在工具条"可见性"组中的"图层"下拉列表框中选择"61"，将当前图层设置为 61 层。

（2）切换到"主页"选项卡，单击工具条"特征"组中的"基准平面"按钮，弹出"基准平面"对话框，创建基准平面。

①在对话框"类型"中选择 自动判断 选项。

②在"平面参考"区域中，"选择平面对象（1）"选择基准坐标系的 Y-Z 基准平面，这时对话框中增加"偏置"选项，将"偏置"选项中的"距离"设置为"450"后按下 <Enter> 键，即可创建一个平行于所选平面向右偏移 450 mm 的基准平面，如图 5-146 所示。

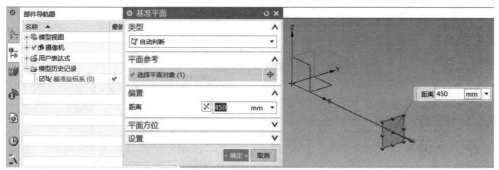

图 5-146　创建基准平面 1

③单击 确定 按钮完成"基准平面（1）"的创建。

（3）继续单击"基准平面"按钮，弹出"基准平面"对话框，创建基准平面。

①在对话框"类型"中选择 自动判断 选项。

②在"平面参考"区域中，"选择平面对象（1）"选择基准坐标系的 X-Y 基准平面，将"偏置"选项中的"距离"设置为"465"后按下 <Enter> 键，即可创建一个平行于所选基准平面向下偏移 465 mm 的基准平面，单击 ✕ 按钮使其矢量方向向下，如图 5-147 所示。

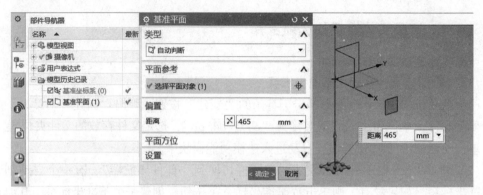

图5-147　创建基准平面2

③单击 确定 按钮完成"基准平面（2）"的创建。

步骤3：创建排气管中心线的草图。

（1）切换到"视图"选项卡，在工具条"可见性"组中的"图层"下拉列表框中选择"31"，将当前工作图层设置为31层。

（2）切换到"主页"选项卡，单击工具条"直接草图"组中的 草图按钮，弹出"创建草图"对话框，确定草图平面和 X、Y 方向。

①在"草图类型"区域中，选择"在平面上"选项；在"草图坐标系"区域中，"平面方法"设置为"自动判断"，"参考"设置为"水平"，"原点方法"设置为"指定点"。

②单击基准坐标系中的"X-Z"基准平面，将其作为草图的平面；草图平面的 X、Y 方向分别与基准坐标系的 X 轴、Z 轴方向一致。

③选定好草图平面，并设定正确的 X、Y 方向后如图5-148所示。

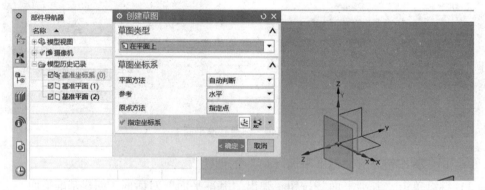

图5-148　创建草图1

④单击 确定 按钮完成草图平面的创建，直接进入草图环境中。

（3）单击"直接草图"组中的"更多"按钮，再执行"在草图任务环境中打开"命令后，进入草图任务环境中，开始绘制草图。

注意：在草图任务环境中要取消"连续自动标注尺寸"的设置。

（4）在草图任务环境中绘制排气管中心线的草图，作为"管"的路径。

①将工程图中排气管中心线作为基本草图；左侧直线起点从基准坐标系的原点（0，0）开始；右下角的直线与基准平面（1）重合，终点距离基准平面（2）为 5 mm，中间两条圆弧等半径。

②草图绘制完成并标注好尺寸后，如图 5-149 所示。

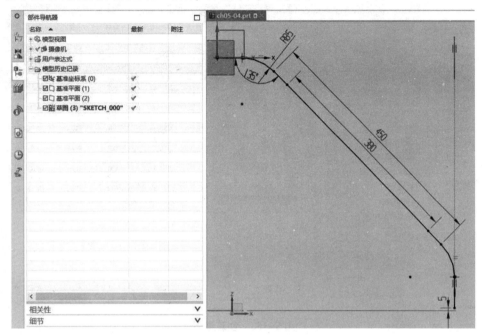

图 5-149　创建草图 2

（5）单击 <img 完成> 按钮退出草图环境。

步骤 4：创建表达式参数。

（1）切换到"工具"选项卡，单击工具条"实用工具"组中的"表达式"按钮，弹出"表达式"对话框。

（2）在"表达式"对话框右侧的窗口中，创建所需的参数。

①先在最上方的空行"名称"列里双击输入"Dn1"变量后按<Enter>键，然后在它右侧的"公式"列里输入"80"后按<Enter>键，"单位"列默认为"mm"，即创建出参数 Dn1 = 80 mm。

②同上方法，创建参数 D1 = 89 mm。

③同上方法，创建参数 D2 = 94 mm。所有参数创建完成后如图 5-150 所示。

（3）参数创建完成后，单击 确定 按钮完成表达式创建。以上创建的参数就可以在本文件中直接使用。如果需要修改其值，则双击"表达式"对话框中对应列修改。

创建表达式参数的目的是统一控制某个值，方便统一更新修改，实现参数化设计。

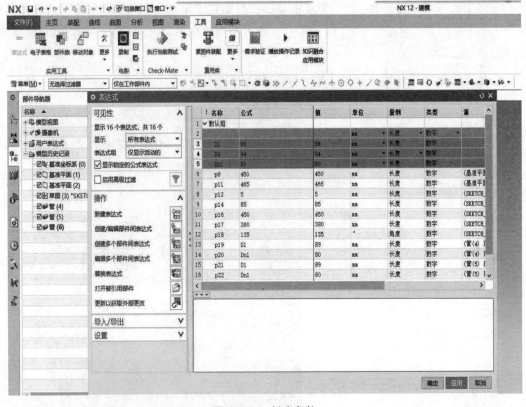

图 5-150　创建参数

步骤5：创建排气管的管道。

（1）切换到"视图"选项卡，在工具条"可见性"组中的"图层"下拉列表框中选择"1"，将当前工作图层设置为1层。

（2）切换到"主页"选项卡，单击工具条"特征"组中的"更多"按钮，再执行"管"命令，弹出"管"对话框。

①在对话框的"路径"区域中选中"选择曲线（0）"选项，先将工具条"上边框条"中的"曲线规则"过滤器切换为"单条曲线"。

②单击选中右侧图形区草图曲线中左上部分的3条曲线，选择时需分别单击每段曲线，注意不要选到中间斜线段。

③在"横截面"区域中，"外径"设置为"D1"，"内径"设置为"Dn1"。

④在"布尔"区域中，"布尔"设置为"无"；在"设置"区域中，"输出"设置为"多段"；其他选项默认，如图 5-151 所示。

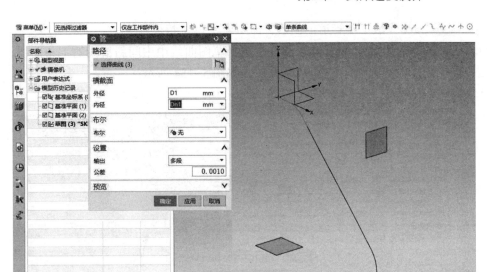

图 5-151　创建上端管道 1

⑤管参数设置完成后，单击 **确定** 按钮完成上端管道的创建，即"管（4）"特征，如图 5-152 所示。

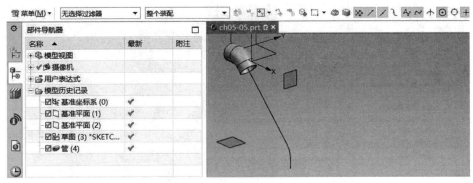

图 5-152　创建上端管道 2

（3）重复（2）中的步骤②和步骤③，选择草图曲线中右下部分的 3 条曲线，参数设置都一样，如图 5-153 所示。

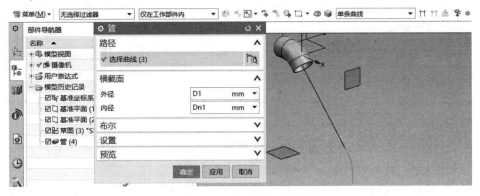

图 5-153　创建下端管道

单击 确定 按钮完成下端管道的创建，即"管（5）"特征。

（4）重复（2）中的步骤②和步骤③，选择草图曲线中中间斜线段的1条曲线，"外径"设置为"D2"，"内径"设置为"Dn1"，如图5-154所示。

图5-154 创建中间管道

单击 确定 按钮完成中间管道的创建，即"管（6）"特征。

（5）管道全部创建完成后，如图5-155所示。

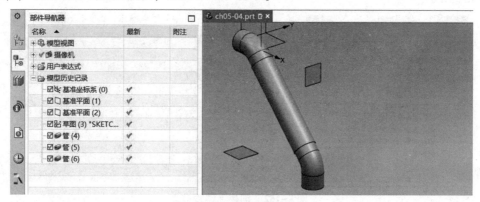

图5-155 管道创建完成

步骤6：创建管道上3个凸台。

（1）在"部件导航器"中选中"管（6）"特征后右击，在弹出的菜单中执行"隐藏"命令，将其暂时隐藏。

（2）在"主页"选项卡下，单击工具条"特征"组中的 按钮，弹出"拉伸"对话框，进行拉伸操作。

①在"表区域驱动"区域中，"选择曲线（1）"选择"管（4）"特征下方的内圆曲线。

②在"方向"区域中，"指定矢量"会根据选定曲线所在平面自动生成其矢量方向，单击 按钮反向，使其朝向"管（4）"。

③在"限制"区域中，"开始"设置为"值"，"距离"设置为"0"；"结束"设置为"值"，"距离"设置为"20"。

④在"布尔"区域中，"布尔"设置为"合并"，"选择体（1）"选择"管（4）"选项，使其一起合并。

⑤在"偏置"区域中，"偏置"设置为"两侧"，"开始"设置为"0"，"结束"设置为"10"。

拉伸参数设置完成后如图5-156所示。

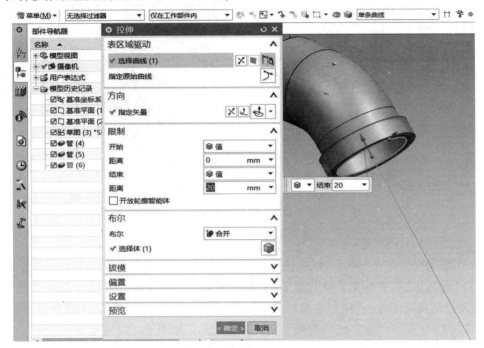

图5-156　创建上端凸台1

（3）单击 确定 按钮完成上端凸台的创建，即"拉伸（7）"特征，如图5-157所示。

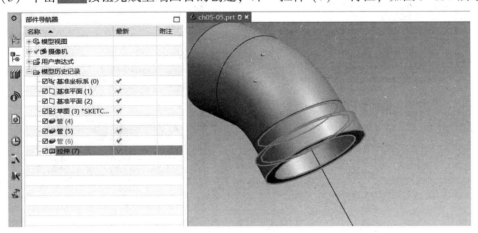

图5-157　创建上端凸台2

（4）重复（2）中步骤②和步骤③中的拉伸操作，"选择曲线（1）"选择"管（5）"特征上方的内圆曲线，"指定矢量"设置为朝向"管（5）"，"布尔"设置为"合并"，"选择体（1）"选择"管（5）"选项，使其一起合并。如图5-158所示。

图 5-158　创建下端凸台 1

单击 确定 按钮完成下端凸台的创建，即"拉伸（8）"特征。

（5）重复（2）中步骤②和步骤③中的拉伸操作，"选择曲线（1）"选择"管（4）"特征最左边的内圆曲线，"指定矢量"设置为朝向"管（4）"，"布尔"设置为"合并"，"选择体（1）"选择"管（4）"选项，使其一起合并，如图 5-159 所示。

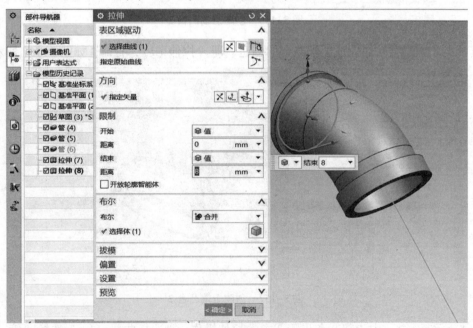

图 5-159　创建前端凸台

单击 确定 按钮完成前端凸台的创建，即"拉伸（9）"特征。

（6）在"部件导航器"中选中"管（6）"特征后右击，在弹出的菜单中执行"显示"命令，将"管（6）"特征显示，如图5-160所示。

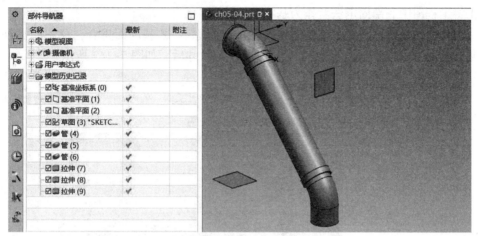

图5-160 显示特征

步骤7：创建固定法兰的草图及实体。

（1）切换到"视图"选项卡，在工具条"可见性"组中的"图层"下拉列表框中选择"31"，将当前工作图层设置为31层。

（2）切换到"主页"选项卡，单击工具条"直接草图"组中的▨按钮，弹出"创建草图"对话框，确定草图平面和X、Y方向。

①在"草图类型"区域中，选择"在平面上"选项。

②在"草图坐标系"区域中，"平面方法"设置为"自动判断"，"参考"设置为"水平"，"原点方法"设置为"指定点"。

③单击"基准平面（2）"，将其作为草图的平面；草图平面的X、Y方向分别与基准坐标系的X轴、Z轴方向一致。

④选定好草图平面，并设定正确的X、Y方向后，如图5-161所示。

图5-161 创建固定法兰的草图1

（3）在"创建草图"对话框中单击 确定 按钮后进入直接草图环境中，然后进入草图任务环境中，再开始绘制草图。

注意：在草图任务环境中要取消"连续自动标注尺寸"的设置。

（4）在草图任务环境中绘制固定法兰的草图。

①将工程图中底部固定法兰作为基本草图绘制。

②用几何约束将草图的水平中心线与基准坐标系 X-Z 基准面重合，草图的竖直中心线与基准平面（1）重合。草图绘制完成并标注好尺寸后，如图 5-162 所示。

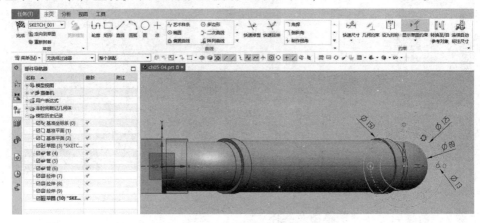

图 5-162　创建固定法兰的草图 2

单击 按钮退出草图环境，完成草图的创建，即"草图（10）"特征，如图 5-163 所示。

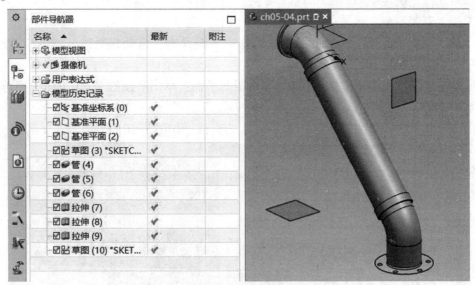

图 5-163　创建固定法兰的草图 3

（5）切换到"视图"选项卡，在工具条"可见性"组中的"图层"下拉列表框中选择"1"，将当前工作图层设置为 1 层。

（6）切换到"主页"选项卡，单击工具条"特征"组中的 按钮，弹出"拉伸"对话框，进行拉伸操作。

①在"表区域驱动"区域中，"选择曲线"选择"草图（10）"中曲线。

②在"方向"区域中，"指定矢量"会根据选定曲线所在平面自动生成其矢量方向，单击 ✕ 按钮反向，使其朝向"管（5）"。

③在"限制"区域中，"开始"设置为"值"，"距离"设置为"0"；"结束"设置为"值"，"距离"设置为"18"。

④在"布尔"区域中，"布尔"设置为"无"，单独作为1个实体，方便在工程图中表达两个实体是焊接关系。

⑤在"偏置"区域中，"偏置"设置为"无"，如图5-164所示。

图5-164 创建固定法兰

（7）拉伸参数设置完成后，单击 确定 按钮完成固定法兰的创建，即"拉伸（11）"特征。

步骤8：创建活动法兰的草图及实体。

（1）切换到"视图"选项卡，在工具条"可见性"组中的"图层"下拉列表框中选择"31"，将当前工作图层设置为31层。

（2）切换到"主页"选项卡，单击工具条"直接草图"组中的 草图按钮，弹出"创建草图"对话框，确定草图平面和 X、Y 方向。

①在"草图类型"区域中，选择"在平面上"选项。

②在"草图坐标系"区域中，"平面方法"设置为"自动判断"，"参考"设置为"水平"，"原点方法"设置为"指定点"。

③单击基准坐标系中的 Y-Z 平面，将其作为草图的平面；草图平面的 X、Y 方向分别与基准坐标系的 Y 轴、Z 轴方向一致。

④选定好草图平面，并设定正确的 X、Y 方向，如图5-165所示。

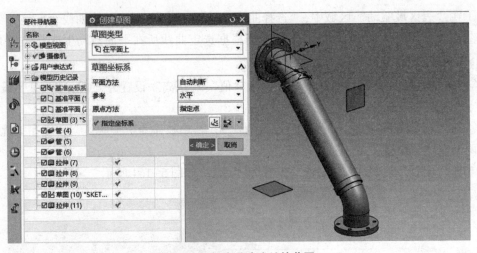

图 5-165　创建活动法兰的草图 1

单击 确定 按钮完成草图平面的创建。

（3）在"创建草图"对话框中单击 确定 按钮后进入直接草图环境中，并进入草图任务环境中，再开始绘制草图。

（4）在草图任务环境中绘制固定法兰的草图。

①将工程图中上部活动法兰作为基本草图绘制。

②用几何约束将草图的水平中心线与基准坐标系 X-Y 基准面重合，草图的竖直中心线与基准坐标系 X-Z 基准面重合。草图绘制完成并标注好尺寸后，如图 5-166 所示。

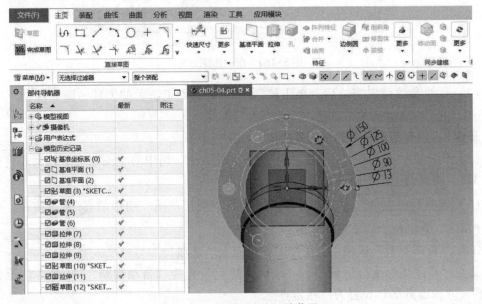

图 5-166　创建活动法兰的草图 2

单击 按钮退出草图环境，完成草图的创建，即"草图（12）"特征。

（5）切换到"视图"选项卡，在工具条"可见性"组中的"图层"下拉列表框中选择"1"，将当前工作图层设置为1层。

（6）切换到"主页"选项卡，单击工具条"特征"组中的 ▦ 按钮，弹出"拉伸"对话框，进行拉伸操作。

①先将工具条"上边框条"中的"曲线规则"过滤器切换为"单条曲线"或"相连曲线"。

②在"表区域驱动"区域中，"选择曲线（8）"选择"草图（12）"中除1条直径 ϕ100曲线外的其他所有曲线。

③在"方向"区域中，"指定矢量"会根据选定曲线所在平面自动生成其矢量方向，单击 ☒ 按钮使其向右。

④在"限制"区域中，"开始"设置为"值"，"距离"设置为"3"；"结束"设置为"值"，"距离"设置为"18"。

⑤在"布尔"区域中，"布尔"设置为"无"。

⑥在"偏置"区域中，"偏置"设置为"无"，如图5-167所示。

图5-167　创建活动法兰1

（7）拉伸参数设置完成后，单击 确定 按钮完成活动法兰部分实体的创建，即"拉伸（13）"特征。

（8）重复第（6）、（7）步的拉伸操作，在拉伸对话框中"选择曲线"选择"草图（12）"中1条直径 ϕ100曲线。

①在"方向"区域中，"指定矢量"方向向右；

②在"限制"区域中，"开始"设置为"值"，"距离"设置为"3"；"结束"设置为"值"，"距离"设置为"8"。

③在"布尔"区域中，"布尔"设置为"减去"，"选择体（1）"选择上一步创建的"拉伸（13）"特征。

④在"偏置"区域中，"偏置"设置为"无"，如图5-168所示。

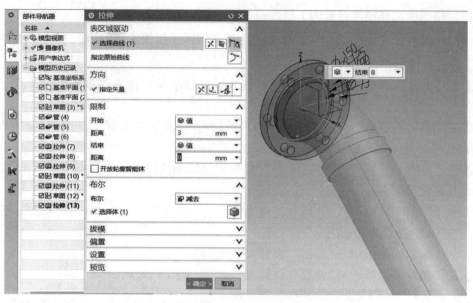

图5-168　创建活动法兰2

（9）拉伸参数设置完成后，单击 确定 按钮完成活动法兰的创建，即"拉伸（14）"特征，如图5-169所示。

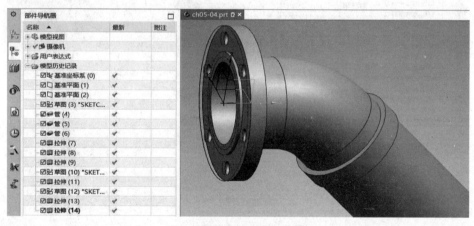

图5-169　创建活动法兰3

步骤9：隐藏非实体对象层，编辑对象显示。

（1）切换到"视图"选项卡，单击工具条"可见性"组中的 按钮，弹出"图层设置"对话框。

（2）在"图层设置"对话框中，不勾选图层31、61数字前的复选框，隐藏31、61图层的对象。

单击 关闭 按钮退出对话框。

（3）单击"视图"选项卡工具条中"可视化"组中的"编辑对象显示"按钮，弹出"类选择"对话框。

①在"类选择"对话框中，先按住<Ctrl>键，单击选择图形区中的上端、下端两处实

体特征, 如图 5-170 所示。

图 5-170 编辑对象显示 1

然后单击 **确定** 按钮回到 "编辑对象显示" 对话框中。

②在 "编辑对象显示" 对话框中可以修改对象的图层、颜色、线型、宽度等特性, 如图 5-171 所示。

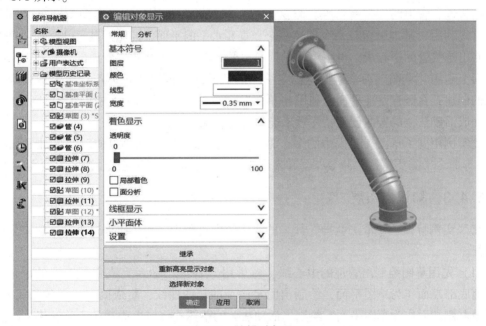

图 5-171 编辑对象显示 2

③单击 **确定** 按钮完成对象的特性显示修改。

(4) 重复步骤 (3), 选定中间斜线管修改其颜色显示。

(5) 经过以上步骤, 最终完成这个实体建模, 如图 5-172 所示。然后单击左上角的 **■** 按钮, 保存当前文件。

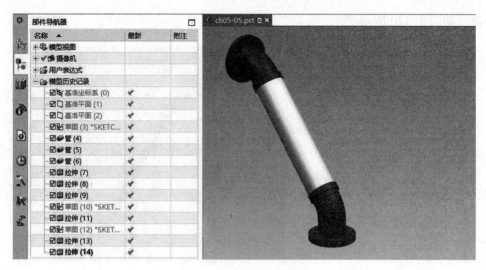

图5-172　完成三维模型

5.4.2　知识点应用总结

在"实例特训——带法兰排气管"的实体建模过程中，首先分析出它的主要形状特征是空间管道，管道两端带有法兰，且法兰的形状尺寸不相同。为了避免空间尺寸出现错误，首先利用"基准平面"命令创建一个竖直和水平的平面，控制好其尺寸。利用草图命令绘制出排气管的中心线，再用建模工具的"管道"命令完成主要管道的创建；在水平基准平面上利用"草图"命令绘制出固定法兰的截面图，再用"拉伸"命令完成固定法兰特征的创建；在竖直基准平面上利用"草图"命令绘制出活动法兰的截面，再用"拉伸"命令完成活动法兰的实体创建，注意不能与管道特征求和。

此实例用到了草图、建模中的多个常用命令，如"旋转""拉伸""基准平面"和"孔"等命令，需要将这些命令综合起来进行灵活的运用，从而创建出所需的实体模型。

5.4.3　知识点拓展

在"实例特训——带法兰排气管"的实体建模过程中，也可以通过其他方法来创建相应特征。

（1）先用草图绘制出管道的中心线，然后用"管道"命令完成主要管道的创建；再以管道底部端面作为草图平面，绘制出固定法兰的草图曲线，生成固定法兰的相关特征；以管道左侧端面作为草图平面，绘制出活动法兰的草图曲线，生成活动法兰的相关特征。

（2）对于活动法兰部分，如果比较复杂不好一起建模出来，可以将其作为一个子零件，单独创建好，再将它装配进来。

5.5 本章小结

实体建模设计是三维 CAD 的主要目的，也是 UG NX 三维设计的重点内容，要求牢固掌握基准特征、基本体素特征的创建与使用，能灵活运用拉伸、旋转和扫掠建模方法。需要深入理解拉伸、旋转和扫掠这些建模方法，并结合特征操作方法，才能创建出复杂、异形的实体模型。

本章通过具体的实例操作，详细介绍了如何一步步地创建所需的实体模型。在建模前应先分析好工程图纸、设想所要构建的实体模型，在建模过程中要能够熟练并灵活使用各类实体特征与附着特征的操作命令，不断积累建模方法，熟能生巧，逐步能独立完成复杂三维建模设计。

练习题

1. 根据下图所示图形尺寸，完成其三维建模。

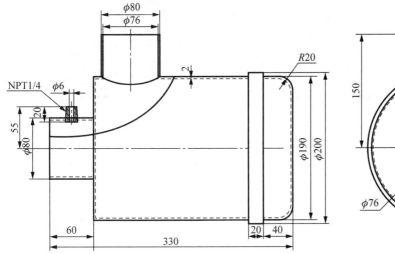 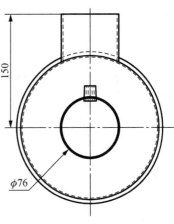

2. 根据下图所示图形尺寸，完成其三维建模。

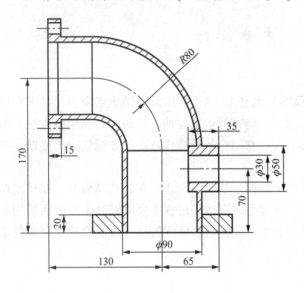

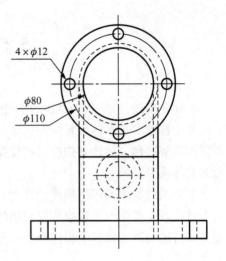

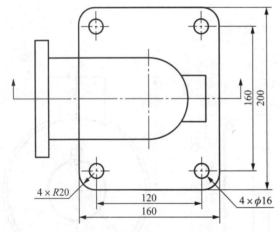

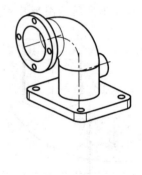

3. 根据下图所示图形尺寸, 完成其三维建模。

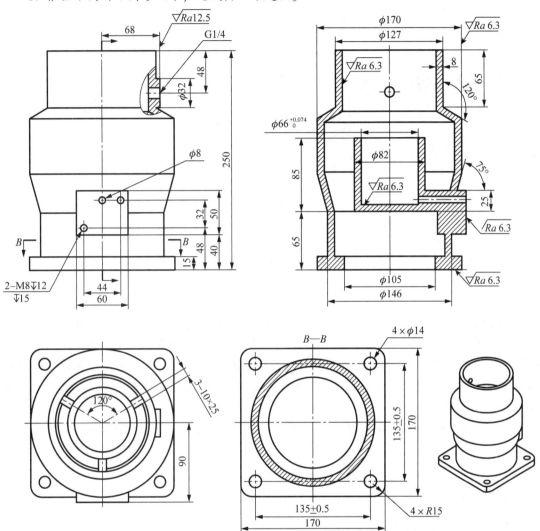

第6章

曲面造型设计

6.1　曲面的基础知识及操作

曲面造型设计是 CAD 模块的重要组成部分，也是体现 CAD/CAM 软件建模能力的重要标志。用户可以通过曲面造型设计模块创建出风格多变的曲面造型，以满足不同产品的设计要求。UG NX 12.0 不仅提供了基本的建模功能，同时也提供了强大的曲面建模及相应的编辑和操作功能，并提供了 20 多种创建曲面的方法。UG 软件中也将曲面称为"片体"。

曲线是曲面的基础，是曲面造型设计中经常用到的对象，因此在学习本章节内容之前，需要先深入学习第 3 章曲线的创建与操作的内容。与一般实体零件的造型设计相比，曲面的创建过程和方法比较特殊，技巧性比较强，同时曲面造型涉及的内容非常多，因此本章节主要介绍一些常用的曲面造型方法以及实例操作。

6.1.1　曲面的创建

1. 有界平面创建

"有界平面"可以创建平整的平面，它是没有深度参数的二维曲面。有界平面的示意如图 6-1 所示。

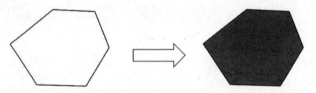

图6-1　有界平面的示意

"有界平面"命令可通过如下两种方式找到。

◆单击"曲面"选项卡工具条中"曲面"组中的"更多"按钮，再执行"有界平面"命令，如图 6-2 所示。

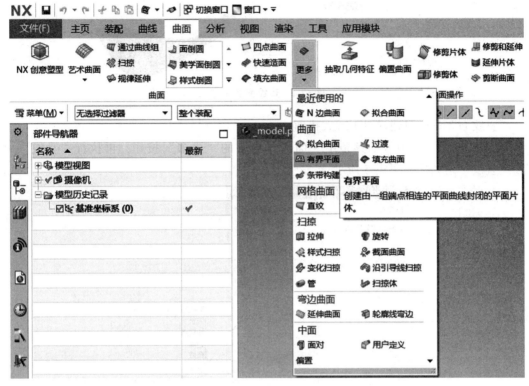

图6-2 有界平面的命令

◆依次单击"菜单（M)"→"插入（S)"→"曲面（W)"→"扫掠（S)"。"有界平面"对话框如图6-3所示。

图6-3 "有界平面"对话框

对话框中的"平截面"区域：指定要选择的曲线作为曲面边界线。

2. 直纹面创建曲面

"直纹面"是通过一系列直线连接两组截面线串而形成的一个曲面。在创建直纹面时只能使用两组线串，这两组线串可以是封闭的或不封闭的。直纹面的示意如图6-4所示。

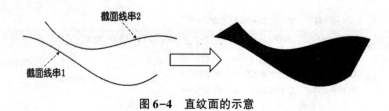

图6-4　直纹面的示意

"直纹面"命令可通过以下方式找到。

单击"曲面"选项卡工具条中"曲面"组中的"更多"按钮，再执行"直纹"命令。"直纹"对话框如图6-5所示。

图6-5　"直纹"对话框

"直纹"对话框中各选项的功能说明如下。

1)"截面线串1"区域：指定要选择的曲线作为截面线串1。

2)"截面线串2"区域：指定要选择的曲线作为截面线串2。在选取截面线串时，要在两个线串的同一侧选取，否则就不能达到所需要的结果。

3)"对齐"区域：若勾选 ☑保留形状 复选框，则"对齐"下拉列表框中的部分选项将不可用。

"对齐"下拉列表框中各选项功能说明如下。

◆ "参数"选项：沿定义曲线将等参数曲线要通过的点以相等的参数间隔隔开。

◆ "弧长"选项：两组截面线串和等参数曲线根据等弧长方式建立连接点。

◆ "根据点"选项：将不同形状截面线串间的点对齐。

◆ "距离"选项：在指定矢量上点沿每条曲线以等距离隔开。

◆ "角度"选项：在每个截面线串上，绕着一个规定的轴等角度间隔生成。这样，所有等参数曲线都位于含有该轴线的平面中。

◆ "脊线"选项：把点放在选择的曲线和正交于输入曲线的平面的交点上。

◆ "可扩展"选项：可定义起始与终止填料曲面类型。

3. 通过曲线组创建曲面

"通过曲线组"命令能够通过同一方向上的一组截面线串来创建曲面。截面线串可以由单个对象或多个对象组成，每个对象可以是曲线或实体边等，但不能是一个点。通过曲线组操作的示意如图6-6所示。

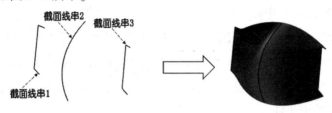

图6-6 通过曲线组操作的示意

"直纹面"是通过曲线创建曲面的特殊情况，但是"直纹面"只能选择两组截面线串，且其中一组可以是一个点；而"通过曲线组"可以选择多于两组的截面线串来创建曲面。

"通过曲线组"命令可通过以下方式找到。

单击"曲面"选项卡工具条中"曲面"组中的 通过曲线组 按钮。

"通过曲线组"对话框如图6-7所示。

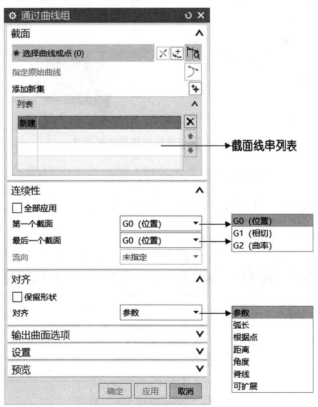

图6-7 "通过曲线组"对话框

"通过曲线组"对话框中各选项的功能说明如下。

（1）"截面"区域：指定要选择的曲线作为截面线串；每次选好一条截面线串后单击鼠标中键进行确认，选择好的曲线会自动添加到列表中。

选取截面线串后，图形区显示的箭头矢量应该处于截面线串的同侧，否则生成的片体将被扭曲。截面"列表"中的部分按钮说明如下：

◆ "移除" ✖ 按钮：单击该按钮，删除列表里选中的截面线串。

◆ "向上移动" ⬆ 按钮：单击该按钮，列表里选中的截面线串上移一级。

◆ "向下移动" ⬇ 按钮：单击该按钮，列表里选中的截面线串下移一级。

（2）"连续性"区域：该区域的下拉列表框中的选项用于对通过曲线生成的曲面的起始端和终止端定义约束条件。

①G0 (位置)选项：生成的曲面与指定面点连续，无约束。

②G1 (相切)选项：生成的曲面与指定面相切连续。

③G2 (曲率)选项：生成的曲面与指定面曲率连续。

4. 通过曲线网格创建曲面

"通过曲线网格"命令能够沿着不同方向的两组线串来创建曲面，这是一种比较常用的创建曲面方法。一组同方向的线串定义为主曲线，另外一组和主曲线不在同一平面的线串定义为交叉曲线，定义的主曲线与交叉曲线必须在设定的公差范围内相交。通过曲线网格操作的示意如图6-8所示。

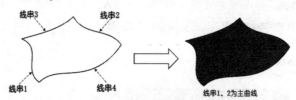

图6-8　通过曲线网格操作的示意

"通过曲线网格"命令可通过以下方式找到。

单击"曲面"选项卡工具条中"曲面"组中 🔷 下的 ▼ 按钮，再执行"通过曲线网格"命令，如图6-9所示。

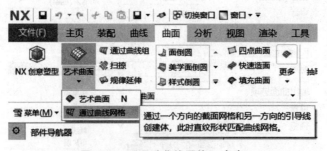

图6-9　"通过曲线网格"命令

"通过曲线网格"对话框如图6-10所示。

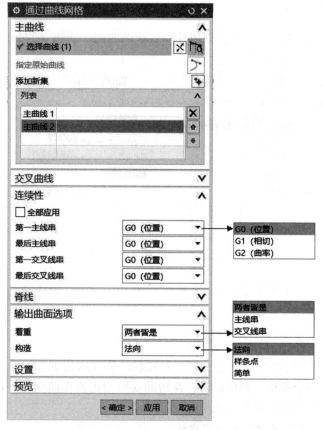

图6-10　"通过曲线网格"对话框

"通过曲线网格"对话框中相关选项的功能说明如下。

（1）"主曲线"区域：指定要选择的曲线作为主曲线；每次选好一条截面线串后单击鼠标中键进行确认，会自动添加到列表中。

（2）"交叉曲线"区域：指定要选择的曲线作为交叉曲线；每次选好一条截面线串后单击鼠标中键进行确认，会自动添加到列表中。

（3）"输出曲面选项"区域：有两个下拉列表框，其各选项功能说明如下。

①"着重"下拉列表框：用于控制系统在生成曲面时更强调主曲线还是交叉曲线，或者两者有同样效果。"着重"下拉列表框中各选项及其功能如下。

◆ "两者皆是"选项：系统在生成曲面时，主曲线和交叉曲线有同样效果。

◆ "主曲线"选项：系统在生成曲面时，更强调主曲线。

◆ "交叉曲线"选项：系统在生成曲面时，更强调交叉曲线。

②"构造"下拉列表框中各选项及其功能如下。

◆ "法向"选项：使用标准方法构造曲面，该方法比其他方法建立的曲面有更多的补片数。

◆ "样条点"选项：利用输入曲线的定义点和该点的斜率值来构造曲面。

◆ "简单"选项：用最少的补片数构造尽可能简单的曲面。

5. 通过点创建曲面

"通过点"命令能够通过一些点创建非参数化的曲面，所建立的曲面通过所有的点。

"通过点"命令可通过以下方式找到：

依次单击"菜单（M）"→"插入（S）"→"曲面（R）"→"通过点（H）"。

"通过点"对话框如图6-11所示。

图6-11　"通过点"对话框

在"通过点"对话框中单击 文件中的点 按钮，调出文件中已创建的点文件，便可通过一系列点创建一个曲面。

6. N边曲面创建曲面

"N边曲面"命令能够通过使用一组不限数量的曲线或边创建一个曲面，所选用的曲线或边必须要组成一个简单、封闭的环。N边曲面可指定所构曲面与外部边界曲面的连续性，还可通过形状控制选项来调整N边曲面的形状。

"N边曲面"命令可通过以下方式找到。

单击"曲面"选项卡工具条中"曲面"组中的"更多"按钮，再执行"N边曲面"命令。

"N边曲面"对话框如图6-12所示。

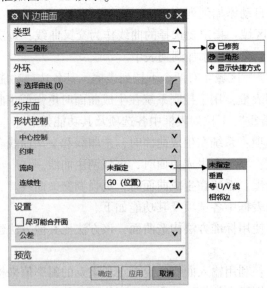

图6-12　"N边曲面"对话框

"N 边曲面"对话框中相关选项的功能说明如下。

（1）"类型"区域：指定要创建曲面的类型。

① "已修剪"类型：生成一个覆盖整个轮廓的单一片体。要生成此类曲面，必须先选择一个封闭轮廓，然后使用边界面和 U、V 方向步骤来定义外部相切面和流动方向，还可指定曲面是否已修剪。

② "三角形"类型：在组成轮廓的每一条边线与公共的中心点之间形成独立的三角形区域面，整个多边曲面都是由这样的多个三角面组成，三角面的数量由边数决定。系统可以对曲面的中心进行控制，通过拖动滑竿来调节所构曲面的形状。

（2）"外环"区域：选择产生多边曲面的边界轮廓。

（3）"约束面"区域：选择多边曲面需要相切或曲率连续的外部边界面。

（4）"UV 方向"区域：当选择"已修剪"类型时才显示。"UV 方向"下拉列表框中各选项说明如下。

◆ "脊线"选项：选择一个脊线来定义多边曲面的 V 方向。

◆ "矢量"选项：通过一个矢量来定义多边曲面的 V 方向。

◆ "区域"选项：通过指定长方形两个对角点来定义多边曲面的 U、V 方向。

（5）"形状控制"区域：当选择"三角形"类型时才显示。

① "中心控制方式"有两种方式，分别是位置和倾斜。

◆ "位置"方式可以通过拖动 X、Y 或 Z 滑尺来移动曲面中心点的位置。

◆ "倾斜"方式可以通过拖动 X 或 Y 滑尺来倾斜曲面中心所在的 X、Y 平面，而中心点的位置不变。

② "约束"中"流向"下拉列表框中的选项有"未指定""垂直""等 U/V 线"和"相邻边"。

◆ "未指定"选项：所得曲面的 U、V 参数和中心点等距。

◆ "垂直"选项：所得曲面 V 方向的等参数线开始于外部的边并垂直于该边的方向。

◆ "等 U/V 线"选项：所得曲面 V 方向的等参数线开始于外面的边并沿着外部表面的 U、V 方向。

◆ "相邻边"选项：所得曲面 V 方向的等参数线将沿着约束面的侧边。

7. 扫掠曲面创建

扫掠曲面是指用规定的方式沿一条空间路径（引导线串），移动一条截面线串而生成的轨迹。如果截面线串是封闭的，则创建出实体特征，扫掠曲面的操作方法请参照本书"5.1.5 扫掠特征"。

6.1.2　曲面的编辑

1. 修剪片体

"修剪片体"命令能够通过一些曲线和曲面作为边界，对指定的曲面进行修剪，形成新的曲面边界。所选的边界可以在将要修剪的曲面上，也可以在曲面之外通过投影方向来确定修剪的边界。修剪片体操作的示意如图 6-13 所示。

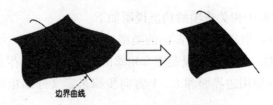

边界曲线

图6-13　修剪片体操作的示意

"修剪片体"命令可通过以下方式找到。

单击"曲面"选项卡工具条中"曲面操作"组中的 🗇 修剪片体按钮。

"修剪片体"对话框如图6-14所示。

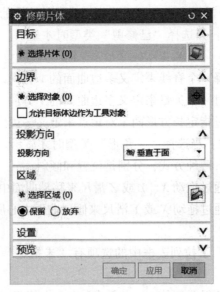

图6-14　"修剪片体"对话框

"修剪片体"对话框中相关选项的功能说明如下。

（1）"目标"区域：指定要修剪的曲面。

（2）"边界"区域：指定要选择的曲线作为修剪边界。

（3）"投影方向"区域：通过投影方向来确定修剪边界，其下拉列表框中的选项有"垂直于面""垂直于曲线平面"和"沿矢量"。

（4）"区域"区域：定义所选择的区域是保留还是舍弃。

◆ "保留"选项：所选择的区域将被保留。

◆ "舍弃"选项：所选择的区域将被舍弃。

在曲面设计中，构造的曲面长度往往大于实际模型的曲面长度，利用"修剪片体"命令可把曲面修剪成所需要的曲面形状。

2. 偏置曲面

"偏置曲面"命令用于创建一个或多个现有面的偏置曲面，或者偏移现有曲面。偏置曲面操作的示意如图6-15所示。

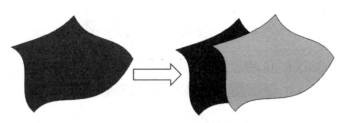

图 6-15 偏置曲面操作的示意

"偏置曲面"命令可通过以下方式找到。

单击"曲面"选项卡工具条中"曲面操作"组中的 按钮。

"偏置曲面"对话框如图 6-16 所示。

图 6-16 "偏置曲面"对话框

系统利用沿选定面的法向来生成正确的偏置曲面,可以选择任意类型的面作为基面。如果要选择多个面进行偏置操作,则产生多个偏置体。

3. 扩大曲面

"扩大曲面"命令用于调整曲面的大小,并且生成一个新的扩大特征,该特征和原始的片体相关联,可以通过改变百分比来扩大特征的各个边缘曲线。扩大曲面操作的示意如图 6-17 所示。

（a） （b） （c）

图 6-17 扩大曲面操作的示意

（a）原曲面；（b）线性扩大；（c）自然扩大

"扩大曲面"命令可通过以下方式找到。

单击"曲面"选项卡工具条中"编辑曲面"组中的  按钮。

"扩大"对话框如图 6-18 所示。

图 6-18   "扩大"对话框

"扩大"对话框中相关选项的功能说明如下。

（1）"调整大小参数"区域：通过调节曲面在 U/V 方向起点/终点的百分比来控制曲面的大小，可扩大曲面也可缩小曲面。该区域中有多个按钮，其功能说明如下。

①□**全部**复选框：该复选框用于是否把所有的 U/V 向起点/终点滑块作为一个整体来控制。

②"重置调整大小参数" 按钮：单击该按钮后，系统将自动恢复初始设置。

（2）"设置"区域：该区域中各选项的功能说明如下。

①"模式"用于设置曲面的调整类型，其类型选项说明如下。

◆ "线性"单选按钮：选择该按钮后，曲面的边沿以线性的方式扩大或缩小。

◆ "自然"单选按钮：选择该按钮后，曲面的边沿根据原曲面的形状自然扩大或缩小。

②□**编辑副本**复选框：勾选该复选框，在原曲面不被删除的情况下生成一个编辑后的曲面。

4. 桥接曲面

"桥接曲面"命令通过位于两组曲面上的两组曲线形成桥接片体，所构造的片体与两边界曲线能指定相切连续性或者曲率连续性，可以用来控制桥接片体的形状。

"桥接曲面"命令可通过以下方式找到。

单击"曲面"选项卡工具条中"曲面"组中的"滚动列表"命令中的"桥接"按钮。

"桥接曲面"对话框如图6-19所示。

图6-19 "桥接曲面"对话框

6.2 实例特训——勺子的曲面造型设计

项目任务：

使用UG NX 12.0的曲面造型方法，完成如图6-20所示模型的曲面建模。

图6-20 曲面模型

6.2.1 产品曲面造型设计的详细步骤

产品曲面造型设计的详细步骤如下。

步骤1：新建文件，建立基准坐标系。

(1) 在 UG NX 12.0 软件中单击工具条中的"新建"按钮，弹出"新建"对话框。新建一个模型文件，单位为"mm"，名称为"ch06-02. prt"，选定文件存放的文件夹位置。

单击对话框中的 确定 按钮，进入建模功能模块。

(2) 将 UG NX 12.0 主界面左边的资源栏切换到"部件导航器"，图中会自动创建好基准坐标系。如果没有，则单击"基准坐标系"按钮，建立一个基准坐标系，原点为(0，0，0)。

步骤2：创建曲面的草图及截面曲线。

(1) 切换到"主页"选项卡，单击工具条中"直接草图"组中的 ![按钮]，弹出"创建草图"对话框，确定草图平面和 X、Y 方向，如图 6-21 所示。

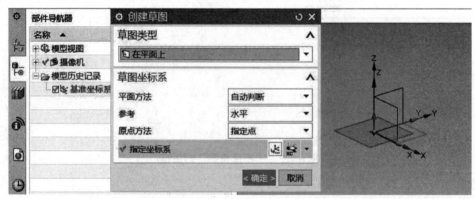

图 6-21　创建 X-Y 面的草图

①单击基准坐标系中的 X-Y 基准平面，将其作为草图的平面；草图平面的 X、Y 方向分别与基准坐标系的 X 轴、Y 轴方向一致。

②选定好草图平面，并设定正确的 X、Y 方向后，单击 确定 按钮完成草图平面的创建。

(2) 在"创建草图"对话框中单击 确定 按钮后进入直接草图环境中。单击"直接草图"组中的"更多"按钮，再执行"在草图任务环境中打开"命令后进入草图任务环境中，然后开始绘制草图。

注意：在草图任务环境中要取消"连续自动标注尺寸"的设置。

(3) 在草图任务环境中创建 X-Y 面的草图，如图 6-22 所示。

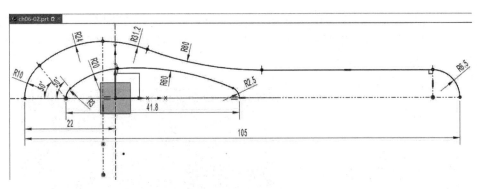

图 6-22　创建 X-Y 面的草图 2

注意：其中各段圆弧均相切。

草图绘制完成并标注好尺寸后，单击 🏁 完成 按钮退出草图环境，完成 X-Y 面上草图的创建即"草图（1）"特征。

（4）重复第（1）、（2）、（3）步，在基准坐标系上 X-Z 基准平面上创建草图，如图 6-23 所示。

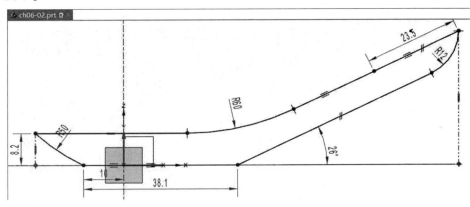

图 6-23　创建 X-Z 面的草图

草图绘制完成并标注好尺寸后，单击 🏁 完成 按钮退出草图环境，完成 X-Z 面上草图的创建，即"草图（2）"特征。

（5）草图绘制完成后，如图 6-24 所示。

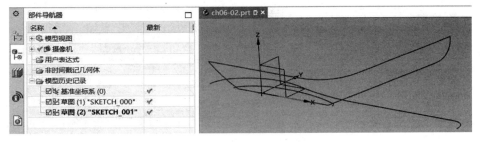

图 6-24　创建草图完成

（6）依次单击"菜单（M）"→"插入（S）"→"派生曲线（U）"→"镜像（M）"，弹出"镜像曲线"对话框。将"草图（1）"的曲线通过 X-Z 基准平面进行镜像，镜像后如图6-25所示。

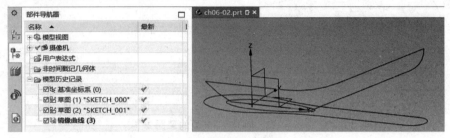

图6-25　镜像草图曲线

步骤3：创建曲面的片体

（1）在"主页"选项卡下，单击工具条"特征"组中的"拉伸" 按钮，弹出"拉伸"对话框，进行拉伸操作。

"表区域驱动"区域："选择曲线（4）"选择"草图（2）"上方的曲线，如图6-26所示。

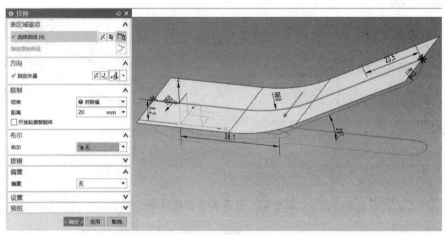

图6-26　创建片体1

（2）单击 确定 按钮完成片体的创建，即"拉伸（4）"特征，生成1个片体，如图6-27所示。

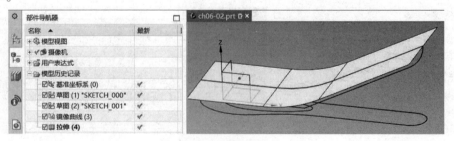

图6-27　创建片体2

（3）依次单击"菜单（M）"→"插入（S）"→"派生曲线（U）"→"投影（P）"，弹出"投影曲线"对话框，设置后如图6-28所示。

① **要投影的曲线或点**区域："选择曲线或点（12）"选择 X-Y 平面上的外围曲线作为要投影的曲线。

② **要投影的对象**区域："选择对象（3）"选择上一步创建的片体。

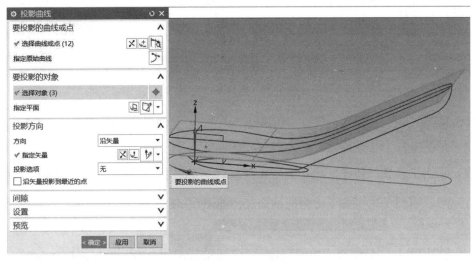

图6-28　投影曲线1

（4）单击对话框中 < 确定 > 按钮完成投影操作，即将 X-Y 平面上的外围曲线投影到片体上，如图6-29所示。

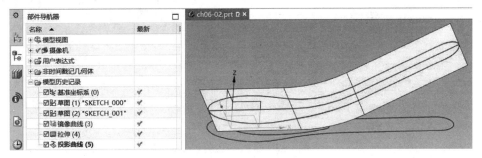

图6-29　投影曲线2

步骤4：创建曲面的交叉曲线。

（1）在"主页"选项卡下，单击工具条"特征"组中的 □_{基准平面} 按钮，弹出"基准平面"对话框，如图6-30所示。

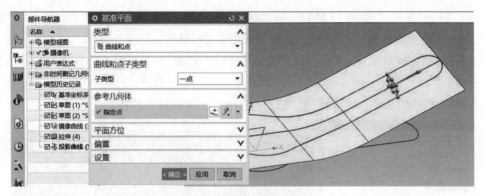

图 6-30　创建基准平面

单击 确定 按钮完成操作，即在"草图（2）"右上方两条直线的交点处创建一个基准平面即"基准平面（6）"特征。

（2）单击工具条"特征"组中的 下的 ▼ 按钮，执行"点"命令，创建"基准平面（6）"与"草图（2）"右下方直线的交点，如图 6-31 所示。

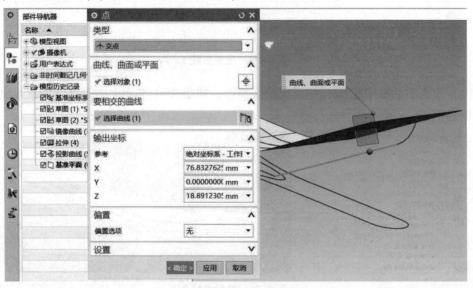

图 6-31　创建交点 1

（3）重复第（2）步的操作，创建"基准平面（6）"与"投影曲线（5）"右上方曲线的两个交点，如图 6-32 所示。

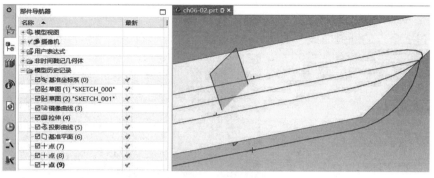

图 6-32 创建交点 2

（4）单击工具条"直接草图"组中的 ![按钮] 按钮，在"基准平面（6）"上创建草图，绘制一条经过这3个点的圆弧曲线，创建后如图6-33所示。

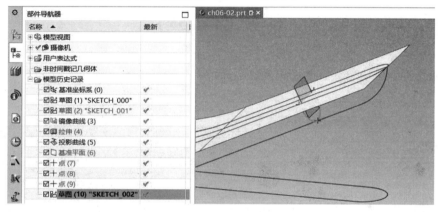

图 6-33 创建圆弧曲线 1

（5）按照第（2）步的操作执行"点"命令，创建 *Y-Z* 基准平面与投影曲线的交点，以及 *Y-Z* 基准平面与 *X-Y* 基准平面上内侧两条曲线的交点，创建得到4个交点，如图6-34所示。

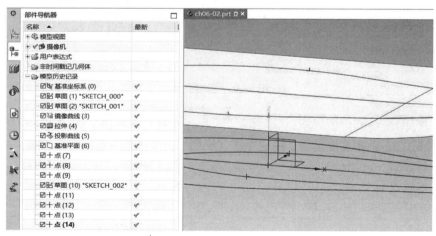

图 6-34 创建交点

（6）单击工具条"直接草图"组中的 ![](按钮，在 Y-Z 基准平面上创建草图，绘制 2 条分别经过 2 个点的圆弧曲线，如图 6-35 所示。

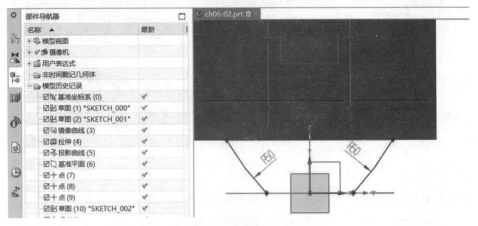

图 6-35　创建圆弧曲线 2

（7）依次单击"菜单（M）"→"插入（S）"→"派生曲线（U）"→"桥接（B）"，弹出"桥接曲线"对话框。将"草图（2）"的 2 条曲线进行桥接，如图 6-36 所示。

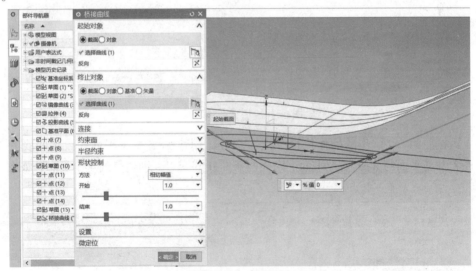

图 6-36　桥接曲线

（8）按照第（2）步的操作执行"点"命令，创建 Y-Z 基准平面与桥接曲线的交点。单击 ![](按钮，在 Y-Z 基准平面上创建草图，绘制 1 条经过 3 个点的圆弧曲线，如图 6-37 所示。

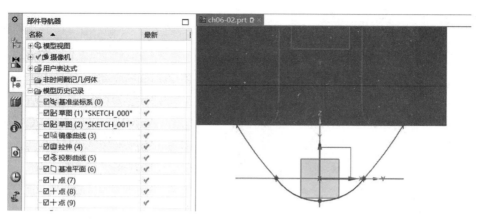

图 6-37 创建圆弧曲线 3

步骤 5：通过曲线网格创建曲面。

（1）切换到"曲面"选项卡，单击工具条"曲面"组中的 _{艺术曲面} 下方的 ▼ 按钮，执行"通过曲线网格"命令，弹出"通过曲线网格"对话框，对各曲线做如下设置。

①在"主曲线"区域设置 3 条主曲线，分别如图 6-38、6-39、6-40 所示。

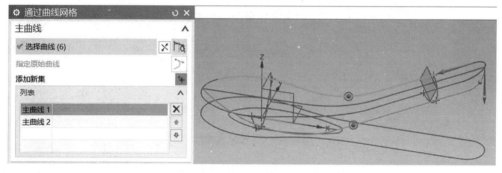

图 6-38 设置主曲线 1

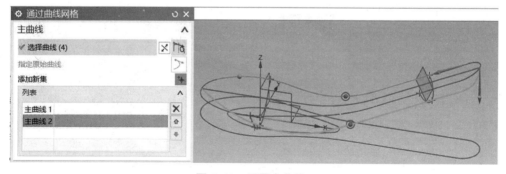

图 6-39 设置主曲线 2

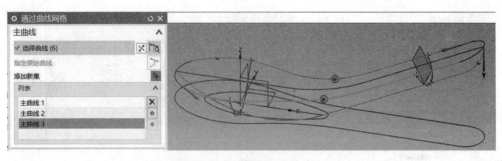

图 6-40 设置主曲线 3

②在"交叉曲线"区域设置 4 条交叉曲线，如图 6-41 所示。

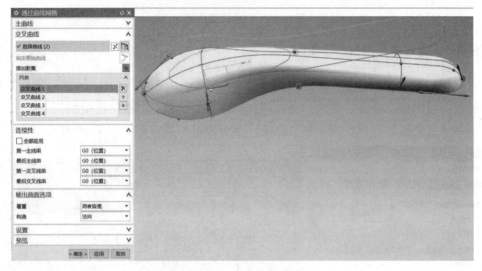

图 6-41 设置交叉曲线

（2）单击对话框中 <确定> 按钮完成曲面的创建，即"通过曲线网格（19）"特征，如图 6-42 所示。

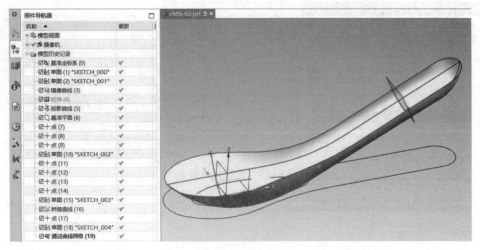

图 6-42 创建曲面

步骤6：曲面造型修整。

（1）切换到"主页"选项卡，单击工具条"特征"组中的"拉伸" 按钮，弹出"拉伸"对话框，对 $X-Y$ 基准平面上的草图外轮廓线进行拉伸操作，如图6-43所示。

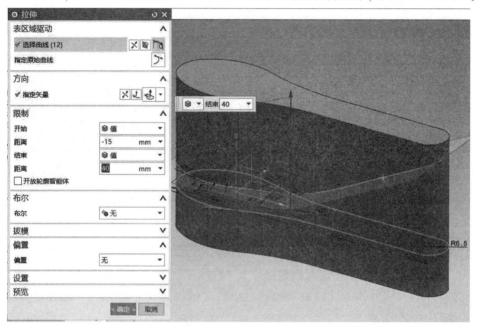

图6-43　拉伸外轮廓线

（2）单击对话框中 确定 按钮完成1个拉伸实体的创建，即"拉伸（20）"特征。

为了便于操作及观察，可以通过"编辑对象显示"命令将拉伸实体的颜色改为绿色。

（3）单击工具条"特征"组中的 修剪体 按钮，弹出"修剪体"对话框，对上一步创建的拉伸实体进行修剪操作。

① "目标"区域："选择体（1）"选择"拉伸（20）"；"工具"区域："选择面或平面（3）"选择"拉伸（4）"，保留下半部分，如图6-44所示。

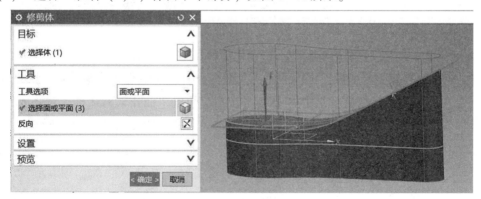

图6-44　修剪体1

②单击对话框中 <确定> 按钮完成修剪体的操作，即"修剪体（21）"特征。

（4）重复第（3）步进行修剪操作。"目标"区域："选择体（1）"选择上一步修剪后的实体即"修剪体（21）"；"工具"区域："选择面或平面（1）"选择"通过曲线网格（19）"，如图6-45所示。

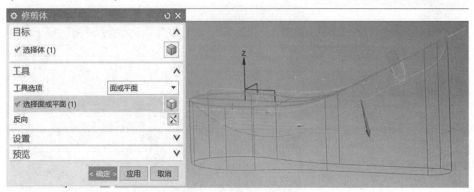

图6-45　修剪体2

单击 <确定> 按钮完成修剪体的操作，即"修剪体（22）"特征。

（5）继续重复第（3）步进行修剪操作。"目标"区域："选择体（1）"选择上一步修剪后的实体即"修剪体（22）"；"工具"区域："选择面或平面（1）"选择"X-Y基准平面"，如图6-46所示。

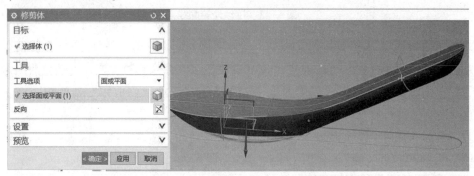

图6-46　修剪体3

单击 <确定> 按钮完成修剪体的操作，即"修剪体（23）"特征。

注意：为了便于选择对象，操作前先将"部件导航器"中的"其他特征"隐藏。

（6）单击工具条"特征"组中的 抽壳 按钮，弹出"抽壳"对话框，对修剪后的实体进行抽壳操作，其中材料的"厚度"设为"0.6"，去除材料后如图6-47所示。

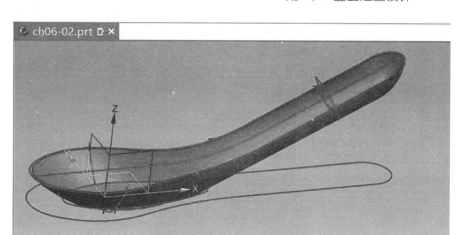

图 6-47　抽壳

（7）隐藏不需要的草图、基准平面、曲线等，创建完成的曲面实体如图 6-48 所示。最后保存文件。

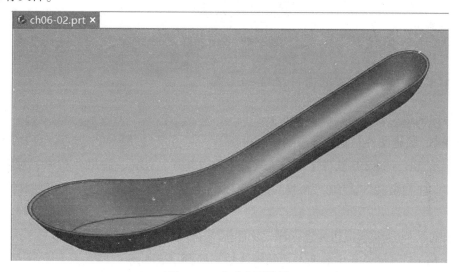

图 6-48　完成曲面造型

6.2.2　知识点应用总结

在"实例特训——勺子的曲面造型设计"中，主要运用到了 UG NX 12.0 的草图基本操作、求曲线上的点、派生曲线中的"镜像""投影""桥接""曲线网格"和实体操作中的"修剪体""抽壳"等命令，是一个综合运用的过程，但曲面的构造所运用到的知识点是重点和难点。

6.2.3　知识点拓展

在"实例特训——勺子的曲面造型设计"过程中，也可以通过在构造曲线后，通过曲面中的"变化扫掠"命令来完成对勺子外观的设计。

6.3 实例特训——水杯的曲面造型设计

项目任务：

使用 UG NX 12.0 的曲面造型方法，完成如图 6-49 所示模型的曲面建模。

图 6-49　曲面模型

6.3.1　产品曲面造型设计的详细步骤

产品曲面造型设计的详细步骤如下。

步骤 1：新建文件，建立基准坐标系。

（1）在 UG NX 12.0 软件中单击工具条中的"新建"按钮，弹出"新建"对话框。

新建一个模型文件，单位为"mm"，名称为"ch06-03. prt"，选定文件存放的文件夹位置。

单击对话框中 确定 按钮，进入建模功能模块中。

（2）将 UG NX 12.0 主界面左边的资源栏切换到"部件导航器"，会出现一个自动创建好的基准坐标系。如果没有，则通过"基准坐标系（C）"选项，建立一个基准坐标系，原点为（0，0，0）。

步骤 2：创建曲面的手柄。

（1）在"主页"选项卡下，单击工具条"直接草图"组中的"草图" 按钮，弹出"创建草图"对话框，确定草图平面和 X、Y 方向，如图 6-50 所示。

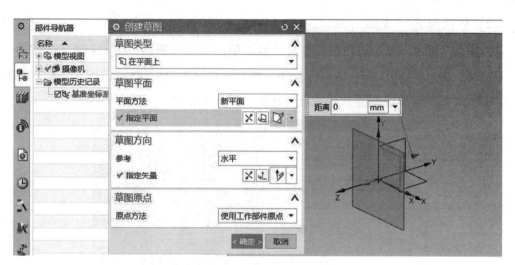

图6-50　创建手柄的截面草图1

①单击基准坐标系中的 X-Z 基准平面，将其作为草图的平面；草图平面的 X、Y 方向分别与基准坐标系的 X 轴、Z 轴方向一致。

②选定好草图平面，并设定正确的 X、Y 方向后，单击 确定 按钮完成草图平面的创建。

（2）在"创建草图"对话框中单击 确定 按钮后进入直接草图环境。单击"直接草图"组中的"更多"按钮，再执行"在草图任务环境中打开"命令后进入草图任务环境，再开始绘制草图。

注意：在草图任务环境中要取消"连续自动标注尺寸"的设置。

（3）在草图任务环境中绘制"手柄的截面草图（1）"，如图6-51所示。

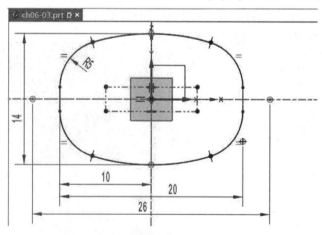

图6-51　创建手柄的截面草图2

注意：草图中先画个椭圆，椭圆圆心为（0，0，0），然后用直线修剪并倒圆。

草图绘制完成并标注好尺寸后，单击 按钮退出草图环境。

（4）依次单击"菜单（M）"→"插入（S）"→"曲线（C）"→"艺术样条（D）"，弹出"艺术样条"对话框。在对话框中单击"点构造器" 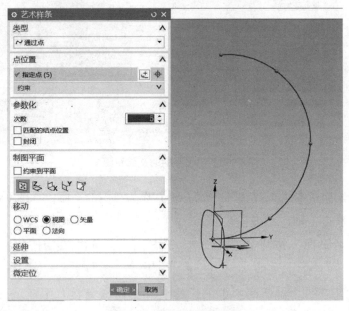按钮，分别输入5个点的坐标（0，0，0）、（0，15，5）、（0，25，25）、（0，15，45）、（0，0，50），完成后如图6-52所示。单击 < 确定 > 按钮完成"样条（2）"的创建。

图6-52　创建手柄的路径

（5）单击"主页"选项卡工具条中"特征"组中的 更多 按钮，再执行"扫掠"命令，弹出"扫掠"对话框，在对话框中的"截面"区域："选择曲线（8）"选择上一步创建的草图曲线；"引导线"区域："选择曲线（1）"选择上一步创建的样条，如图6-53所示。

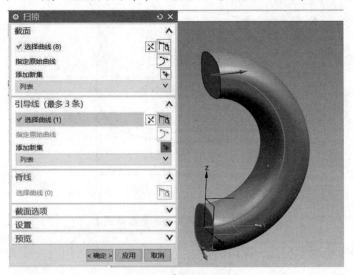

图6-53　创建手柄

单击 <确定> 按钮完成"扫掠（3）"即手柄的创建。

步骤 3：创建水杯主体的截面线。

（1）在"主页"选项卡下，单击工具条"特征"组中的 ⬜ 基准平面 按钮，弹出"基准平面"对话框，分别创建 3 个基准平面。

第 1 个基准平面相对 $X-Y$ 基准平面向下偏移 15 mm；第 2 个基准平面相对 $X-Y$ 基准平面向上偏移 25 mm；第 3 个基准平面相对 $X-Y$ 基准平面向上偏移 65 mm，如图 6-54 所示。

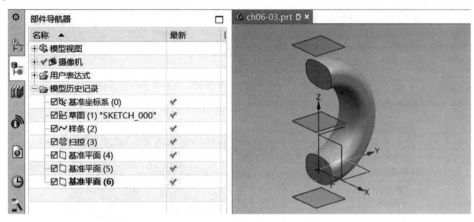

图 6-54 创建基准平面

（2）单击工具条"直接草图"组中的"草图" 🗒 按钮，在"基准平面（5）"上创建草图，如图 6-55 所示。

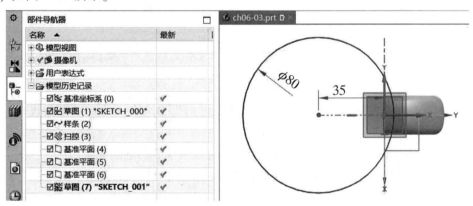

图 6-55 创建草图 1

（3）重复第（2）步，在"基准平面（6）"上创建草图。此草图曲线与上一草图的曲线同心，且圆弧与坐标原点相交，如图 6-56 所示。

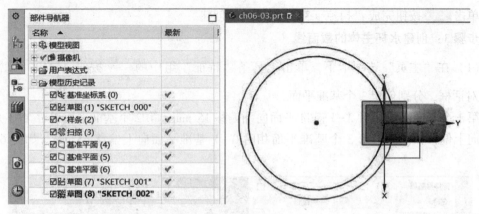

图 6-56　创建草图 2

（4）依次单击"菜单（M）"→"插入（S）"→"派生曲线（U）"→"投影（P）"，弹出"投影曲线"对话框，设置后如图 6-57 所示。

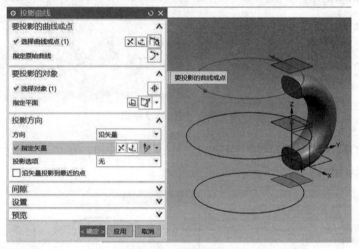

图 6-57　投影曲线 1

①在 要投影的曲线或点 区域中，"选择曲线或点（1）"选定最上方的草图曲线作为要投影的曲线。

②在 要投影的对象 区域中，"选择对象（1）"选定最下方的基准平面。

（5）单击对话框中 <确定> 按钮完成投影曲线的操作，如图 6-58 所示。

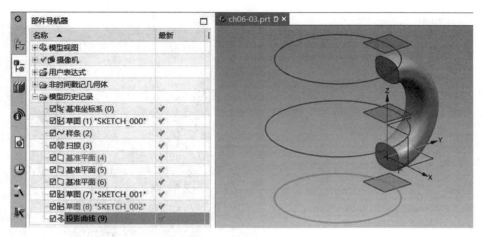

图 6-58 投影曲线 2

步骤 4：通过曲线组创建曲面。

（1）切换到"曲面"选项卡，单击工具条"曲面"组中的 **通过曲线组** 按钮，弹出"通过曲线组"对话框。

在 **截面** 区域分别选定步骤 3 中创建的 3 条曲线，设置为截面曲线，如图 6-59 所示。

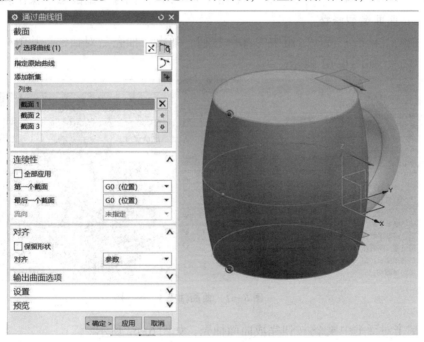

图 6-59 创建曲面实体 1

注意：3 条截面曲线的方向必须一致，否则曲面将会变形扭曲。

（2）单击对话框中 **< 确定 >** 按钮完成曲面实体的创建，即"通过曲线组（10）"特征，如图 6-60 所示。

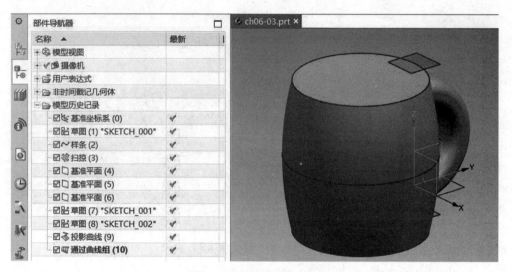

图 6-60　创建曲面实体 2

（3）切换到"主页"选项卡，单击工具条"特征"组中的　按钮，弹出"边倒圆"对话框，选择水杯的底部边缘，设定"半径"为"10"，执行"倒圆角"操作。

步骤 5：曲面造型修整。

（1）单击工具条"特征"组中的 抽壳 按钮，弹出"抽壳"对话框，其中材料的"厚度"设为"2"，如图 6-61 所示。

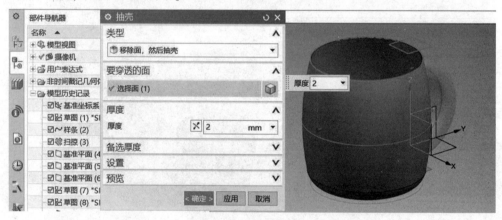

图 6-61　曲面抽壳 1

（2）单击对话框中 确定 按钮完成曲面抽壳，如图 6-62 所示。

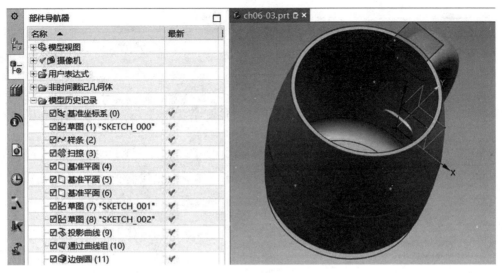

图 6-62 曲面抽壳 2

（3）单击工具条"特征"组中的 **修剪体** 按钮，弹出"修剪体"对话框，对手柄进行修剪操作。

在对话框的"目标"区域中："选择体（1）"选择手柄实体；"工具"区域中："选择面或平面（1）"选择水杯的内表面，如图 6-63 所示。

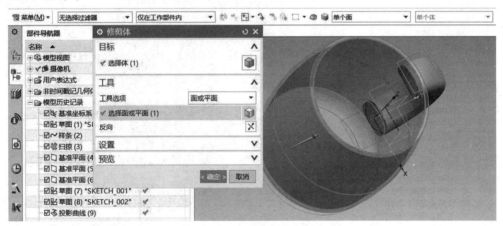

图 6-63 修剪手柄 1

注意：在选择工具体时，先把"上边框条"里的选择过滤器改为"单个面"，然后只选择水杯的 1 个内表面。

（4）单击对话框中 < 确定 > 按钮完成修剪体操作，如图 6-64 所示。

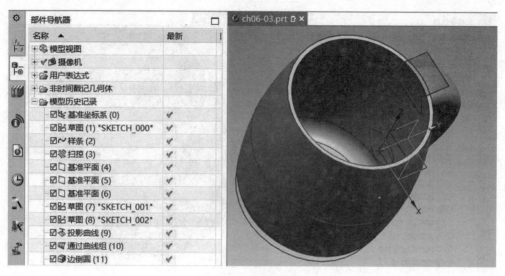

图 6-64　修剪手柄 2

（5）单击工具条"特征"组中的 📮合并 按钮，弹出"合并"对话框，将水杯主体与手柄合并，如图 6-65 所示。

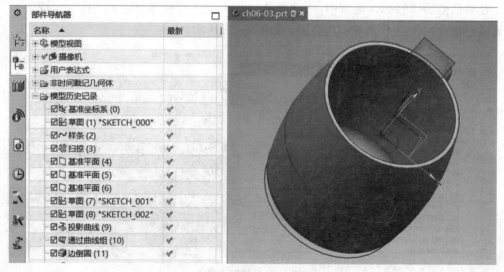

图 6-65　合并实体

（6）隐藏不需要的草图、基准平面、曲线等，修改颜色显示，最后完成的曲面造型如图 6-66 所示。

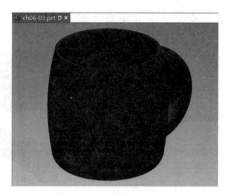

图 6-66　完成曲面造型

（7）保存文件。

6.3.2　知识点应用总结

在"实例特训——水杯的曲面造型设计"中，主要运用到了 UG NX 12.0 的草图基本操作、投影曲线、曲面操作中的"通过曲线组"、实体操作中的"修剪体""抽壳"等命令，是一个综合运用的过程，但曲面的构造所运用到的知识点是重点和难点。

6.3.3　知识点拓展

在"实例特训——水杯的曲面造型设计"过程中，也可以通过曲线中的"样条曲线"构造外轮廓曲线的一半，然后通过实体造型中的"旋转"命令来完成对杯子外观的设计。

6.4　本章小结

本章讲述了曲面造型设计中构建曲面的方法：由点构造曲面、由线构造曲面、基于曲面的自由曲面特征以及曲面的编辑等知识点，在实际三维设计的过程中，曲面建模设计是设计的灵魂，希望用户能够通过实际操作，由简单到复杂，逐步掌握曲面建模的方法。

▰▱\ 练习题

1. 根据下图所示图形的尺寸，完成其曲面造型。

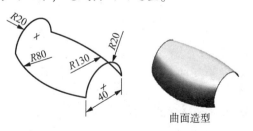

曲面造型

2. 根据下图所示图形的尺寸，完成其曲面造型，壁厚为 2 mm。

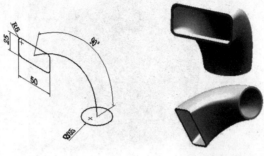

三维实体模型

3. 根据下图所示图形的尺寸，完成其曲面造型。

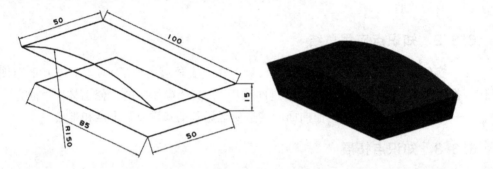

第7章
装配图的设计

7.1　装配的基础知识

在产品设计中，一个产品往往是由多个零部件装配组装而成的。在 UG NX 12.0 软件中，零部件的装配要在装配模块中完成，而装配模块可以在建模模块中开启并一起使用。本节将简要介绍装配的基础知识以及装配中主要工具的使用。

7.1.1　UG NX 12.0 装配概述

一个产品一般都是由多个零部件组合装配而成的，利用三维 CAD 软件的装配功能建立零部件间的相对位置关系，从而形成复杂的装配体。零部件之间的位置关系是通过在装配中添加约束条件来实现的。

一般的三维 CAD 软件包括两种装配模式：多组件装配和虚拟装配。

多组件装配：一种简单的装配，将每个组件的信息都复制到装配体中，再将每个组件放到对应的位置。

虚拟装配：在装配体中建立各组件的链接，装配图和组件只是一种引用关系。在 UG NX 12.0 中的装配就是虚拟装配。

虚拟装配与多组件装配相比，其优点如下。

◆虚拟装配中的装配体是引用各组件的信息，而不是复制各组件。因此当组件改变时，相应的装配体也会自动更新，能大大提高装配效率。

◆虚拟装配中各组件通过链接引用到装配体中，能够缩小装配体的文件大小，大大节省空间。

◆虚拟装配可以通过引用组件的不同引用集，控制组件在装配体中不同的显示形式，提高运行显示速度。

UG NX 12.0 软件的装配模块的特点如下。

◆利用装配导航器可以清晰地查看、修改和删除组件及约束。

◆爆炸图工具可以方便地生成装配体的爆炸图及相应视图。

◆虚拟装配功能提供了丰富的组件定位约束方法，能快捷地设置组件间的位置关系。

1. 装配术语和概念

在装配操作中，经常会用到一些装配术语，下面简单介绍这些常用基本术语的含义。

1）装配

装配（Assembly）是把零部件通过约束组装成具有一定功能的产品的过程。

2）装配部件

装配部件（Assembly Part）是由零件和子装配组成的部件。UG NX 12.0 允许在任意一个 Part 文件中添加组件构成装配。因此，任何一个".prt"格式的文件都可以当作装配部件或子装配部件来使用。零件和部件不必严格区分。

3）子装配

子装配（Subassembly）是指在更高一层的装配中作为组件的一个装配，子装配可以拥有自己的组件或子装配。任何一个装配都可在更高一层装配中用作子装配。

4）组件对象

组件对象（Component Object）是指一个从装配部件链接到部件主模型的指针实体，在一个装配过程中以某个位置确定部件的使用。组件对象记录的信息有部件名称、层、颜色、线型和装配约束等。

5）组件

组件（Component）是指在装配中引用的部件，它可以是单个部件，也可以是一个子装配。组件由装配部件引用而不是复制到装配部件中，实际几何体被存储在零件的部件文件中。装配、组件和子装配之间的关系如图 7-1 所示。

图7-1　装配、组件和子装配的关系

6）单个部件

单个部件（Part）是指在装配外存在的部件几何体，即".prt"文件，它可以添加到一个装配中，也可以单独存在。

7）工作部件

工作部件是指在装配体中当前编辑的部件。在装配模块中，可以将装配体下的某个组件设为工作部件，然后直接编辑这个部件。

8）引用集

引用集（Reference Set）是定义在每个组件中的附加信息，其内容包括了该组件在装配时显示的信息。在装配中，由于各部件含有草图、基准平面等辅助图形信息，若在装配中显示所有数据则容易混淆图形，也会占用大量内存影响运行速度，因此通过引用集的定义可以简化组件的图形显示。

9）装配约束

装配约束（Mating Condition）是装配中用来确定组件间的相互位置和方位的，它是通过一个或多个关联约束来实现的。在两个组件之间可以建立一个或多个约束，用来部分或完全定位一个组件。

10）上下文设计

上下文设计（Design in Context）是指在装配环境中对装配部件的创建设计和编辑，即在装配建模过程中，可对装配中的任一组件进行添加几何对象、特征编辑等操作，或以其他组件对象作为参照对象进行该组件的设计和编辑工作。

11）主模型

主模型（Master Model）是指可供 UG NX 12.0 各模块共同引用的部件模型。同一主模型可同时被工程图、装配、加工、机构运动分析和有限元分析等模块引用。当主模型修改时，相关应用也自动更新。

2. 装配加载选项及应用

UG 装配部件的加载设置可以很方便地控制下级组件的加载、显示方式，特别是对于大型复杂的装配部件，往往需要设置其装配加载选项，以便提高其装配的效率和加载速度。

单击 UG NX 12.0 主界面的主菜单中的"文件（F）"按钮，在弹出的菜单中执行"装配加载选项"命令，弹出"装配加载选项"对话框，如图 7-2 所示。

图 7-2　"装配加载选项"对话框

"装配加载选项"对话框中各选项的功能说明如下。

（1）**部件版本**区域：加载装配组件的路径。

其中"加载"下拉列表框中有多个选项，说明如下。

◆ "按照保存的"选项：按照之前装配保存时各组件所在目录进行加载。

◆ "从文件夹"选项：从当前装配所在的目录中加载下级组件。

◆ "从搜索文件夹"选项：装配中的组件将从搜索文件夹中寻找并加载，通常用于装配和组件不在同一个目录时。若选择此选项，将在下方显示一个多行文本框用于设置多个搜索文件夹；在文件夹后面加上省略号后缀"..."可用于搜索其子目录。

（2）**范围**区域：控制加载的范围、加载数据的大小等。

① "加载"下拉列表框中有多个选项，几个主要的选项说明如下。

◆ "所有组件"选项：打开装配时，下级所有组件同时加载。打开后能显示完整模型，但加载耗费的时间较长。

◆ "仅限于结构"选项：打开装配时，仅显示下级结构但下级所有组件不会加载；可在组件上右击单独打开所需显示的组件。

◆ "按照保存的"选项：打开装配时，按照之前装配保存时的状态加载组件。

② "选项"下拉列表框中有多个选项，具体说明如下。

◆ "完全加载"选项：将组件的所有数据都加载。

◆ "部分加载"选项：将需要从每个组件加载的数据量减少到最少，只加载足够的数据来显示活动引用集中包括的几何体。对于大中型装配建议使用"部分加载"选项，以提高加载性能并降低内存需求。

◆ "完全加载-轻量级显示"选项：将组件的所有数据都加载，用轻量级显示。

◆ "部分加载-轻量级显示"选项：将组件的部分所需数据加载，用轻量级显示。

（3）**加载行为**区域：如果加载时出现异常情况，则系统会按照勾选的选项进行处理。如出现组件名相同但组件版本不同时，可勾选"允许替换"选项，将会忽略错误并继续加载组件。

（4）**引用集**区域：可强制设置下级组件的引用集加载优先级，不考虑之前装配的保存方式。

（5）**已保存的加载选项**区域：如何处理设置好的装配加载选项；可单击 按钮将其另存为默认设置，且后续装配加载按此进行。

7.1.2　装配用户界面

UG NX 12.0装配设计是在"装配"模块下进行的，可通过两种方式进入装配模块。

（1）当没有打开任何NX文件时，进入"装配"模块。

当仅打开UG NX 12.0软件但未打开任何NX文件时，依次单击"文件（F）"→"新建（N）"，弹出"新建"对话框。在对话框的"模型"选项卡中选中"装配"模块，在"名称"文本框中输入文件名称，在"文件夹"文本框中选择文件存放位置，如图7-3所示。然后单击 确定 按钮进入"装配"模块。

图7-3　新建文件

（2）当已打开 NX 文件时，进入"装配"模块。

当在 UG NX 12.0 软件中已打开 NX 文件但其在其他模块时，切换到"应用模块"选项卡，单击工具条"设计"组中的 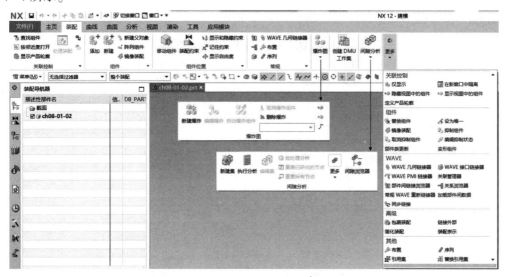 装配 按钮，使其成为选中状态，即可进入"装配"模块。

当进入"装配"模块时，界面上会自动出现"装配"选项卡。"装配"选项卡界面如图7-4 所示。

图7-4　"装配"选项卡界面

"装配"选项卡中有多个工具条，主要是"关联控制"组、"组件"组、"组件位置"组和"常规"组等工具条。其中部分选项的功能说明如下。

①🔧 **查找组件**：用于在当前装配部件中查找组件。单击此按钮会弹出"查找组件"对话框，如图 7-5 所示；如果当前装配体中没有任何下级组件，则弹出"警告"对话框，其内容为"在显示部件中未找到组件"。

图 7-5　"查找组件"对话框

"查找组件"对话框中可通过"按名称""根据状态""根据属性""从列表"和"按大小"5 个选项方式进行组件的查找。

②▒ **按邻近度打开**：用于按邻近度打开一个范围内的所有已关闭组件。

a. 单击此按钮，系统先弹出"类选择"对话框，从中选择某一组件后单击 确定 按钮；然后系统弹出"按邻近度打开"对话框，如图 7-6 所示。

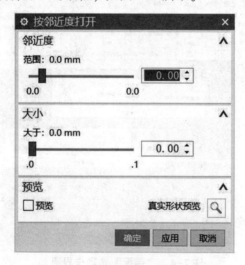

图 7-6　"按邻近度打开"对话框

b. 在对话框中可以拖动滑块设定以选定组件为中心的范围，图形区会显示该范围的图形框，单击 确定 按钮后会打开该范围内的所有已关闭组件。

③ 显示产品轮廓：用于显示产品轮廓。单击此按钮，显示当前定义的产品轮廓；如果之前没有定义出产品轮廓则先弹出消息"选择是否创建新的产品轮廓"。

④ 添加组件(A)…：用于向装配体中添加已存在的组件。添加的组件可以是未载入或已载入系统中的部件文件。添加时可以同时定位组件，设定装配约束或不设定装配约束。

⑤ 新建组件(C)…：用于创建新的组件，并将其添加到装配中。

⑥ 替换组件(E)…：用于将装配体中某些组件替换为新的组件。

⑦ 阵列组件：用于创建组件阵列。

⑧ 镜像装配：用于创建镜像组件到装配中。

⑨ 抑制组件(S)：用于抑制组件，将组件及其子项从显示中移去，但不删除被抑制的组件，仍存在于装配中。

⑩ 编辑抑制状态(T)…：用于编辑抑制状态。在"抑制"对话框中，可以定义所选组件的状态，也可根据多个布置或父组件来定义其抑制状态。

⑪ 移动组件(E)…：用于移动组件。

⑫ 装配约束(N)…：用于在装配中添加装配约束，使各组件装配到合适的位置。

⑬ 显示和隐藏约束(H)…：用于显示和隐藏约束符号。

⑭ 布置(G)…：用于编辑布置排列。在"编辑布置"对话框中，可以定义装配布置来为部件中的一个或多个组件指定备选位置，并将这些备选位置和装配部件保存在一起。

⑮ 爆炸图：用于调出"爆炸图"工具条，在工具条中可以进行创建爆炸图、编辑爆炸图以及删除爆炸图等操作。

⑯ 序列(S)：用于查看和更改创建装配的序列，可调出"序列导航器"和"装配序列"工具条。

⑰ WAVE 几何链接器：用于 WAVE 几何链接器，允许在工作部件中创建关联的或非关联的几何体。

在 UG NX 12.0 软件资源栏左侧有"装配导航器"，用于管理装配组件。装配导航器以树形图的方式显示部件的装配结构，并提供在装配中操控组件的快捷方法。可以在装配导航器选择组件进行各种操作及装配管理，如更改工作部件、显示部件和隐藏组件等。

单击用户界面资源工具条区中 按钮，显示"装配导航器"，如图 7-7 所示。

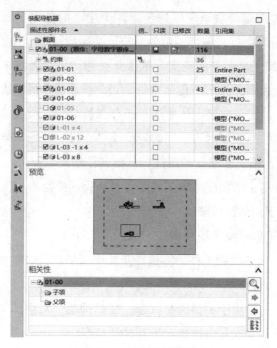

图 7-7　装配导航器

装配导航器共有 3 栏面板，第 1 栏面板用于查看和编辑装配体和各组件的信息，第 2 栏面板用于预览选定组件，第 3 栏面板用于显示相关信息。

1. 装配导航器的相关图标功能说明

在装配导航器的模型树中部件名称前后有很多图标，其信息如下。

◆☑图标：勾选此复选框，表示此组件至少已部分打开且未隐藏。

◆☑图标：不勾选此复选框，表示此组件至少已部分打开但不可见。不可见的原因可能是被隐藏、在不可见的层上，或在排除引用集中。勾选此复选框，系统将完全显示该组件及其子项，该图标变为☑。

◆⬚图标：表示此组件被抑制。不能通过执行该命令编辑抑制状态；如要取消抑制则需右击，从弹出的快捷菜单中执行"抑制"命令然后进行相应操作。

◆☐图标：表示此组件关闭，组件在装配体中不显示，同时该组件的图标将变为⬚或⬚。勾选此复选框，系统将完全或部分加载组件及其子项，组件在装配体中显示，该图标变为☑。

◆⬚或⬚图标：表示该组件是装配体。

◆⬚或⬚图标：表示该组件是单个部件，不是装配体。

2. 预览面板

单击预览按钮可展开或折叠预览面板。选择装配导航器中的组件，可以在预览面板中查看该组件的预览。添加组件时，如果该组件已加载到系统中，预览面板也会显示该组件的预览。

3. 相关性面板

单击相关性按钮可展开或折叠相关性面板。选择装配导航器中的组件，可以在此面板中查看该组件的相关性关系即装配约束关系。

在相关性面板中,每个装配组件下都有两个文件夹:子级和父级。以选中的组件为基础组件,定位其他组件时所建立的约束和接触对象属于子级;以其他组件为基础组件,定位选中的组件时所建立的约束和接触对象属于父级。单击面板中的"局部放大图"🔍按钮,将详细列出其中所有的约束条件和接触对象,方便了解其定位情况。

7.1.3 装配约束

装配约束用于在装配中定位组件,可以指定一个部件相对于装配中另一个部件的放置方式和位置。UG NX 12.0 中装配约束的类型包括接触对齐、同心、距离和中心等。每个组件的装配约束由一个或多个约束组成,每个约束都会限制组件在装配体中的一个或几个自由度,从而确定组件的位置。用户可以在添加组件的过程中添加约束,也可以在添加组件完成后再添加约束。如果组件的自由度被全部限制,可称为完全约束;如果自由度没有被全部限制,则称为欠约束。

"装配约束"命令可通过如下两种方式找到。

◆单击"装配"选项卡工具条中"组件位置"组中的"装配约束"按钮,如图 7-8 所示。

图 7-8 "装配"选项卡

◆依次单击"菜单(M)"→"装配(A)"→"组件位置(P)"→"装配约束(N)"。

"装配约束"对话框如图 7-9 所示。

图 7-9 "装配约束"对话框

"装配约束"对话框主要包括 3 个区域："约束类型"区域、"要约束的几何体"区域和"设置"区域，在"约束类型"区域中各选项的功能说明如下。

（1）接触对齐：用于两个组件彼此接触或对齐。当选择该约束后，"要约束的几何体"区域的"方位"下拉列表框中出现如下 4 个选项。

◆ 首选接触选项：当接触和对齐约束都可能时，使用接触约束。

◆ 接触选项：约束对象的曲面法向在相反方向上。

◆ 对齐选项：约束对象的曲面法向在相同方向上。

◆ 自动判断中心/轴选项：用于定义两个圆柱面、两个圆锥面或圆柱面与圆锥面同轴约束。

（2）同心：用于定义两个组件的圆形边界或椭圆边界的中心重合，并使边界的面共面。

（3）距离：用于设定两个组件对象间的最小 3D 距离。当选择该约束并选定组件对象后，"距离"文本框被激活，可以直接输入数值。

（4）固定：用于将组件固定在其当前位置，一般用在第一个添加的组件上。

（5）平行：用于使两个组件对象的矢量方向平行。

（6）垂直：用于使两个组件对象的矢量方向垂直。

（7）对齐/锁定：用于使两个组件对象的边线或轴线重合。

（8）适合窗口：用于将具有等半径的两个对象拟合在一起，如圆边、椭圆边、圆柱面或球面。此约束对于确定孔中销轴或螺栓的位置很有用。如以后半径变为不相等，则该约束无效。

（9）胶合：用于将组件"焊接"在一起。

（10）中心：用于使一个或两个对象处于一对对象的中间，或者使一对对象沿着另一对象处于中间。当选择该约束后，"要约束的几何体"区域的"方位"下拉列表框中出现如下 3 个选项。

◆ "1 对 2"选项：用于定义第 1 个对象在后 2 个所选对象之间居中。

◆ "2 对 1"选项：用于定义将前 2 个对象沿第 3 个所选对象居中。

◆ "2 对 2"选项：用于定义将前 2 个对象在后 2 个所选对象之间居中。

（11）角度：用于约束两对象（可绕指定轴）之间的角度。当选择该约束后，"要约束的几何体"区域的"方位"下拉列表框中出现如下 2 个选项：

◆ "3D 角"选项：用于指定源几何体和目标几何体之间的角度，不需指定旋转轴。默认使用此选项。

◆ "方向角度"选项：用于指定源几何体和目标几何体之间的角度，还需要一个定义旋转轴的预先约束。

下面针对常用的装配约束操作方法作详细介绍。

1. "接触对齐"约束

"接触对齐"约束有 3 个主要的子类型：接触、对齐和自动判断中心/轴，分别介绍如下。

（1）"接触"约束可使两个装配部件中的两个平面重合并且法向相反，如图7-10所示。同样，"接触"约束也可以使其他对象如直线与直线接触。

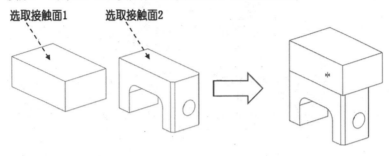

图7-10　"接触"约束的示意

（2）"对齐"约束可使两个装配部件中的两个平面重合并且法向相同，如图7-11所示。同样，"对齐"约束也可以使其他对象如直线与直线对齐。

图7-11　"对齐"约束的示意

（3）"自动判断中心/轴"约束可使两个装配部件中的两个旋转面的轴线重合，旋转面可以是孔或轴，如图7-12所示。选取对象时可以选择两个旋转面或者旋转面的轴线。此约束相当于"中心"约束的1对1类型。

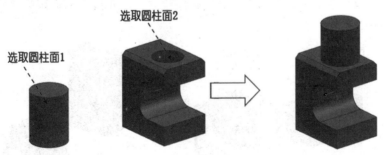

图7-12　"自动判断中心/轴"约束的示意

2."距离"约束

"距离"约束可使两个装配部件中的两个平面保持一定的距离，直接输入距离值。选用"距离"约束后，当选取好两个对象后会出现"循环上一个约束" 🔁 按钮，单击此按钮可以切换接触面的朝向，使之相反或相同，从而控制组件对象的位置，对话框如图7-

13 所示。

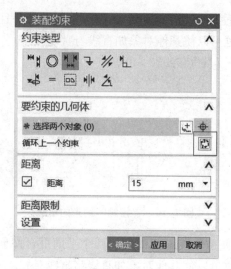

图 7-13 "装配约束"对话框——距离

"距离"约束的示意如图 7-14 所示。

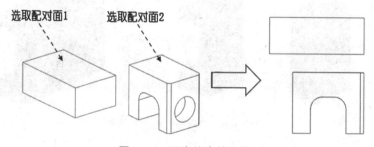

图 7-14 距离约束的示意

3. "角度"约束

"角度"约束可使两个装配部件中的线或面建立一个角度，从而限制部件的相对位置关系，如图 7-15 所示。

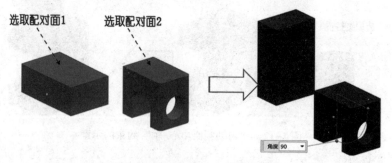

图 7-15 "角度"约束的示意

7.1.4 自底向上和自顶向下装配

在 UG NX 12.0 中进行产品设计时有两种装配方式：自底向上的装配和自顶向下的装

配。两种装配方式各有其优缺点，在实际的产品设计过程中往往需要灵活变换、综合使用。

1. 自底向上的装配

自底向上装配建模是先完成零件的详细设计，然后将其作为组件添加到装配体中。该方法适用于外购零件或现有的零件。

在 UG NX 12.0 软件中，首先通过"添加组件"命令将已经设计好的组件依次加入当前的装配部件中，并定义好其装配约束条件确定位置，最后完成装配。具体的装配步骤如下。

（1）根据零部件设计参数，创建完成装配部件中各个组件的几何模型。

（2）新建一个装配空文件或打开一个已存在的装配文件。

（3）通过装配操作中的"添加组件"命令，选取需要加入装配中的相关零部件；在添加过程中利用"装配约束"功能，设置新添加组件的位置关系。

（4）所有组件添加后，完成装配结构。

具体操作过程将在后面的实例特训中详细介绍。

2. 自顶向下的装配

自顶向下装配建模是指由顶向下创建组件和子装配，在装配层次上建立和编辑组件。自顶向下装配方法主要用在上下文设计中，即在装配中参照其他零部件对当前工作部件进行设计和创建新的零部件。

在自顶向下装配的设计方法中，显示部件为装配部件，而工作部件是装配中的组件，所进行的操作均发生在工作部件上，而不是在装配部件上。可利用链接关系引用其他部件中的几何对象到当前工作部件中，再用这些几何对象生成几何体。这样的话，一方面提高设计效率，另一方面保证了部件之间的关联性，便于参数化设计。

自顶向下装配有两种设计方法，具体如下。

①先组件再模型：先在装配部件中建立新组件，再在其中建立这个组件的几何模型。

②先模型再组件：先在装备部件中建立几何模型，然后建立新组件并把几何模型加入新组件中。

1）先组件再模型设计方法

先组件再模型的装配设计方法是在装配部件中先建立一个空的新组件，它不包含任何几何对象，然后使其成为工作部件，再在其中建立模型。这是一边设计一边装配的方法，具体操作步骤如下。

（1）打开或新建装配文件。

在 UG NX 12.0 软件中打开或新建一个装配文件，该文件可以不含任何几何模型和组件，也可以含有几何模型或子装配。

（2）创建空的新组件。

①在"装配导航器"中选中要添加组件的部件名，单击"装配"选项卡工具条中"组件"组中的 按钮。

②弹出"新组件文件"对话框,在此对话框中选择"模型"模板,并设定新组件名称。

③在"新组件文件"对话框中单击 确定 按钮,弹出"新建组件"对话框,如图7-16所示。

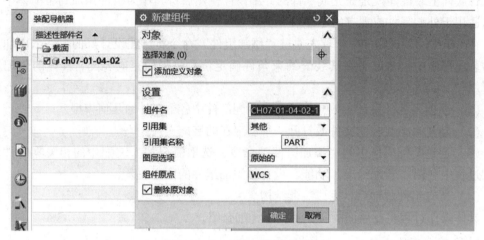

图7-16　"新建组件"对话框

由于是创建一个不含任何几何对象的新组件,因此该处不需选择几何对象,直接单击对话框中 确定 按钮完成创建。

"新建组件"对话框中各选项参数说明如下。

a. 对象 区域:该区域包含"选择对象"选项和"添加定义对象"复选框。

◆ "选择对象"选项:在图形区选择对象,作为新组件的几何对象。

◆ "添加定义对象"选项:勾选此复选框,可在新组件中包含所有参考对象;取消勾选,可剔除参考对象。默认应该始终勾选,否则没有参考对象,则所选对象如草图、基准平面等便无法存在。

b. 设置 区域:该区域有"组件名""引用集""图层选项""组件原点"4个选项和"删除原对象"复选框。

◆ "组件名"选项:指定新组件名称,默认就是新组件的文件名称,不作修改。

◆ "引用集"选项:指定新组件的引用集,应用于此装配上。

◆ "图层选项"选项:指定新组件的图层,应用于此装配上,包括"原始的""工作的"和"按指定的"3个选项。

◆ "组件原点"选项:指定绝对坐标系在组件部件内的位置。WCS是指指定绝对坐标系的位置和方向与显示部件的WCS相同;绝对是指指定对象保留其绝对坐标位置。

◆ 删除原对象 复选框:勾选此复选框,可删除原始对象,同时将原始对象移至新组件。

④单击 确定 按钮完成新建组件的创建。

(3)建立新组件的几何模型。

①要在新组件中创建几何对象,首先必须设定新组件成为工作部件。

在"装配导航器"中选中新添加的组件后右击，在弹出的快捷菜单上执行"设为工作部件"命令，当前选定的组件将成为工作部件并高亮显示，其他组件变灰色。

②在新组件中创建几何对象。按照零件建模方法，在新组件中创建所需的几何对象，并保存。

可以直接建立几何对象，或者通过"WAVE 几何链接器"建立关联几何对象，如图7-17 所示。

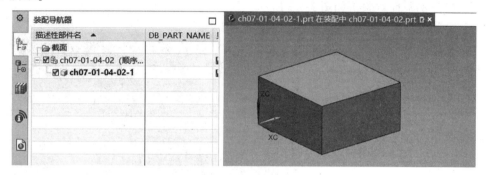

图7-17　设定新组件为工作部件

注意：图形区的标题栏信息有变化。

（4）对新组件施加装配约束。

在"装配导航器"中选定顶级的装配部件，将其设置为工作部件后如图7-18 所示。

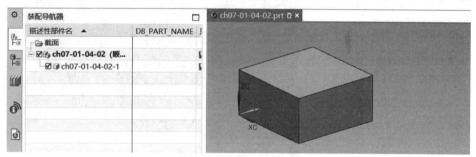

图7-18　设置装配部件为工作部件

然后单击"装配"选项卡工具条中"组件位置"组中的"装配约束"按钮，弹出"装配约束"对话框，对新建的组件进行约束定位等操作。

2）先模型再组件设计方法

先模型再组件的装配设计方法是在装配文件中先建立几何模型，然后创建新组件，并将所建的几何模型添加到相应的组件中，最后对相应组件施加装配约束，从而完成装配。具体操作步骤如下。

（1）打开或新建装配文件。

在装配文件中建立几何模型，首先建立一个新的装配文件，并在其图形区建立所需的几何模型。

（2）创建新组件，并添加几何模型。

①在"装配导航器"中选中要添加组件的部件名，单击"装配"选项卡工具条中

"组件"组中的 按钮。

②弹出"新组件文件"对话框，在此对话框中选择"模型"模板，并设定好新组件名称。

③在"新组件文件"对话框中单击 确定 按钮，弹出"新建组件"对话框；选择要添加到新组件中的几何对象，如图7-19所示。

图7-19　新建组件并添加对象

④单击 确定 按钮完成新组件和它的特征对象添加，如图7-20所示。

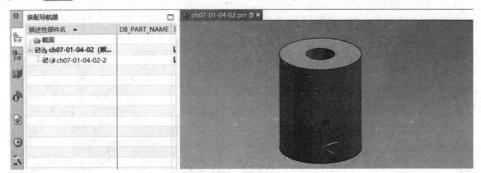

图7-20　新建组件完成

3）对新组件施加装配约束。

按照装配约束的方法对新组件施加装配约束关系，控制好其装配位置。

7.1.5　装配爆炸图

装配爆炸图是指在装配环境下将建立好装配约束关系的装配体中的各组件沿着指定的方向拆分开，即离开组件实际的装配位置，以清楚地显示整个装配或子装配中各组件的装配关系以及所包含的组件数，方便观察装配部件内部结构以及组件的装配顺序。

爆炸图广泛应用于产品设计、制造、销售和服务等产品生命周期的各个阶段，特别是在产品说明中，它常用于说明某一部件的装配结构。UG NX 12.0软件具有强大的爆炸图功能，用户可以方便地建立、编辑和删除一个或多个爆炸图，并创建相应的爆炸视图。

爆炸视图与其他用户视图一样，一旦定义和命名后就可以添加到工程图的图纸中。爆炸视图与当前装配部件相关联，并存储在装配部件中。一个装配部件可以有多个含有指定组件的爆炸视图。

单击"装配"选项卡工具条中的  按钮，弹出"爆炸图"工具栏，如图 7-21 所示。

图 7-21　"爆炸图"工具栏

在爆炸图工具栏中可以方便地创建、编辑和删除爆炸图，便于在爆炸图和非爆炸图之间切换。工具栏中各选项的功能说明如下。

◆ 新建爆炸(N)… 选项：用于创建新爆炸图。如果当前显示的不是爆炸图，单击此按钮则弹出"新建爆炸"对话框，输入爆炸图名称后单击 确定 按钮，系统创建一个新爆炸图；如果当前显示的是一个爆炸图，单击此按钮则弹出"创建爆炸图"对话框，会询问是否将当前爆炸图复制到新的爆炸图里，单击"是"按钮则新建的爆炸图和原爆炸图完全一样。

◆ 编辑爆炸(E)… 选项：用于编辑爆炸图中各组件的位置。单击此按钮则弹出"编辑爆炸"对话框，用户可以选定组件，然后可移动、旋转该组件。

◆ 自动爆炸组件(A)… 选项：用于指定一个或多个组件，使其按照设定的距离自动爆炸。

◆ 取消爆炸组件(U) 选项：用于指定一个或多个组件，使其取消爆炸，自动恢复到之前的装配位置。

◆ 删除爆炸(D)… 选项：用于删除指定的爆炸图。如果此爆炸图已存储为视图或在工程图中已被使用，则提示无法删除。

◆ Explosion 1 下拉列表框：该下拉列表框包含了已创建的爆炸图名称。可利用此下拉列表框，方便地在各爆炸图以及无爆炸状态之间切换。

◆ 隐藏视图中的组件(H)… 选项：用于在爆炸图中隐藏组件。

◆ 显示视图中的组件(M)… 选项：用于在爆炸图中显示组件。如果爆炸图中有被隐藏的组件，则单击此按钮后，系统会列出所有隐藏的组件，选择后单击 确定 按钮即可恢复组件显示。

◆ 追踪线(T)… 选项：用于创建跟踪线，在各组件之间建立引导线。

1. 新建爆炸图

下面以一个具体实例详细介绍新建爆炸图的操作步骤。

（1）打开装配文件"ch07-01-05. prt"。

（2）单击"装配"选项卡工具条中的 按钮，弹出"爆炸图"工具条，再单击

新建爆炸(N)... 按钮。

弹出"新建爆炸"对话框，在对话框的"名称"文本框接受默认的名称"Explosion 1"，如图7-22所示。

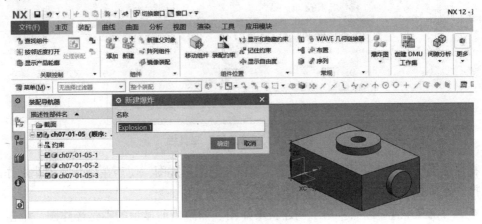

图7-22 新建爆炸

单击 确定 按钮完成爆炸图的创建。

（3）新建爆炸图后，视图自动切换到此爆炸图下，此时工具条中的其他命令也被激活，如"编辑爆炸""自动爆炸组件"和"取消爆炸组件"命令等；爆炸图名称列表显示为 Explosion 1 。

重复以上第（2）、（3）步，可创建多个爆炸图。

（4）如需删除爆炸图，单击"爆炸图"工具条中的 **删除爆炸(D)...** 按钮，则会弹出"爆炸图"对话框；在对话框中选择要删除的爆炸图，单击 确定 按钮即可。

如果所要删除的爆炸图正在当前视图中显示，系统会弹出"删除爆炸"对话框，提示不能删除。

2. 编辑爆炸图

爆炸图创建完成后，装配部件中的组件还没有发生变化，需要通过编辑爆炸图来拆分各组件。编辑爆炸图有自动爆炸组件和手动编辑爆炸图两种方法。

1）自动爆炸组件

自动爆炸组件只需要简单的几步就可以把装配部件中的组件拆分开，具体的操作步骤如下。

（1）打开装配文件"ch07-01-05.prt"，按照"新建爆炸"的操作方法创建好爆炸图。

（2）单击"爆炸图"工具条中的"自动爆炸组件"按钮。弹出"类选择"对话框，选择装配部件中的两个组件，如图7-23所示。

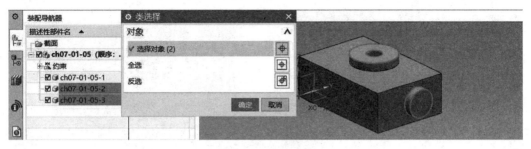

图7-23　选择组件

单击对话框中的 确定 按钮，弹出"自动爆炸组件"对话框。

（3）在"自动爆炸组件"对话框的"距离"文本框中输入"50"，如图7-24所示。

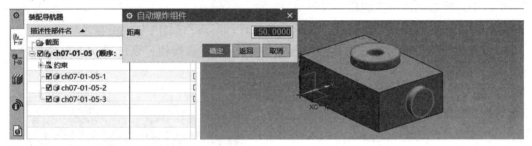

图7-24　自动爆炸组件

（4）单击 确定 按钮，系统自动生成选定组件的爆炸图。

如果要取消组件的爆炸，可单击 取消爆炸组件(U) 按钮，在弹出的"类选择"对话框中选择相应的组件后单击 确定 按钮，即可将其恢复到原始的装配位置。

注意：

◆自动爆炸组件可以同时选定多个对象，如果将整个装配部件都选中，则可获得整个部件的爆炸图；

◆自动爆炸出的组件其拆分方向是不统一的，往往不能得到满意的效果，因此就需要通过手动编辑爆炸图。

2）手动编辑爆炸图

手动编辑爆炸图可以灵活方便地移动组件到相应位置，获得满意的爆炸效果。其操作步骤如下。

（1）打开装配文件"ch07-01-05.prt"，按照"新建爆炸"的操作方法创建好爆炸图。

（2）单击"爆炸图"工具条中的"编辑爆炸"按钮，弹出"编辑爆炸"对话框，如图7-25所示。

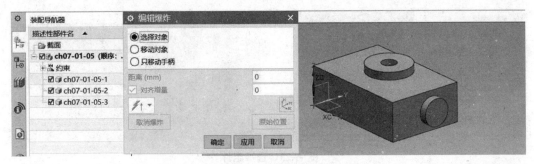

图7-25　编辑爆炸1

（3）选取要移动的组件。在对话框中选中 ◉选择对象 单选按钮，然后在"装配导航器"或图形区中选择右侧的某个组件。

选择对象时可以根据情况选择一个或多个组件同时进行操作。

（4）移动选定的组件。在对话框中选中 ◉移动对象 单选按钮，系统显示该组件的"移动手柄"，如图7-26所示。

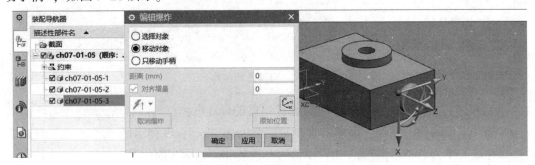

图7-26　编辑爆炸2

移动组件到合适位置后，单击 确定 按钮完成此组件的爆炸图编辑。

"编辑爆炸"对话框中各选项的功能说明如下。

◆单击"移动手柄"中的箭头后，距离(mm) 文本框和 对齐增量 的复选框和文本框被激活。距离(mm) 文本框用于设置沿此箭头方向的移动距离；对齐增量 文本框用于设置每次手动拖动的最小距离。

◆单击"移动手柄"中的圆点后，角度 文本框和 对齐增量 的复选框和文本框被激活。角度 文本框用于设置沿此方向的旋转角度；对齐增量 文本框用于设置每次旋转的最小角度。

◆将光标移动到"移动手柄"中的箭头，自动出现一个平行手柄符号 手柄，如图7-27所示；按住鼠标左键不松开，移动光标即可将选定组件沿此箭头方向移动。

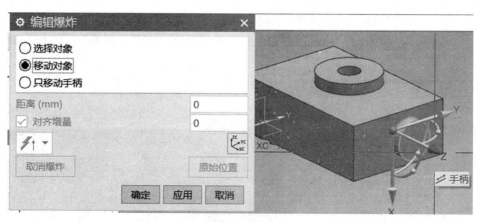

图 7-27　编辑爆炸 3

◆将光标移动到"移动手柄"中的圆点，自动出现一个旋转手柄符号 ✍ 手柄；按住鼠标左键不松开，移动光标即可将选定组件沿此方向旋转。

（5）移动选定组件的手柄。如果在对话框中选中 ◉移动对象 单选按钮，发现该组件的手柄所在位置不方便操作，可在对话框中选中 ◉只移动手柄 单选按钮，将其手柄调整到合适的位置。移动操作方法与移动组件的方法完全相同，但不移动组件的位置。

①在对话框中选中 ◉只移动手柄 单选按钮，如图 7-28 所示。

②将手柄移动到合适位置后，再选中 ◉移动对象 单选按钮，切换到移动组件的操作。

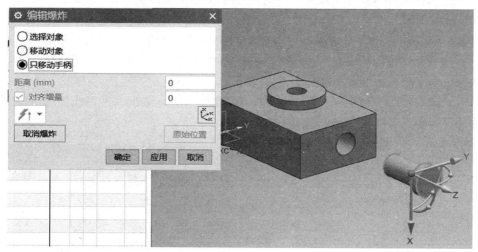

图 7-28　编辑爆炸 4

（6）根据以上操作步骤，依次拆分各组件到相应位置，完成爆炸图的编辑。

3. 爆炸视图的保存和命名

为了清晰表达装配部件的内部结构以及组件的装配顺序，会生成不同的爆炸图，且视图方位也会不同，因此必须将每个爆炸图保存为相应视图并做好命名，方便后续查看使用；同时爆炸视图需要保存且命名后，才能在工程图的图纸中使用。

爆炸视图保存命名的操作步骤如下。

（1）接上一节的编辑爆炸图示例，保持在爆炸图状态下。

（2）将 UG NX 12.0 软件主界面左边的资源栏切换到"部件导航器"，双击 模型视图 选项将其展开。

（3）选中 模型视图 后右击，在弹出的快捷菜单中执行"添加视图"命令，如图 7-29 所示。

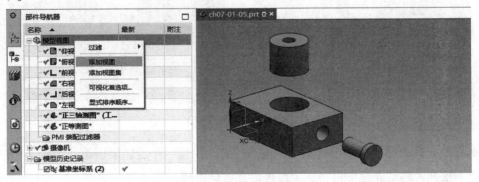

图 7-29　添加视图 1

（4）执行"添加视图"命令后自动创建出一个新视图"Trimetric#1"。

（5）修改新视图名称，以便与爆炸图名称相对应。在新视图上右击，在弹出的快捷菜单中执行"重命名"命令修改其名称。

因为这是在爆炸图"Explosion 1"中创建的视图，因此将其视图名称的后缀改为"exp1"，即"Trimetric#exp1"以方便识别，修改后按<Enter>键确定。

如果此视图的方位等不符合要求，可以在图形区中移动旋转视图到合适位置，然后在 模型视图 下相应的视图名上右击，在弹出的快捷菜单中执行"保存"命令即可。

（6）完成爆炸视图的保存后，就可在图形区中随时查看此视图。在图形区中空白处右击，在弹出的快捷菜单中依次单击"定向视图（R）"→"定制视图（C）"。

弹出"定向视图"对话框，在对话框中可以看到用户定制的视图列表，选择相应的视图名称即可切换到对应视图下，如图 7-30 所示。

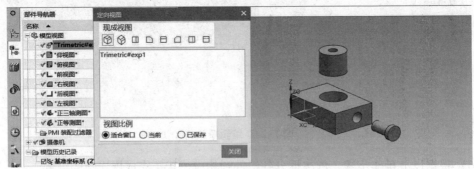

图 7-30　"定向视图"对话框

定制的视图同时也可以用在工程图中。

7.2 实例特训——联轴器的装配设计

项目任务：

使用 UG NX 12.0 的装配模块，利用已有的组件，完成如图 7-31 所示联轴器的装配及爆炸图设计。

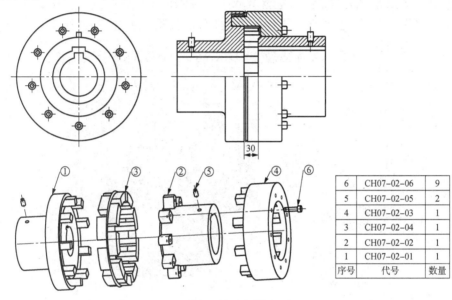

6	CH07-02-06	9
5	CH07-02-05	2
4	CH07-02-03	1
3	CH07-02-04	1
2	CH07-02-02	1
1	CH07-02-01	1
序号	代号	数量

图 7-31 实例 1

7.2.1 产品装配设计的详细步骤

分析此产品的爆炸图及明细表，可以通过以下步骤完成其装配设计。

步骤 1：新建文件，建立基准坐标系。

（1）在 UG NX 12.0 软件中单击工具条中的"新建"按钮，新建一个装配文件，类型为"装配"，文件名称为"ch07-02.prt"，选定要存放的文件夹位置。

单击 确定 按钮后进入建模环境中并打开装配功能模块。

注意：为了避免打开装配部件时加载组件失败，请将装配部件和组件都存放在同一级目录下。

（2）切换到"视图"选项卡，在工具条"可见性"组中"图层"的下拉列表框中选择"61"后按下<Enter>键，将当前工作图层设置为 61 层。

（3）将 UG NX 12.0 软件主界面左边的资源栏切换到"部件导航器"，再切换到"主页"选项卡，通过"基准坐标系"命令，创建一个基准坐标系，其原点为（0, 0, 0）。

此基准坐标系将用于整个装配部件的定位基准。

（4）切换到"视图"功能选项卡，将当前工作图层设置为 1 层。

步骤 2:添加第 1 个组件并绝对定位。

(1) 单击"装配"选项卡工具条中"组件"组中的 按钮,弹出"添加组件"对话框,在对话框的**要放置的部件**区域中单击 按钮,在弹出的"部件名"对话框中选择文件"ch07-02-01.prt"。

单击 OK 按钮,系统返回到"添加组件"对话框中。

注意:可能会弹出一个"信息"对话框,单击此对话框的 按钮关闭它即可。

(2) 在"添加组件"对话框中**位置**区域的"装配位置"下拉列表框中选取"绝对坐标系-工作部件"选项,图形区中自动出现此组件的预览,如图 7-32 所示。

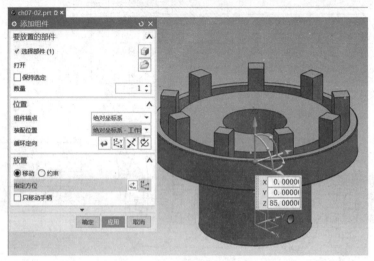

图 7-32 添加第 1 个组件

(3) 单击 确定 按钮,此组件就被添加到此装配部件中;将 UG NX 12.0 软件主界面左边的资源栏切换到"装配导航器",并在列头上右击,在弹出的快捷菜单中选择"列"→"位置",显示下级组件的约束状态,如图 7-33 所示。

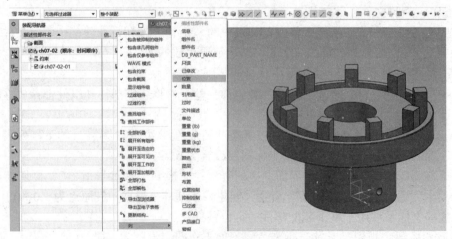

图 7-33 添加"列"→"位置"

（4）第 1 个组件添加并绝对定位后，可在"装配导航器"下级显示新组件，并且创建约束，如图 7-34 所示。

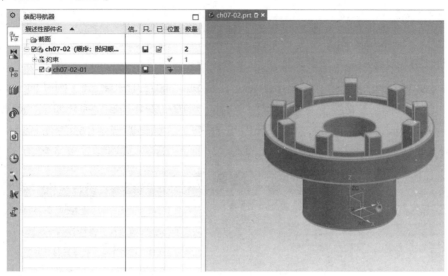

图 7-34 添加第 1 个组件完成

步骤 3：添加第 2 个组件并定位。

（1）单击 添加 按钮，弹出"添加组件"对话框，再单击 按钮选择文件"ch07-02-02.prt"后单击 OK 按钮，返回到"添加组件"对话框中。

（2）在"添加组件"对话框中**位置**区域的"装配位置"下拉列表框中选择"对齐"选项，图形区中自动出现此组件的预览，在图形区移动光标到上方后，如图 7-35 所示。

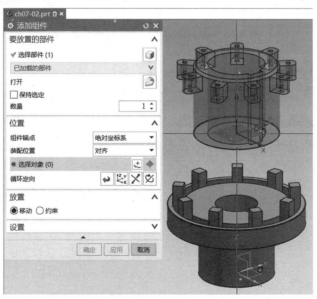

图 7-35 添加第 2 个组件

单击左键，确定其大体摆放位置；单击 确定 按钮，退出此对话框。

（3）此时新组件只是添加到装配部件中但没有定位，单击工具条"组件位置"组中的 🔲 按钮，在弹出的"装配约束"对话框中进行约束定位。
装配约束

①创建中心对齐约束。在对话框中单击"接触对齐" 🔳 按钮，在"方位"下拉列表框中选择 ➡ 自动判断中心/轴 选项。在图形区将光标移到"ch07-02-02.prt"圆柱面上，会自动出现其中心线，单击选中它；然后把光标移动到"ch07-02-01.prt"圆柱面上，单击选中其中心线，即设置两个组件的中心对齐，如图 7-36 所示。如果两者的中心方向不对，单击 ⊠ 按钮将其反向。

图 7-36　装配约束——自动判断中心/轴

单击 应用 按钮，完成此约束的创建。

②创建距离约束。在对话框中单击"距离" 🔳 按钮，在图形区中可按住鼠标中键然后灵活旋转模型，以便选择所需要的对象。在图形区中先单击选择"ch07-02-02.prt"的下底面，再单击"ch07-02-01.prt"的上顶面，然后在 距离 文本框中输入"-30"后按 <Enter>键，如图 7-37 所示。

图7-37 装配约束——距离

单击 应用 按钮，完成此约束的创建。

此时"部件导航器"中这个组件"位置"列的图标为 ◑，表示已创建了部分约束，但还未完全定位。

③创建平行约束。在对话框中单击"平行" ⫽ 按钮，在图形区中先单击选择"ch07-02-02. prt"的键槽侧面，再单击"ch07-02-01. prt"的键槽侧面，设置这两个侧面平行，如图7-38所示。

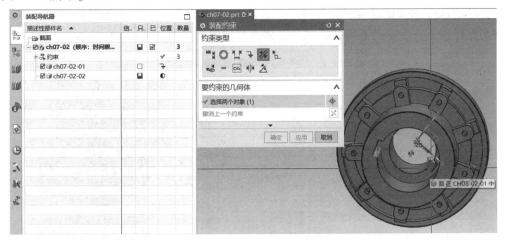

图7-38 装配约束——平行1

选定这两个平面对象后，自动创建平行约束，但两组件的平行对齐方向不正确。

单击 ✕ 按钮，将其平行方向调整为一致，如图7-39所示。

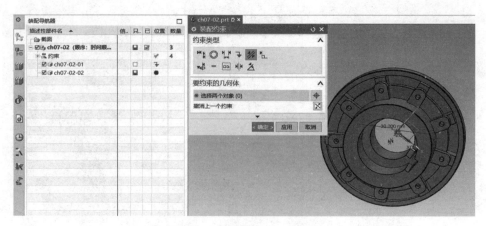

图 7-39 装配约束——平行 2

单击 <确定> 按钮，完成此约束的创建。

此时这个组件在位置列的图标变为 ●，表示已经完全定位。

步骤 4：添加第 3 个组件并定位。

(1) 单击 🎨 按钮，弹出"添加组件"对话框，再单击 📂 按钮选择文件"ch07-02-04.prt"后单击 OK 按钮，返回到"添加组件"对话框中。

(2) 在"添加组件"对话框中 位置 区域的"装配位置"下拉列表框中选择"对齐"选项；然后选中"选择对象（1）"选项，在图形区中会自动出现此组件的预览，在图形区移动光标到下方后单击左键，确定其大体摆放位置，如图 7-40 所示。

图 7-40 添加第 3 个组件

(3) 此时新组件只是添加到装配部件中但没有定位，在对话框 放置 区域下选中 ◉约束 单选按钮，显示出"装配约束"内容，在此创建约束的方法还是一样。

①创建中心对齐约束。在对话框中单击"接触对齐" 🔧 按钮，在"方位"下拉列表框中选择 🔧 自动判断中心/轴 选项。在图形区将光标移到"ch07-02-04.prt"圆柱面上会自动出现其中心线，单击选中它；然后把光标移动到"ch07-02-01.prt"圆柱面上单击选中

其中心线，即设置两个组件的中心对齐，如图7-41所示。

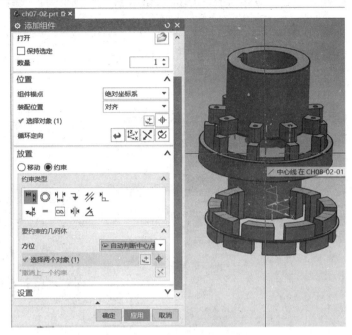

图7-41 装配约束——自动判断中心/轴

②创建距离约束。在对话框中单击"距离" 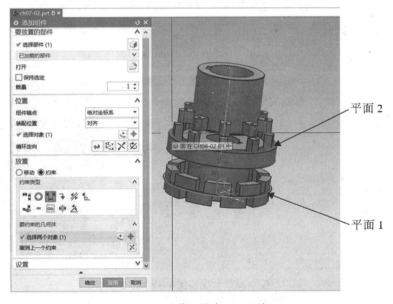 按钮，在图形区单击选中如图7-42所示的两个平面，然后在 距离 文本框中输入"-2"后按<Enter>键。

图7-42 装配约束——距离

③单击 < 确定 > 按钮，完成此组件的添加以及部分约束的创建。

（4）在图形区中选中"ch07-02-04.prt"后右击，在弹出的快捷菜单中执行"编辑显示"命令，设置其透明度为"50"，以方便查看其位置情况。

（5）继续创建约束关系，单击工具条中的 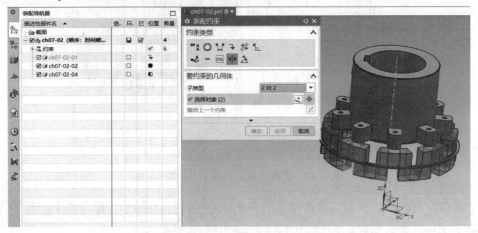按钮，在弹出的"装配约束"对话框中进行约束定位。

因为"ch07-02-04.prt"是弹性体，其上下两端的凸台中间是内空的，分别套在"ch07-02-01.prt"和"ch07-02-02.prt"的爪台上，因此可设置中心对齐从而约束其转动。

①创建中心约束。在对话框中单击"中心" 按钮，在"子类型"下拉列表框中选择**2对2**选项。在装配导航器中首先隐藏"ch07-02-01.prt"，然后在图形区中单击选定"ch07-02-04.prt"中如图7-43所示的凹槽两个侧面。

图7-43　装配约束——中心1

②然后在装配导航器中隐藏"ch07-02-04.prt"并显示"ch07-02-01.prt"，在图形区单击选定"ch07-02-01.prt"中如图7-44所示的爪台两个侧面。

图7-44　装配约束——中心2

③选择好2对2的4个对象后，自动创建其中心约束。将"ch07-02-04.prt"取消隐藏，单击 <确定> 按钮，完成此约束的创建。此时这个组件在"位置"列的图标为 ● ，表示已经完全定位，如图7-45所示。

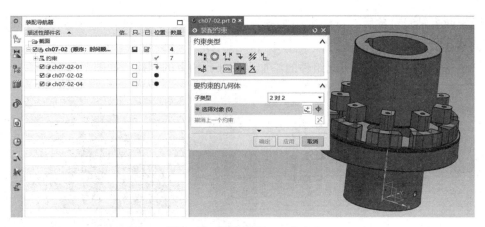

图 7-45 装配约束——中心 3

步骤 5：添加第 4 个组件并定位。

（1）单击 按钮，选择文件"ch07-02-03. prt"，系统返回到"添加组件"对话框中。

（2）在"添加组件"对话框中**位置**区域的"装配位置"下拉列表框中选择"对齐"选项。然后选中"选择对象（1）"选项，在图形区中会自动出现此组件的预览，在图形区移动光标到下方后单击，确定其大体摆放位置。

（3）在对话框 **放置** 区域下选中 **约束** 单选按钮，显示出"装配约束"内容。

①创建中心对齐约束。在对话框中单击"接触对齐" 按钮，在"方位"下拉列表框中选择 **自动判断中心/轴** 选项。在图形区将光标移到"ch07-02-03. prt"圆柱面上会自动出现其中心线，单击选中它；然后把光标移动到"ch07-02-02. prt"圆柱面上单击选中其中心线，即设置两个组件的中心对齐，如图 7-46 所示。

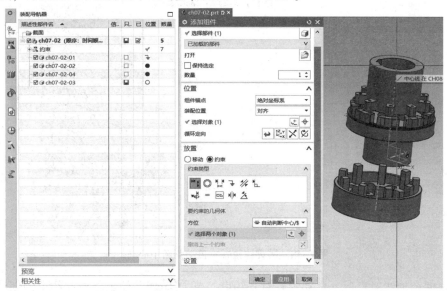

图 7-46 添加第 4 个组件 1

选定两个轴线对象后，自动中心对齐约束，如新组件的矢量方向不正确可单击 ⊠ 按钮，调整其装配矢量方向。

②单击 < 确定 > 按钮，完成此组件的添加以及部分约束的创建，如图 7-47 所示。

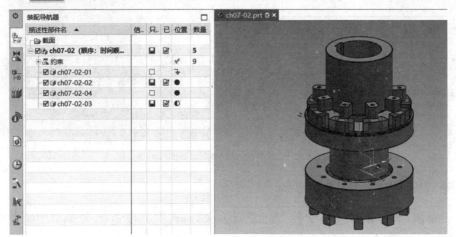

图 7-47　添加第 4 个组件 2

（4）继续创建约束关系，单击 按钮，在弹出的"装配约束"对话框中进行约束定位。

①创建中心对齐约束。在对话框中单击"接触对齐" 按钮，在"方位"下拉列表框中选择 自动判断中心/轴 选项。在图形区将光标移到"ch07-02-03. prt"圆周上一个小孔，会自动出现其中心线，单击选中它；然后把光标移动到"ch07-02-02. prt"圆周上小孔单击选中其中心线，即设置两个组件的安装孔中心对齐，如图 7-48 所示。

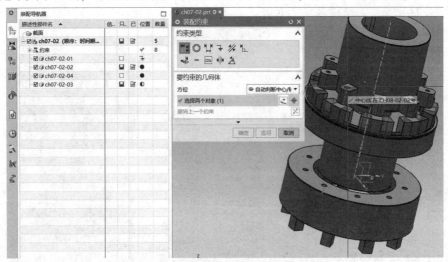

图 7-48　装配约束——自动判断中心/轴

选定两个轴线对象后，自动中心对齐约束，单击 应用 按钮，完成此约束的创建。

②创建接触约束。在对话框中单击"接触对齐" 按钮，在"方位"下拉列表中选

择 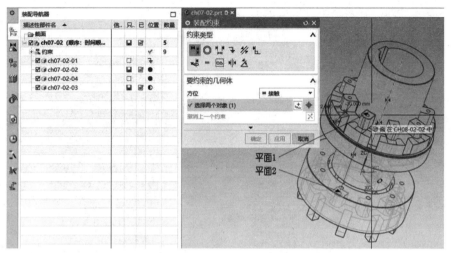 **接触**选项。在图形区中旋转"ch07-02-03.prt",单击选中如图7-49所示的两个平面对象。

图 7-49 装配约束——接触 1

(5)选定两个对象后,自动创建接触约束;单击< 确定 >按钮,完成此约束的创建,如图7-50所示。

图 7-50 装配约束——接触 2

此时这个组件"位置"列的图标为 ● ,表示已经完全定位。

步骤6:添加第5个组件并定位。

(1)单击 按钮,选择文件"ch07-02-05.prt",系统返回到"添加组件"对话框中。

(2)在"添加组件"对话框中**位置**区域的"装配位置"下拉列表框中选取"对齐"选项,然后单击选择 选择对象 (0)选项,在图形区中自动出现此组件的预览,在图形区移动光标到下方后单击左键,确定其大体摆放位置。

(3)在对话框 **放置**区域下选中 ●**约束**单选按钮,显示出"装配约束"内容。

①创建中心对齐约束。在对话框中单击"接触对齐" 按钮,在"方位"下拉列表

框中选择 ⊕ **自动判断中心/轴** 选项。在图形区将光标移到"ch07-02-05. prt"圆柱面上,会自动出现其中心线,单击选中它;然后把光标移到"ch07-02-01. prt"圆周小孔上单击选中其中心线,即设置两个组件的中心对齐,如图7-51所示。

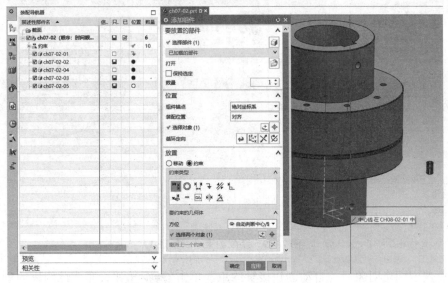

图7-51 添加第5个组件1

选定两个轴线对象后,自动创建中心对齐约束;可单击 ⊠ 按钮,调整其装配矢量方向。

②创建距离约束。在对话框中单击"距离" ⊩⊣ 按钮,在图形区单击选中如图7-52所示的两个平面,然后在 **距离** 文本框中输入"-10"后按<Enter>键。

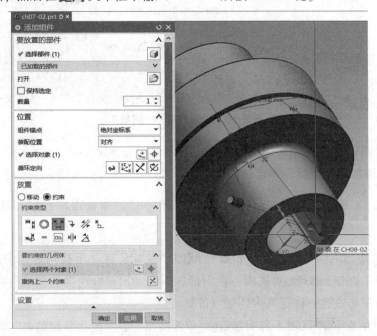

图7-52 添加第5个组件2

③单击 应用 按钮，完成此组件的添加以及部分约束的创建。

（4）在"添加组件"对话框中继续选择文件"ch07-02-05.prt"，重复以上步骤，将其约束到"ch07-02-02.prt"的圆周小孔上。注意，创建距离约束时，**距离** 文本框中的正负值需根据情况灵活调整，控制其在正确的位置上。

（5）单击 < 确定 > 按钮，完成此2个组件的添加以及部分约束的创建，如图7-53所示。

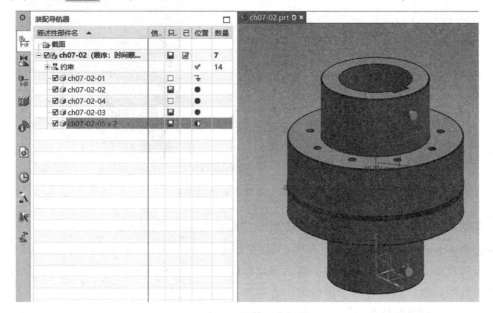

图7-53 添加第5个组件3

步骤7：添加第6个组件并定位。

（1）单击 ^{添加} 按钮，选择文件"ch07-02-06.prt"，系统返回到"添加组件"对话框中。

（2）在"添加组件"对话框中**位置**区域的"装配位置"下拉列表框中选择"对齐"选项；然后选中 **选择对象 (0)** 选项，在图形区中自动出现此组件的预览，在图形区移动光标到下方后单击左键，确定其大体摆放位置。

（3）在对话框 **放置** 区域下选中 ◉**约束** 单选按钮，显示出"装配约束"内容。

①创建接触约束。在对话框中单击"接触对齐" 按钮，在"方位"下拉列表框中选择 ⋈ **接触** 选项。在图形区中旋转"ch07-02-06.prt"，单击选中如图7-54所示的两个平面。

图 7-54 添加第 6 个组件 1

②创建中心对齐约束。在对话框中单击"接触对齐"按钮，在"方位"下拉列表框中选择 自动判断中心/轴 选项。在图形区将光标移到"ch07-02-06. prt"圆柱面上，会自动出现其中心线，单击选中它；然后把光标移到"ch07-02-03. prt"圆周某个孔上单击选中其中心线，即设置两个组件的中心对齐，如图 7-55 所示。

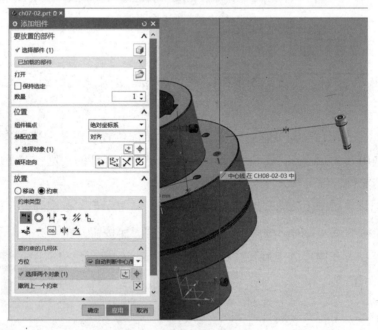

图 7-55 添加第 6 个组件 2

选定两个轴线对象后，自动创建中心对齐约束。

③单击 < 确定 > 按钮，完成此组件的添加以及部分约束的创建。

（4）单击工具条"组件"组中的 ▫ 阵列组件 按钮，在弹出的"阵列组件"对话框中进行阵列组件操作。

①选中"要形成阵列的组件"区域下的"选择组件（1）"选项，然后在"装配导航器"中选择"ch07-02-06. prt"。

②在"阵列定义"区域下的"布局"下拉列表框中选择 ○ 圆形 选项；选中 指定矢量 选项，然后在图形区单击选择竖直向上的矢量；选中 指定点 选项，然后在图形区单击选择圆柱的中心点。

③在"斜角方向"区域下 间距 设置为"数量和间距"， 数量 设置为"9"， 节距角 设置为"40"，如图7-56所示。

图 7-56　阵列组件 1

④单击 < 确定 > 按钮，完成阵列组件操作，如图7-57所示。

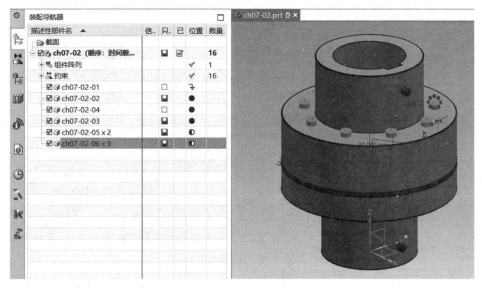

图 7-57　阵列组件 2

步骤8：创建爆炸图及视图。

（1）添加组件装配完成后，图形区中默认显示各种约束符号，在"装配导航器"中选中 ➕ ☌ 约束 选项后右击，在弹出的快捷菜单中单击✔ 在图形窗口中显示约束 复选框将其取消勾选，如图7-58所示。

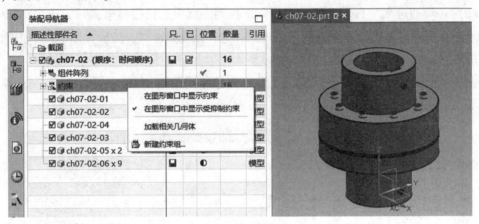

图7-58　隐藏约束符号

从而将图形区中所有约束符号隐藏，避免影响装配部件的浏览。

（2）单击 🧊 按钮后弹出"爆炸图"工具条，单击"新建爆炸"按钮，弹出"新建爆炸图 爆炸"对话框。

单击 确定 按钮，接受默认的爆炸图名称"Explosion 1"。

（3）选定组件"ch07-02-02.prt"、"ch07-02-03.prt"、1个"ch07-02-06.prt"和上方的1个"ch07-02-05.prt"后，单击"爆炸图"工具条中的"编辑爆炸"按钮，弹出"编辑爆炸"对话框后，沿着Z轴向上移动其爆炸位置，如图7-59所示。

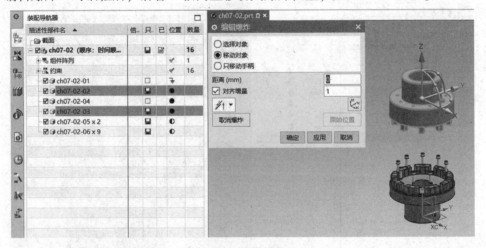

图7-59　编辑爆炸1

（4）重复第（3）步，分别选定各组件编辑移动其爆炸位置，确保爆炸后能清晰看到所有组件的装配位置，如图7-60所示。

图 7-60　编辑爆炸 2

（5）爆炸编辑完成后，单击"爆炸图"工具条中的"追踪线" ♪ 按钮，创建各组件之间的装配连线关系，如图7-61所示。

创建跟踪线时，能自动捕捉相关组件的圆弧中心等，方便创建连接线。

图 7-61　创建跟踪线

（6）隐藏不需要显示的组件。在图形区中选定没有爆炸的 8 个 "ch07-02-06. prt" 组件，单击 "爆炸图" 工具条中的 按钮，隐藏视图中的组件。

（7）调整爆炸图方位并保存。在图形区中旋转调整视图方位到合适位置后，将左边的资源栏切换到 "部件导航器"，双击 模型视图将其展开，选择 模型视图后右击，在弹出的快捷菜单中执行 "添加视图" 命令，如图 7-62 所示。

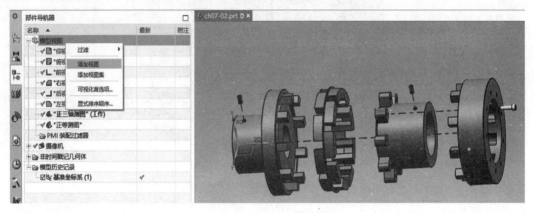

图 7-62　添加保存视图

（8）执行 "添加视图" 命令后自动创建出一个新视图，如 "Trimetric#1"。

在新视图上右击，在弹出的快捷菜单中执行 "重命名" 命令修改其名称。因为这是在爆炸图 Explosion 1 中创建的视图，因此将其视图名称的后缀改为 "exp1"，即 "Trimetric#exp1"，以方便识别，修改后按<Enter>键确定，如图 7-63 所示。

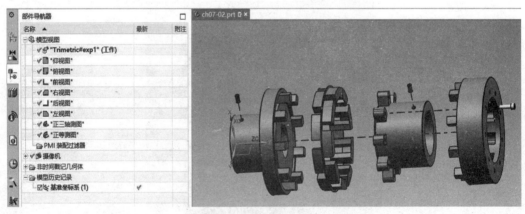

图 7-63　修改视图名称

至此，就完成了爆炸视图的创建和保存。

（9）单击主界面左上角的 按钮，保存整个装配文件。

建议在每一步操作完成后，都及时进行保存，以免发生异常情况而丢失文件。

7.2.2 知识点应用总结

在"实例特训——联轴器的装配设计"的装配过程中，首先分析整个部件结构确定主要组件为轴套"ch07-02-01.prt"，因为此组件的方位与装配图完全一致，因此可直接用绝对坐标系将其装配进来，然后设定固定约束。此部件中有几个组件都是同心的，因此主要使用"接触对齐"约束类型中的"接触"和"自动判断中心/轴"来进行装配定位；其中弹性体"ch07-02-04.prt"的装配是难点，它的爪台必须与轴套的爪台之间均布排列且不能干涉，利用了"中心"等多个约束类型巧妙实现其定位关系。

创建爆炸图后对于爆炸组件的编辑，充分利用移动手柄的功能，可将组件移动到正确的位置上；爆炸图编辑完成后，利用视图工具将其保存为新视图，才能方便地在装配图和工程图中使用。

此实例看似零件数量不多，但用到了装配约束中的多个约束类型，如"接触对齐""距离"和"中心"等，这些约束类型也是最常用到的；需要将这些约束类型熟悉掌握，能够灵活运用，从而创建出所需要的装配图。

7.2.3 知识点拓展

（1）此装配实例是在生成爆炸图后将保证视图的方位调整为与工程图纸中一致，即图形是水平放置的。也可以利用装配图中的基准坐标系，在装配第1个组件时将其与基准坐标系设定约束条件，使其变为水平放置，那么后续装配的组件也依次变为水平放置，从而与工程图保持一致。

（2）将第1个组件利用约束关系装配为正确方位，可以避免因为组件的建模不规范或方位不正确，而影响到整个装配部件的方位布置。

（3）在创建爆炸图中对组件爆炸进行编辑时，需要灵活把握移动对象和移动手柄的使用情况。

（4）为了避免每次打开装配时，出现加载不到下级组件的问题，建议将装配部件和下级组件放在同一级目录下。

7.3 实例特训——进气阀的装配设计

项目任务：

使用 UG NX 12.0 软件的装配模块，利用已有的组件，完成如图 7-64 所示产品的装配及爆炸图设计。

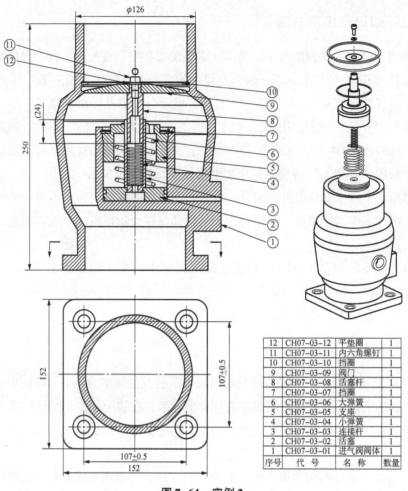

12	CH07-03-12	平垫圈	1
11	CH07-03-11	内六角螺钉	1
10	CH07-03-10	挡圈	1
9	CH07-03-09	阀门	1
8	CH07-03-08	活塞杆	1
7	CH07-03-07	挡圈	1
6	CH07-03-06	大弹簧	1
5	CH07-03-05	支座	1
4	CH07-03-04	小弹簧	1
3	CH07-03-03	连接杆	1
2	CH07-03-02	活塞	1
1	CH07-03-01	进气阀阀体	1
序号	代　号	名　称	数量

图 7-64　实例 2

7.3.1　产品装配设计的详细步骤

产品装配设计的详细步骤如下。

步骤 1：新建文件，建立基准坐标系。

（1）在 UG NX 12.0 软件中单击工具条"新建"按钮，新建一个装配文件，类型为"装配"，文件名称为"ch07-03. prt"，选定要存放的文件夹位置。单击 确定 按钮后，自动进入建模环境中并打开"装配"功能模块。

（2）切换到"视图"功能选项卡，在工具条"可见性"组中的"图层"下拉列表框中选择"61"后按下<Enter>键，将当前工作图层设置为 61 层。

（3）将 UG NX 12.0 主界面左边的资源栏切换到"部件导航器"，再切换到"主页"选项卡，通过"基准坐标系"命令，创建一个基准坐标系，其原点为 (0, 0, 0)。

此基准坐标系将用于整个装配部件的定位基准。

（4）切换到"视图"选项卡，将当前工作图层设置为 1 层。

步骤2：添加第1个组件并绝对定位。

（1）单击"装配"选项卡工具条中"组件"组中的 添加 按钮，弹出"添加组件"对话框，单击 按钮，在弹出的对话框中选择文件"ch07-03-01.prt"，然后单击 OK 按钮，系统返回到"添加组件"对话框中。

注意：可能会弹出一个"信息"对话框，单击此对话框的 ✕ 按钮关闭它即可。

（2）在"添加组件"对话框中**位置**区域的"装配位置"下拉列表框中选择"绝对坐标系-工作部件"选项，图形区中自动出现此组件的预览，如图7-65所示。

图7-65 添加第1个组件

（3）此时新组件只是添加到装配部件中但没有定位，在对话框**放置**区域下选中 **约束**单选按钮，显示出"装配约束"内容。在对话框"约束类型"区域单击"固定" 按钮，在图形区单击选中"ch07-03-01.prt"，即设置此组件固定，如图7-66所示。

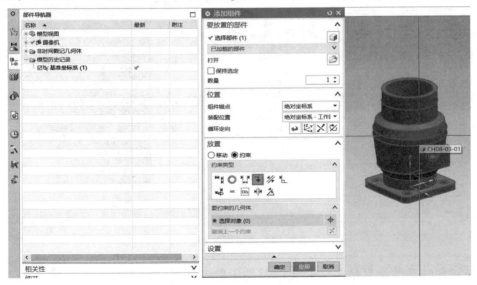

图7-66 装配约束——固定

单击 确定 按钮，第1个组件就被添加到此装配部件中并且创建了固定约束。

（4）将资源栏切换到"装配导航器"，其下级显示新组件，如图7-67所示。

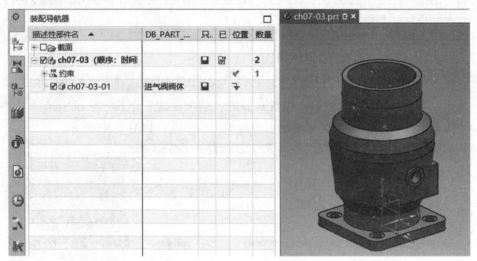

图7-67 添加第1个组件完成

步骤3：添加第2个组件并定位。

（1）单击 添加 按钮，弹出"添加组件"对话框，再单击 按钮选择文件"ch07-03-02.prt"后单击 OK 按钮，返回到"添加组件"对话框中。

（2）在"添加组件"对话框中**位置**区域的"装配位置"下拉列表框中选择"对齐"选项，在图形区中自动出现此组件的预览，在图形区移动光标到合适位置后单击左键，确定其摆放位置，如图7-68所示。

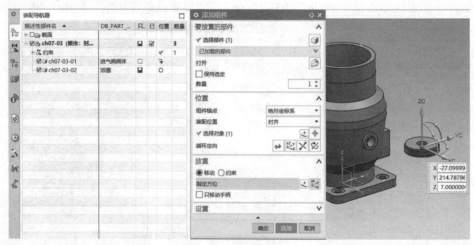

图7-68 添加第2个组件1

（3）此时新组件只是添加到装配部件中但没有定位，在对话框 **放置** 区域下选中 约束单选按钮，显示出"装配约束"内容。

①创建接触约束。在对话框中单击"接触对齐" 按钮，在"方位"下拉列表框中选择 接触 选项。在图形区中旋转显示，单击选中如图 7-69 所示的两个平面对象：阀体内腔底面、活塞下底面。

图 7-69 添加第 2 个组件 2

选定两个对象后，自动创建接触约束。

②创建中心对齐约束。在对话框中单击"接触对齐" 按钮，在"方位"下拉列表框中选择 自动判断中心/轴 选项。在图形区将光标移到"ch07-03-02.prt"圆柱面上，会自动出现其中心线，单击选中它；然后把光标移动到"ch07-03-01.prt"圆柱面上，单击选中其中心线，即设置两个组件的中心对齐，如图 7-70 所示。

图 7-70 添加第 2 个组件 3

选定两个对象后，自动创建中心对齐约束。

③单击 确定 按钮，完成此组件的添加以及部分约束的创建。

④此时这个组件在"位置"列的图标为 ⬤ ，虽然没有完全定位但是仅可绕 Z 轴转动，不影响其装配位置了。

步骤 4：添加第 3 个组件并定位。

（1）单击 添加 按钮，选择文件"ch07-03-03.prt"，系统返回到"添加组件"对话框中。

（2）在"添加组件"对话框中**位置**区域的"装配位置"下拉列表框中选择"对齐"选项，在图形区中自动出现此组件的预览，在图形区移动光标到合适位置后单击左键，确定其摆放位置，如图7-71所示。

图7-71　添加第3个组件1

（3）此时新组件只是添加到装配部件中但没有定位，在对话框 **放置** 区域下选中 ⊙**约束**单选按钮，显示出"装配约束"内容。

①创建接触约束。在对话框中单击"接触对齐" 按钮，在"方位"下拉列表框中选择 接触选项。在图形区中旋转显示，单击选中如图7-72所示的两个平面对象：连接杆的台阶面、活塞上顶面。

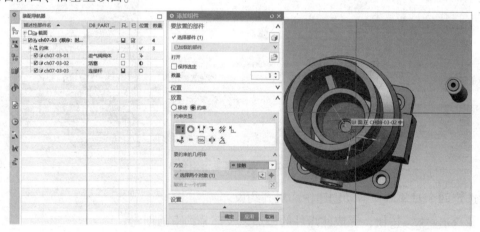

图7-72　添加第3个组件2

选定两个对象后，自动创建接触约束。

②创建中心对齐约束。在对话框中单击"接触对齐" 按钮，在"方位"下拉列表框中选择 自动判断中心/轴选项。在图形区将光标移到"ch07-03-03. prt"圆柱面上，会自动出现其中心线，单击选中它；然后把光标移动到"ch07-03-01. prt"圆柱面上，单击选中其中心线，即设置两个组件的中心对齐，如图7-73所示。

图7-73 添加第3个组件3

选定两个对象后，自动创建中心对齐约束。

③单击<确定>按钮，完成此组件的添加以及部分约束的创建。

注意：在操作过程中要经常保存，以免发生异常情况丢失数据。

步骤5：添加第4个组件并定位。

（1）单击 添加 按钮，选择文件"ch07-03-04. prt"，系统返回到"添加组件"对话框中。

（2）在"添加组件"对话框中**位置**区域的"装配位置"下拉列表框中选择"对齐"选项，然后选中**选择对象(0)**选项，在图形区中自动出现此组件的预览，在图形区移动光标到下方后单击左键，确定其大体摆放位置。

（3）在"添加组件"对话框中展开**设置**区域，在"引用集"的下拉列表框中选择**整个部件**选项，"图层选项"的下拉列表框中选择**按指定的**选项，"图层"文本框中输入"1"，如图7-74所示。

图7-74 添加第4个组件1

"ch07-03-04. prt" 中组件是小弹簧，需要利用其基准特征进行定位，也需要设置引用集为整个部件，并将其装配后的图层设为1层，从而完全显示出来。因此，组件添加好装配约束后，可在"装配导航器"中更改其引用集为"MODEL"，从而将基准特征隐藏显示。

（4）在对话框 放置 区域下选中 ⊙约束 单选按钮，显示出"装配约束"内容。

①创建接触约束。在对话框中单击"接触对齐" ⊮⊩ 按钮，在"方位"的下拉列表框中选择 ⊮ 接触 选项。在图形区中旋转显示，单击选中如图7-75所示的两个平面对象：小弹簧的水平基准平面、连接杆的内腔底面。

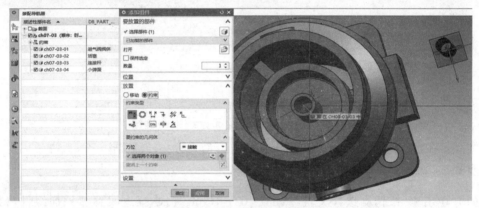

图7-75　添加第4个组件2

选定两个对象后，自动创建接触约束。如果接触方向不正确，可单击 ☒ 按钮调整使其反向。

②创建中心对齐约束。在对话框中单击"接触对齐" ⊮⊩ 按钮，在"方位"的下拉列表框中选择 ⊕ 自动判断中心/轴 选项。在图形区中单击选中"ch07-03-04. prt"中间的基准轴，以及"ch07-03-03. prt"中心线，即设置两个组件的中心对齐，如图7-76所示。

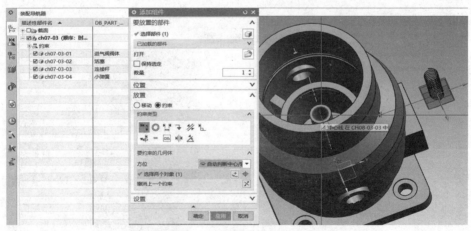

图7-76　添加第4个组件3

选定两个对象后，自动创建中心对齐约束。

③单击 < 确定 > 按钮，完成此组件的添加以及部分约束的创建。

步骤6：添加第5个组件并定位。

（1）单击 添加 按钮，选择文件"ch07-03-06.prt"，系统返回到"添加组件"对话框中。

（2）按照步骤5第（2）、（3）、（4）步的操作方法，同样创建接触约束、中心对齐约束，如图7-77所示。

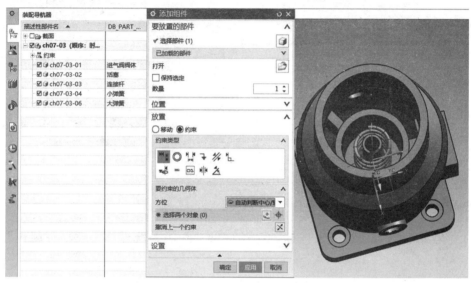

图7-77 添加第5个组件

（3）因为"ch07-03-06.prt"是个可压缩的大弹簧，即已定义为可变形组件，因此单击 < 确定 > 按钮后弹出"ch07-03-06"参数设置对话框，可调整此组件的螺距参数从而控制其高度，以便能准确安装，如图7-78所示。

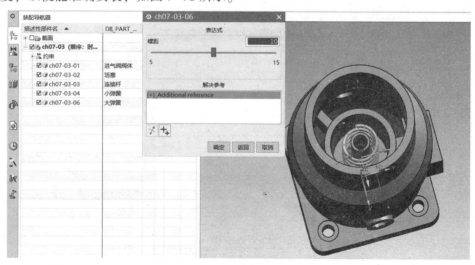

图7-78 设置可变形参数

拖动螺距参数值后，单击 < 确定 > 按钮完成可变形参数设置。后续也可在"装配导航器"中选定此组件右击，在弹出的快捷菜单中执行"变形"命令，调整其可变形参数。

（4）组件添加后，如图7-79所示。

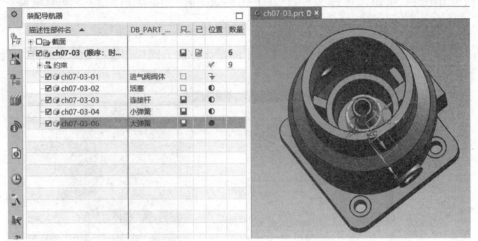

图7-79　添加第5个组件完成

步骤7：添加第6个组件并定位。

（1）单击 添加 按钮，选择文件"ch07-03-05.prt"，系统返回到"添加组件"对话框中。

（2）在"添加组件"对话框中**位置**区域的"装配位置"下拉列表框中选择"对齐"选项，在图形区中自动出现此组件的预览，在图形区移动光标到下方后单击左键，确定其大体摆放位置。

（3）在"添加组件"对话框中展开**设置**区域，在"引用集"的下拉列表框中选择**模型 ("MODEL")** 选项，"图层选项"的下拉列表框中选择**原始的**选项，如图7-80所示。

图7-80　添加第6个组件1

（4）在对话框 放置 区域下选中 约束 单选按钮，显示出"装配约束"内容。

①创建对齐约束。在对话框中单击"接触对齐" 按钮，在"方位"的下拉列表框中选择 对齐 选项。在图形区中旋转显示，单击选中如图7-81所示的两个平面对象。

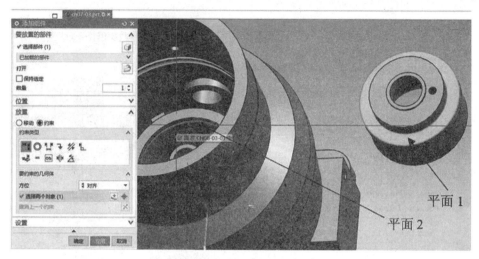

图7-81　添加第6个组件2

选定两个对象后，自动创建对齐约束。

②创建中心对齐约束。在对话框中单击"接触对齐" 按钮，在"方位"的下拉列表框中选择 自动判断中心/轴 选项。在图形区将光标移到"ch07-03-05. prt"圆柱面上，会自动出现其中心线，单击选中它；然后把光标移动到"ch07-03-01. prt"圆柱面上，单击选中其中心线，即设置两个组件的中心对齐，如图7-82所示。

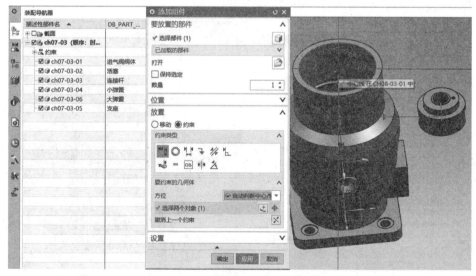

图7-82　添加第6个组件3

选定两个轴线对象后，自动创建中心对齐约束。

③单击 <确定> 按钮，完成此组件的添加以及部分约束的创建。

步骤8：继续添加其他组件并定位。

（1）参照以上步骤，分别添加"ch07-03-07. prt""ch07-03-08. prt""ch07-03-09. prt""ch07-03-10. prt""ch07-03-11. prt"和"ch07-03-12. prt"这些组件并设定相应的装配约束，如图7-83所示。

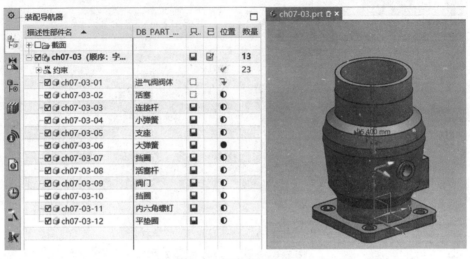

图7-83 添加其他组件

（2）添加组件装配完成后，图形区中默认显示各种约束符号，在"装配导航器"中选中 +👥约束 后右击，在弹出的快捷菜单中单击✔ 在图形窗口中显示约束 复选框取消勾选。从而将图形区中所有约束符号隐藏，避免影响装配部件的浏览。

（3）在装配导航器中选中 □🗂截面 后右击，在弹出的快捷菜单中执行"新建截面"命令，弹出"视图剖切"对话框，如图7-84所示。

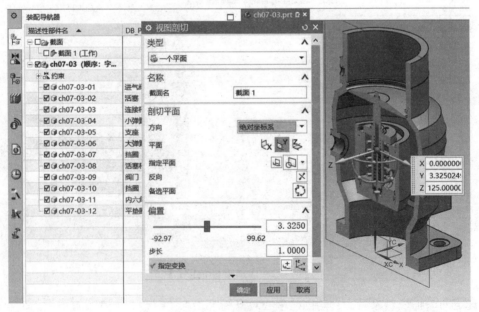

图7-84 创建视图剖切1

①在对话框"平面"选项处单击 ⅄ 按钮即创建一个 X-Z 截面，单击 确定 按钮即完成创建剖切平面。通过平面进行视图剖切，可看到其内部的装配结构，如图7-85所示。

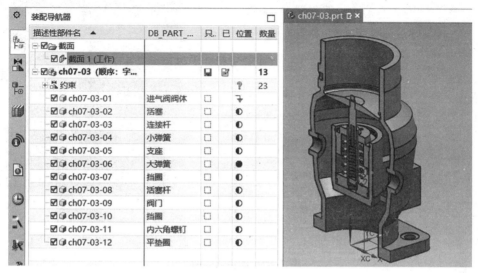

图7-85 创建视图剖切2

②当视图剖切后，如需取消剖切，可在 截面1(工作) 上右击，在弹出的快捷菜单中执行"取消剪切"命令，将其恢复成未剖切状态。

步骤9：创建爆炸图及视图。

（1）单击工具条中的 爆炸图 按钮后弹出"爆炸图"工具条，单击"新建爆炸"按钮，弹出"新建爆炸"对话框。单击 确定 按钮，接受默认的爆炸图名称"Explosion 1"。

（2）选定组件"ch07-03-01.prt"后，单击"爆炸图"工具条中的"编辑爆炸"按钮，弹出"编辑爆炸"对话框后，沿着 Z 轴向下移动其爆炸位置，如图7-86所示。

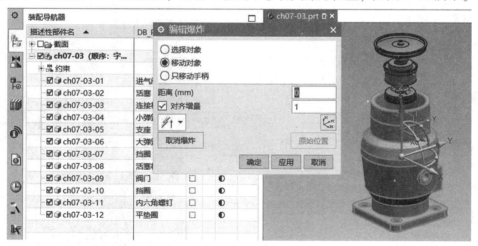

图7-86 编辑爆炸图1

（3）重复第（2）步，分别选定各组件编辑移动其爆炸位置，并且始终同心；确保爆炸后能清晰看到所有组件的装配位置，如图7-87所示。

图7-87　编辑爆炸图2

（4）爆炸编辑完成后，单击"爆炸图"工具条中的"追踪线" 🎵 按钮，创建各组件之间的装配连线关系。

（5）调整爆炸图方位并保存。在图形区中旋转调整视图方位到合适位置后，将左边的资源栏切换到"部件导航器"，双击 ⊕ **模型视图** 将其展开，选择 ⊕ **模型视图** 后右击，在弹出的快捷菜单中执行"添加视图"命令。

（6）执行此命令后自动创建出一个新视图，如"Trimetric#1"。因为这是在爆炸图"Explosion 1"中创建的视图，因此将其视图名称的后缀改为"exp1"，即"Trimetric#exp1"，以方便识别，修改后按<Enter>键确定，如图7-88所示。

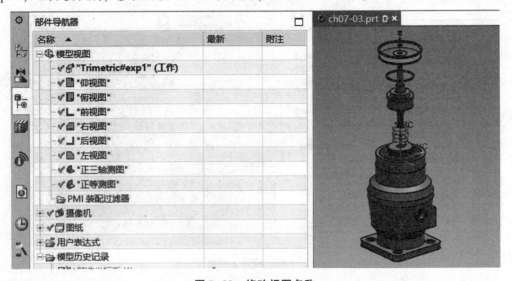

图7-88　修改视图名称

（7）单击主界面左上角的■按钮，保存整个装配文件。

建议在每一步操作完成后，都及时进行保存，以免发生异常情况而丢失文件。

7.3.2 知识点应用总结

在"实例特训——进气阀的装配设计"的装配过程中，首先分析整个部件结构确定主要组件为"ch07-03-01. prt"阀体，因为此组件的方位与装配图完全一致，因此可直接用绝对坐标系将其装配进来，然后设定固定约束。此部件中各组件都是同心的，因此主要使用"接触对齐"和"距离"约束类型来进行装配定位；由于所有组件都装配在阀体内部，不好选取相关约束对象，因此需要灵活切换"隐藏"和"显示"组件以及渲染样式，方便选取到正确的对象。此装配部件中有个特殊组件"ch07-03-06. prt"是可变形组件，可以根据装配图修改其参数而自动变形进行匹配。

创建爆炸图后，可充分利用移动手柄的功能，将爆炸组件移动到正确的位置上；爆炸图编辑完成后，利用视图工具将其保存为新视图，才能方便地在装配图和工程图中使用。

此实例看似零件数量不多、结构简单，但用到了常用的约束类型如"接触对齐"和"距离"等，能够有效帮助熟悉和掌握装配功能中常用的命令并灵活运用，从而创建出复杂的装配图。

7.3.3 知识点拓展

（1）将第1个组件利用约束关系装配为正确方位，可以避免因为组件的建模不规范或方位不正确，而影响到整个装配部件的方位布置。

（2）在创建爆炸图中对组件爆炸进行编辑时，如何把握移动对象和移动手柄的不同使用情况，需要灵活掌握。

（3）可变形组件能够根据装配图的给定条件自动变形，具有很大的灵活性，需要在建模设计中掌握可变形组件的定义方法。

（4）为了避免每次打开装配时，出现加载不到下级组件的问题，建议将装配部件和下级组件放在同一级文件夹目录下。

7.4 本章小结

本章主要介绍了 UG NX 12.0 的装配功能和操作命令，结合具体实例着重介绍了各种装配约束、装配方法和爆炸图。需要灵活掌握装配约束的创建和编辑、阵列装配，熟悉使用引用集以及爆炸图的创建与编辑，从而灵活运用装配功能，逐步能装配设计出复杂的产品。

练习题

1. 根据下图所示图形及给定的零件，完成其部件装配及爆炸图。

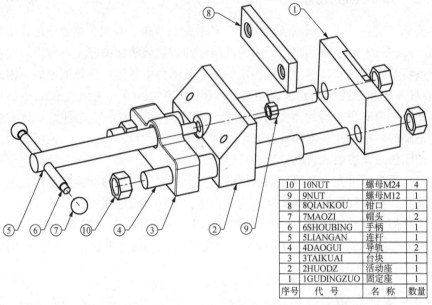

10	10NUT	螺母M24	4
9	9NUT	螺母M12	1
8	8QIANKOU	钳口	1
7	7MAOZI	帽头	2
6	6SHOUBING	手柄	1
5	5LIANGAN	连杆	1
4	4DAOGUI	导轨	2
3	3TAIKUAI	台块	1
2	2HUODZ	活动座	1
1	1GUDINGZUO	固定座	1
序号	代 号	名 称	数量

2. 根据下图所示图形及给定的零件，完成其部件装配及爆炸图。

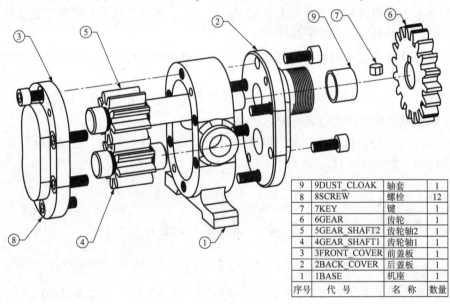

9	9DUST_CLOAK	轴套	1
8	8SCREW	螺栓	12
7	7KEY	键	1
6	6GEAR	齿轮	1
5	5GEAR_SHAFT2	齿轮轴2	1
4	4GEAR_SHAFT1	齿轮轴1	1
3	3FRONT_COVER	前盖板	1
2	2BACK_COVER	后盖板	1
1	1BASE	机座	1
序号	代 号	名 称	数量

3. 根据下图所示图形及给定的零件，完成其部件装配及爆炸图。

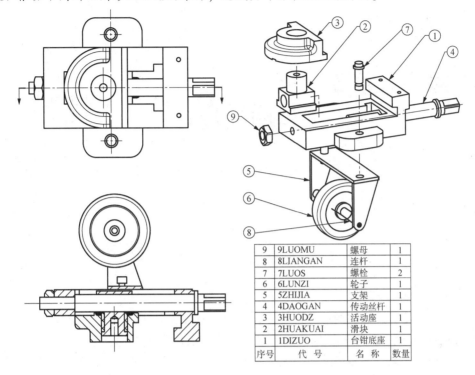

9	9LUOMU	螺母	1
8	8LIANGAN	连杆	1
7	7LUOS	螺栓	2
6	6LUNZI	轮子	1
5	5ZHIJIA	支架	1
4	4DAOGAN	传动丝杆	1
3	3HUODZ	活动座	1
2	2HUAKUAI	滑块	1
1	1DIZUO	台钳底座	1
序号	代 号	名 称	数量

第8章
工程图的设计

8.1 工程图的基础知识

在产品的研发、设计和制造等过程中，二维工程图是技术人员进行交流的通用工具。随着3D技术的发展，三维模型虽然能清晰地反映产品的实际结构，但还不能将所有的设计信息直观表达出来，很多设计信息如产品的尺寸公差、几何公差和表面粗糙度等仍然需要二维工程图进行标注。

8.1.1 工程图概述

UG NX 12.0软件的制图模块能够满足二维出图功能的需要，这是UG软件中最重要的应用之一。使用制图模块可以快速创建三维模型的工程图，因此工程图样与模型完全关联，能够真实反映模型的设计信息，始终与零部件模型或装配模型保持同步更新。其主要特点如下。

◆用户界面直观、易用、简洁，可以快速方便地创建图样。

◆"在图纸上"工作的画图板模式，能极大地提高工作效率。

◆支持装配树结构和并行工程。

◆可以快速地将视图放置在图纸上，能自动生成并对齐正交视图。

◆能创建与父视图完全关联的实体剖视图。

◆能自动生成实体中隐藏线的显示特征。

◆能在图形窗口中编辑大多数制图对象（如尺寸、符号、线条等）。

◆在制图过程中，基于屏幕的信息反馈和所见即所得的功能，减少了许多返工和编辑工作。

◆使用对图样进行更新的用户控件，能有效地提高工作效率。

1. 工程制图界面

UG NX 12.0软件的工程图设计是在"制图"模块下进行的，当新建或打开一个NX文件后可通过如下两种方式进入制图模块。

◆切换到"应用模块"选项卡，单击工具条"设计"组中的  按钮，进入制图模块，如图8-1所示。

图8-1　制图命令

◆在键盘上按下<Ctrl+Shift+D>组合键，进入制图模块。

当进入制图模块后，未创建图纸页的制图界面如图8-2所示，已创建图纸页的制图界面如图8-3所示。

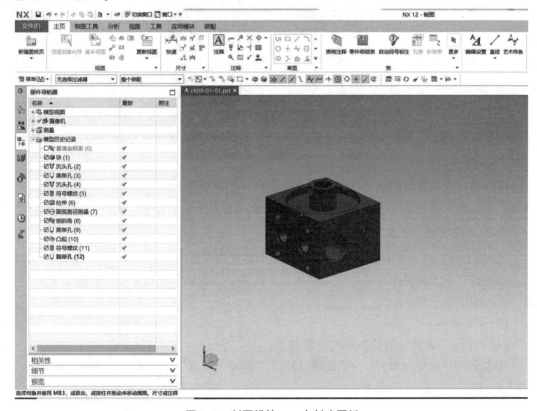

图8-2　制图模块——未创建图纸

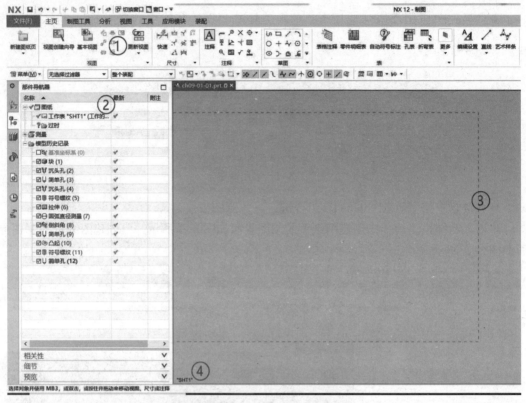

图 8-3 制图模块——已创建图纸

在已创建图纸页的制图界面里包括 4 个部分：①制图工具条，②部件导航器上的图纸节点，③工程图纸边界框，④当前图纸页面名称。此序号与图中序号对应。

2. 制图模块的下拉菜单与选项卡

进入 UG NX 12.0 的制图模块后，下拉菜单和选项卡都与"建模"模块的用户界面有较大的差别。下面对制图环境中较为常用的下拉菜单和选项卡进行介绍，以便能方便、快捷、灵活地使用它们。

1）下拉菜单

（1）打开"编辑"下拉菜单的方法如下。

依次单击"菜单（M）"→"编辑（E）"，弹出"编辑"下拉菜单，如图 8-4 所示。

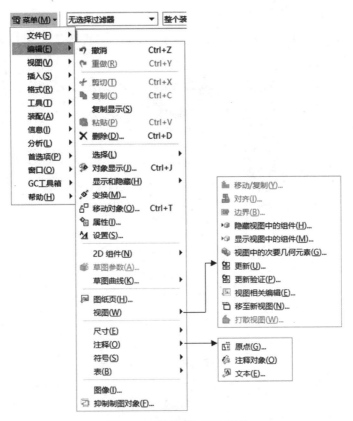

图8-4 "编辑"下拉菜单

（2）打开"插入"下拉菜单的方法如下。

依次单击"菜单（M）"→"插入（S）"，弹出"插入"下拉菜单，如图8-5所示。

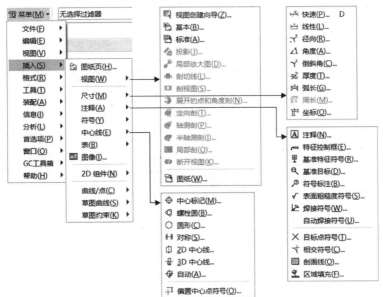

图8-5 "插入"下拉菜单

（3）打开"首选项"下拉菜单的方法如下。

依次单击"菜单（M）"→"首选项（P）"，弹出"首选项"下拉菜单，如图 8-6 所示。

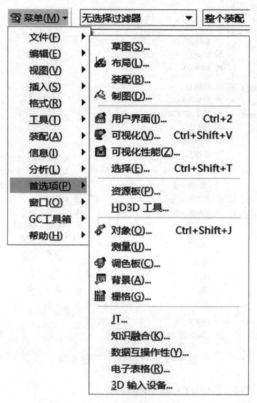

图 8-6　"首选项"下拉菜单

2）功能选项卡

进入制图模块后，制图常用的选项卡显示在"主页"选项卡中，如图 8-7 所示。

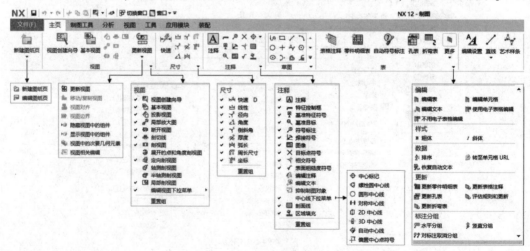

图 8-7　"主页"选项卡

"主页"选项卡的工具条中有多个工具组，主要是"视图""尺寸""注释""表""草图"组，各组的主要命令已经在图中罗列出来。选项卡中没有显示的按钮，可以通过单击每个工具组右下角的 ▼ 按钮，在其下方弹出的菜单中勾选所需要的命令。

3. 制图模块的部件导航器

在 UG NX 12.0 制图模块中的部件导航器（也称图纸导航器）作为图纸的管理功能可编辑、查询和删除图样，如图 8-8 所示。

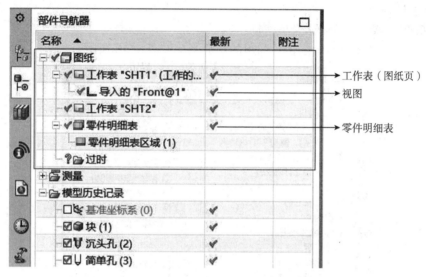

图 8-8　部件导航器

在部件导航器中有图纸、工作表（图纸页）、视图和零件明细表等节点，其中零件明细表节点是当图纸插入"零件明细表"后才会出现，在不同节点上右击会弹出快捷菜单，上面对应不同的操作功能。

（1）在 图纸 节点上右击，弹出的快捷菜单如图 8-9 所示。

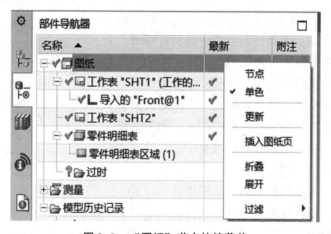

图 8-9　"图纸"节点快捷菜单

"图纸"节点快捷菜单中各选项及其功能说明如下。

◆ "节点"选项：此选项也为"栅格"选项，即打开或关闭栅格模式。

◆ "单色"选项：打开或关闭单色模式。

◆ "更新"选项：更新所有图纸页中的所有视图。

◆ "插入图纸页"选项：插入新的图纸页。

◆ "折叠"选项：折叠模型树。

◆ "展开"选项：展开模型树。

◆ "过滤"选项：移除或显示项目。

（2）在 ✔□工作表 节点上右击，弹出的快捷菜单如图8-10所示。

图8-10 "工作表"节点快捷菜单

"工作表"节点快捷菜单中部分选项及其功能说明如下。

◆ "更新"选项：更新该图纸页中的所有视图。

◆ "视图相关编辑"选项：编辑视图中的相关内容，如线条样式、移除线条等。

◆ "添加基本视图"选项：创建一个基本视图。

◆ "添加图纸视图"选项：创建一个图纸视图。

◆ "编辑图纸页"选项：编辑图纸页的相关设置。

◆ "复制"选项：复制当前图纸页。

◆ "删除"选项：删除当前图纸页。

◆ "重命名"选项：重命名当前图纸页。

◆ "属性"选项：编辑当前图纸属性。

（3）在 ✔□零件明细表 节点上右击，弹出的快捷菜单如图8-11所示。

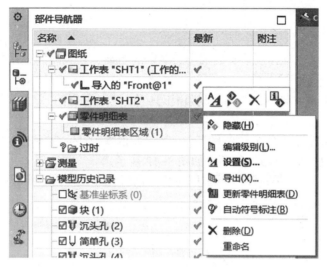

图 8-11 "零件明细表"节点快捷菜单

"零件明细表"节点快捷菜单中部分选项及其功能说明如下。

◆ "隐藏"选项：隐藏零件明细表。

◆ "编辑级别"选项：编辑零件明细表的显示级别，如只显示顶级、只显示子级等。

◆ "设置"选项：设置零件明细表的样式。

◆ "更新零件明细表"选项：更新零件明细表。

◆ "自动符号标注"选项：按零件明细表自动标注零件序号。

8.1.2　制图的用户默认设置和首选项设置

1. 用户默认设置和首选项设置的关系

UG NX 12.0 的环境参数有两个设置，分别是"用户默认设置"和"首选项设置"。针对不同国家、不同公司的设计标准，包括线型、颜色等的不同，工程师必须掌握"用户默认设置"和"首选项设置"之间的关系，才能熟练地将其应用到产品设计工作中。

"用户默认设置"指的是 NX 默认配置环境，包括建模、制图和加工等默认设置的环境。只针对用户本机的设置有效，每个用户之间的默认配置是由用户所设置。通俗地讲就是每台电脑里装的 NX 的默认设置都是由用户设置的，它们之间是可以不一样的。

"首选项设置"中也可以设置建模或者制图中包括一些线型、制图样式和颜色等，但是要注意的是这里的设置只是针对当前的 NX 文件即当前的".part"文件，也可以通俗地理解为一个 NX 文件自带着一个 NX 的环境，对这个".part"文件的继续操作都会继承它的首选项设置，如果把该".part"文件拷贝到其他电脑也是如此。

UG NX 12.0 软件提供了适应不同国家制图要求的制图标准默认配置文件，所支持的制图标准有 ASME、DIN、ESKD、GB、ISO 和 JIS 等。通过在"用户默认设置"中选择不同制图标准默认配置文件，可以简便、快速地设置或重置制图的首选项和样式，从而控制箭头的大小、线条的粗细、隐藏线的显示与否、标注的字体和大小等。系统提供的制图标准大部分都符合相应的各国家制图要求，但针对不同行业、不同企业可能会有不合适之处，需要进行调整修改。

2. 定制制图标准

对于 UG NX 12.0 软件中自带的制图标准可以进行编辑修改，以它为基础创建新的制图标准作为企业标准，如控制箭头的大小、线条的粗细、隐藏线的显示与否、标注的字体和大小等。

（1）依次单击"文件（F）"→"实用工具（U）"→"用户默认设置（D）"，系统弹出"用户默认设置"对话框。

（2）在对话框中依次单击"制图"→"常规/设置"，在"标准"选项卡的"制图标准"下拉列表框中选择"GB"选项，如图 8-12 所示。

图 8-12　"用户默认设置"对话框——定制制图标准

（3）选择"GB"选项后，单击右侧的 **定制标准** 按钮，对 GB 制图标准进行编辑修改，如图 8-13 所示。

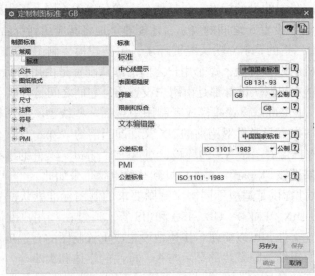

图 8-13　"定制制图标准"——GB

在对话框中可以针对相应内容进行修改。由于涉及内容较多，将对一些修改进行举例说明。

①修改工程图中隐藏线的样式。依次单击"视图"→"公共"，找到"隐藏线"选项卡，在此选项卡中修改其线型、宽度，如图8-14所示。

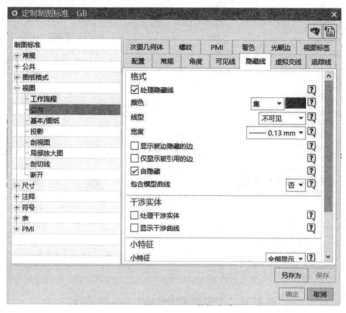

图8-14 "定制制图标准"——视图

②修改工程图中尺寸标注的文字样式。依次单击"尺寸"→"文本"，找到"尺寸"选项卡，在此选项卡中修改其字体、字型、宽度、高度等，如图8-15所示。

图8-15 "定制制图标准"——文本

③修改工程图中注释的中心线样式。依次单击"注释"→"中心线",找到"中心线"选项卡,在此选项卡下修改其格式、尺寸等,如图 8-16 所示。

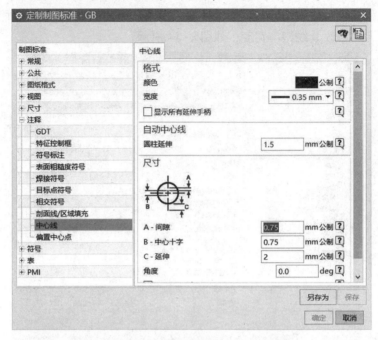

图 8-16　"定制制图标准"——中心线

(4) 另存为新的制图标准。在对话框中单击 另存为 按钮,系统弹出"另存为制图标准"对话框,在"标准名称"文本框中输入"GB(new)",单击 确定 按钮完成新制图标准的创建,如图 8-17 所示。

图 8-17　"定制制图标准"——另存为

对话框的标题自动改为"定制制图标准-GB(new)"。单击对话框中的 取消 按钮,完成制图标准的定制。

注意:用户在对话框中可以单击右上角的"导入制图标准" 按钮,系统会弹出"导入制图标准"对话框,此时可以选择相应的制图标准配置文件(后缀名为".dpv")进行导入,从而不需要再一一设置。

(5) 设置默认的制图标准。系统返回到"用户默认设置"对话框中,依次单击"制图"→"常规/设置",在"标准"选项卡的"制图标准"下拉列表框中选择"GB(new)"选项,单击 确定 按钮完成默认制图标准的设置。

注意:

◆此时系统可能弹出一个"用户默认设置"的提示框,提示"对用户默认选项的更改将在您重新启动 NX 会话后生效"，表示需要重启 NX 软件后才能使新定制标准生效；

◆在 NX 最底部有提示："用户级默认值文件 C：\ Users \ Administrator \ AppData \ Local \ Siemens \ NX120 \ NX120 user. dpv"。

3. 加载制图标准

在 UG NX 12. 0 中通过加载制图标准操作，可以很容易地重新设置当前 NX 文件的制图首选项。加载制图标准的操作方法如下。

（1）在 UG NX 12. 0 中打开范例文件 "ch08-01-02. prt"。

（2）依次单击 "菜单（M）"→"工具（T）"→"制图标准（D）"。

弹出 "加载制图标准" 对话框，如图 8-18 所示。

图 8-18　"加载制图标准" 对话框

（3）在对话框的 "从以下级别加载" 下拉列表框中选择 "用户" 选项，"标准" 下拉列表框中选择 "GB（new）" 选项，然后单击 确定 按钮，完成新制图标准的加载。

加载新制图标准后，依次单击 "菜单（M）"→"首选项（P）"→"制图（D）"，系统弹出 "制图首选项" 对话框，可以看到相关内容已按新制图标准进行设置，不需要用户再一一设置。

注意：更改制图标准后，首选项的设置只对以后创建的制图对象起作用，已经创建的制图对象将不会发生变化。

4. 各 NX 版本的定制制图标准

由于 UG NX 12. 0 软件的用户定制制图标准是用户本机专用的，如果更换电脑或更换登录用户就无法使用，因此需要设法能够共享制图标准。如果知道用户定制制图标准文件的存储位置，就可以将其拷贝到其他电脑上进行使用。

UG NX 软件不同版本的用户定制制图标准文件位置有所不同，以电脑系统为 Windows 7 或 Windows 10 为例，具体如下。

（1）UG NX 9. 0 的制图样式用户默认设置文件在：

C：\ Users \ Administrator \ AppData \ Local \ Siemens \ NX90 中。

①用户默认设置文件如下：

◆nx90 user. dpv；

◆nx90 user. xsl。

②定制的制图标准文件如下：

◆nx9 GB（new）Drafting Standard User. dpv；

◆nx9 GB（new）Drafting Standard User. xsl。

③标准名称为 GB（new）。

④当前系统的用户名为 Administrator。

（2）UG NX 12.0 的制图样式用户默认设置文件在：

C：\ Users \ Administrator \ AppData \ Local \ Siemens \ NX120 中，如图 8-19 所示。

①用户默认设置文件如下：

◆NX120 user. dpv；

◆NX120 user. xsl。

②定制的制图标准文件如下：

◆nx GB（new）Drafting Standard User. dpv；

◆nx GB（new）Drafting Standard User. xsl。

③标准名称为 GB（new）。

④当前系统的用户名为 Administrator。

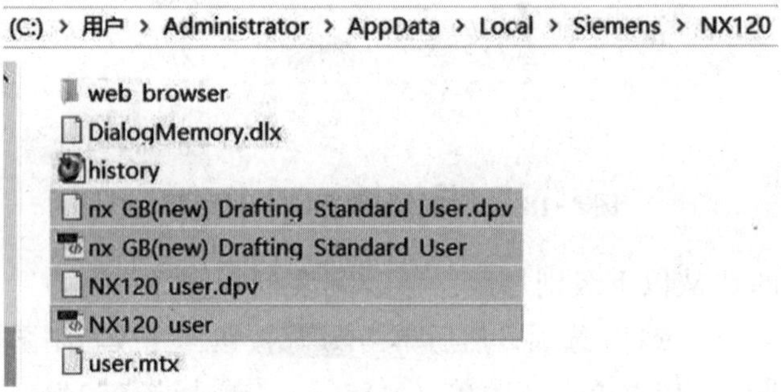

图 8-19　UG NX 12.0 的制图样式用户默认设置文件

以上列出了 NX 9.0 和 NX 12.0 版本的定制制图标准文件所在，如更换电脑时将对应版本的这 4 个文件拷贝到新电脑同样位置，然后再加载对应的定制标准即可。

5. 制图首选项参数

在进入 UG NX 的制图模块后，虽然通过加载制图标准后相关参数都已经设置好，但是针对部分 NX 文件可能还需要做特殊设置，因此要对制图模板的其他首选项参数做些调整，从而使所创建的工程图更符合制图标准。

首先在 UG NX 12.0 中打开一个 NX 文件，进入制图模块后，依次单击"菜单（M）"→"首选项（P）"→"制图（D）"，系统弹出"制图首选项"对话框，以下针对常用的一些设置作详细介绍。

1）制图参数设置

（1）在"制图首选项"对话框中依次单击"常规/设置"→"工作流程"，如图 8-20 所示。

图 8-20　制图首选项——常规/设置

"工作流程"节点下对话框中各功能选项及其说明如下。

① "独立"的区域：用于设置从独立 NX 文件进入制图模块时的命令流程。

a. ☑始终启动插入图纸页命令 复选框：勾选此复选框，进入制图模块后始终启动"插入图纸页"命令。

b. ☑始终启动视图创建 复选框：勾选此复选框，进入制图模块后始终启动"视图创建"命令。

c. ☑始终启动投影视图命令 复选框：勾选此复选框，在创建了基本视图后启动"投影视图"命令。

② "基于模型"区域：用于设置从模型文件（建模模块）进入制图模块时的命令流程。

a. ☑始终启动插入图纸页命令 复选框：勾选此复选框，进入制图模块后始终启动"插入图纸页"命令。

b. **始终启动** 的下拉列表框中有 3 个选项，分别如下。

◆ "视图创建向导"选项：创建视图时启动"创建向导"命令。

◆ "基本视图命令"选项：创建视图时启动"基本视图"命令。

◆ "无视图命令"选项：创建视图时不启动"基本视图"命令。

c. ☑始终启动投影视图命令 复选框：勾选此复选框，在创建了基本视图后启动"投影视图"命令。

d. ☐创建制图组件 复选框：勾选此复选框，在创建主模型视图后将会在装配导航器中产生一个对应的制图组件。

③ "图纸"区域：用于定义图纸设置参数来源。

a. **设置起源** 的下拉列表框中有 2 个选项，分别如下。

◆ "图纸模板"选项：图纸设置参数是使用图纸模板中的设置。

◆ "图纸标准"选项：图纸设置参数是使用用户默认设置中存储的制图标准的位置。

b. **栅格设置**的下拉列表框中有 3 个选项，分别如下。

◆ "制图"选项：设置图纸栅格类型为制图栅格。

◆ "草图"选项：设置图纸栅格类型为草图栅格。

◆ "图纸页区域"选项：设置图纸栅格类型为图纸页区域栅格。

（2）在"制图首选项"对话框中依次单击"视图"→"工作流程"，如图 8-21 所示。

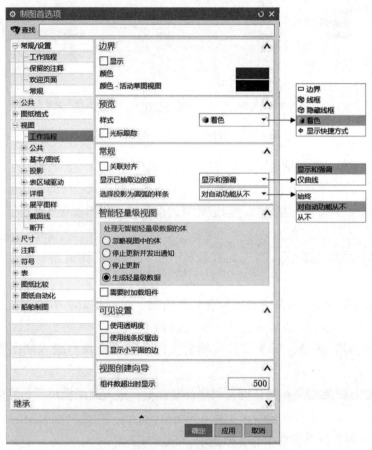

图 8-21 制图首选项——视图

"工作流程"节点下的对话框中各区域说明如下。

◆ "边界"区域：用于设置视图的边界参数。

◆ "预览"区域：用于设置视图的对齐参数。

◆ "智能轻量级视图"区域：用于设置视图的轻量级数据。

◆ "可见设置"区域：用于设置图纸中的可视参数。

2）注释参数设置

在"制图首选项"对话框中分别选择"公共""尺寸""注释""表"节点，可以调整文字属性、尺寸属性和表格属性等注释参数。

（1）选择"公共"节点，如图8-22所示。

图8-22 制图首选项——文字

（2）选择"注释"节点，如图8-23所示。

图8-23 制图首选项——注释

（3）选择"表"节点，如图 8-24 所示。

图 8-24　制图首选项——表

3）视图参数设置

在"制图首选项"对话框中依次单击"视图"→"公共"，如图 8-25 所示。可以控制图样上的视图显示，包括隐藏线、可见线、光顺边和螺纹等内容。这些参数设置只对以后添加的视图有效，而对于已添加的视图则需要通过编辑视图的样式来修改。

图 8-25　制图首选项——视图

4）视图标签参数设置

在"制图首选项"对话框中依次单击"视图"→"基本/图纸"→"标签"，如图 8-26 所示，视图标签的功能说明如下。

◆控制视图标签的显示，并查看图样上成员视图的视图比例标签。

◆控制视图标签的前缀名、字母、字母格式和字母比例数值的显示。

◆控制视图比例的文本位置、前缀名、前缀文本比例数值、数值格式和数值比例数值的显示。

图 8-26　制图首选项——视图标签

5）视图截面线设置

在"制图首选项"对话框中依次单击"视图"→"截面线"，如图 8-27 所示。视图截面线的功能是控制以后添加到图样中的剖切线的显示样式。

图 8-27　制图首选项——视图截面线

8.1.3 工程图纸的管理

UG NX 12.0中工程图纸的管理包括工程图纸的创建、编辑和删除，以及导入工程图纸的图框和标题栏，下面分别进行介绍。

1. 工程图纸的创建、编辑和删除

1）工程图纸的创建

（1）在 UG NX 12.0 中打开范例文件"ch08-01-03. prt"，单击"应用模块"选项卡"设计"组中的"制图"按钮，进入制图模块。

（2）单击"主页"选项卡中的  按钮，或者依次单击"菜单（M）"→"插入（S）"→"图纸页（H）"。

弹出"工作表"对话框，如图 8-28 所示。

图 8-28 "工作表"对话框

"工作表"对话框中各选项及其功能说明如下。

① "大小"区域：用于设置图纸的大小尺寸。通常情况下都选中"标准尺寸"单选按钮，再根据模型选择合适的图纸大小（如 A2、A3、A4 等）和图纸比例。

② "名称"区域：用于设置图纸页即工作表的名称，通常情况下默认即可。

③ "设置"区域：各选项的功能说明如下。

◆ "单位"选项：用于设置图纸的单位，默认选中⊙ᵐ单选按钮。

◆ "投影"选项：指定第一视角投影⊟⊙或第三视角投影⊙⊟。按照国标，应选择第一视角投影⊟⊙。注意：一旦选定后且图纸中创建了视图，那么将不能再修改；因此在创建图纸时必须选择正确，否则影响整个图纸的视图方向。

（3）在对话框中单击 确定 按钮，完成创建一张图纸。同时系统弹出"视图创建向导"对话框。

（4）在"视图创建向导"对话框中单击 取消 按钮，不启动视图创建向导。

（5）工程图纸创建完成后，在部件导航器中 ✓⊟图纸 节点下自动生成一个"工作表"图纸。

在工作表名称后面带有"（工作的-活动）"，表示这是图形区中当前显示的工程图纸。

2）工程图纸的编辑

对于已创建好的工程图纸，可以编辑修改其大小、比例等。在部件导航器中选定要编辑的工程图纸上右击，在弹出的快捷菜单中执行"编辑图纸页"命令，系统弹出"工作表"对话框，利用该对话框可以编辑此图纸的相关参数，如图8-29所示。

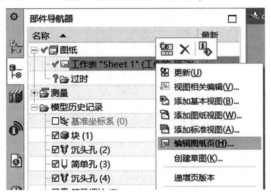

图8-29　"编辑图纸页"命令

注意：

◆ 如修改图纸大小更换为小的尺寸，则图纸中部分视图可能会超出范围，从而提示不可更改；

◆ 如修改图纸比例，则图纸中所有视图的比例都会按修改后的比例进行调整，可能会影响布局；

◆ 如图纸中已有除基本视图外的其他视图，则投影的视角方向将不能修改，除非删除其他视图，才能修改投影视角方向。

3）工程图纸的删除

在部件导航器中选定要删除的工程图纸上右击，在弹出的快捷菜单中执行"删除"命令，即可删除所选图纸页，同时其下级所有视图也一并删除。

2. 工程图纸的图框和标题栏

一张合格的工程图纸必须包括图框和标题栏，因此在创建视图前要先按国标制作图框和标题栏。由于本书篇幅有限，对于图框和标题栏的制作步骤不做介绍，只介绍如何导入合格的图框和标题栏，从而可以快速地进行下一步的操作。

（1）在本书的范例文件夹"UG NX Template"中已经创建了 A2、A3、A4 的 NX 模板文件，其中带有已制作好的标准图框和标题栏，如图 8-30 所示，可供用户参考使用。

> UG NX Template

📄 NX-A2 A
📄 NX-A3 A
📄 NX-A4 HOR A
📄 NX-A4 VER A

图 8-30　UG NX 模板文件

①其中 A4 大小的模板有两个文件"NX-A4 HOR A. prt"和"NX-A4 VER A. prt"，分别是横向和竖向的两个形式。

②在 UG NX 12. 0 软件中打开某个 NX 模板文件如"NX-A3 A. prt"文件，可以看到其只带有 A3 的图框以及标题栏，但不带其他模型数据，如图 8-31 所示。因此可以将它导入到实际的工程图纸中使用。

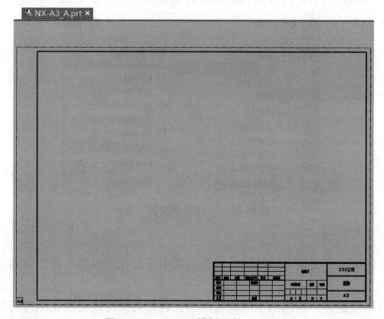

图 8-31　UG NX 模板文件——A3

（2）在 UG NX 12. 0 中打开范例文件"ch07-01-03. prt"，切换到"制图"模块，按上一小节的操作创建好一张空白的工程图纸，图纸大小为 A3。

（3）依次单击"文件（F）"→"导入（M）"→"部件（P）"，弹出"导入部件"对话框，如图 8-32 所示。

图 8-32 "导入部件"对话框

（4）在"导入部件"对话框中保持默认设置，单击 确定 按钮后弹出新对话框，选择要导入的模板文件，因为当前工程图纸大小是 A3，所以选择"NX-A3 A. prt"文件。

（5）单击 OK 按钮，弹出"点"对话框，指定导入点的目标位置（0, 0），如图 8-33 所示。

图 8-33 导入部件——"点"对话框

（6）单击"点"对话框中 确定 按钮，成功导入部件，工程图纸中已经加入了图框和标题栏。

单击"对话框"中 取消 按钮，关闭当前对话框。

注意：不要再单击 确定 按钮，否则将再次导入图框和标题栏，并重叠在一起。

（7）最终导入后的效果如图 8-34 所示，之后就可以根据部件信息修改标题栏中的相关信息。

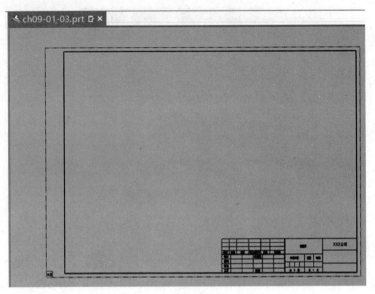

图 8-34　导入部件完成

8.1.4　视图的创建

视图是按照三维模型的投影关系生成的，主要用来表达零部件模型的内外部结构及尺寸。创建好工程图纸后，就可以向工程图纸中添加所需要的视图，在 UG NX 12.0 软件中，视图分为基本视图、投影视图、剖视图、局部剖视图和局部放大图等。基本视图是基于三维实体模型添加到工程图纸上的视图，所以又称为模型视图。除基本视图外的其他视图都是基于图纸上的其他视图建立的，被用来当作参考的视图称为父视图。每添加一个视图，除基本视图外都需要指定父视图。

1. 基本视图

基本视图是基于 3D 几何模型的视图，可以独立放置在图纸页上，也可以成为其他视图的父视图。

（1）"基本视图"命令可通过如下两种方式找到。

◆单击"主页"选项卡工具条中"视图"组中的"基本视图"按钮，如图 8-35 所示。

图 8-35　"基本视图"命令

◆依次单击"菜单（M）"→"插入（S）"→"视图（W）"→"基本（B）"。

（2）"基本视图"对话框界面如图8-36所示。

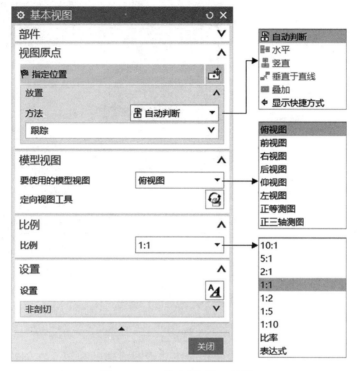

图8-36 "基本视图"对话框

"基本视图"对话框中各选项及其功能说明如下。

◆ "部件"区域：用于加载部件、显示已加载部件和最近访问的部件。

◆ "视图原点"区域：用于定义视图在图形区的摆放位置，如水平、竖直和自动判断等，默认选择"自动判断"。

◆ "模型视图"区域：用于定义视图的方向，如俯视图、前视图、后视图和仰视图等；单击该区域的"定向视图工具" 按钮，系统弹出"定向视图工具"对话框，通过该对话框可以创建自定义的视图方向。

◆ "比例"区域：为将要创建的基本视图指定一个特定的比例值，默认的视图比例等于图纸比例。

◆ "设置"区域：用于设置基本视图的视图样式，单击该区域的 按钮，系统弹出"设置"对话框。

在"基本视图"对话框中设置好相关参数后，在图形区自动出现基本视图的预览图，移动光标到合适位置后，单击确定视图的摆放位置，如图8-37所示。

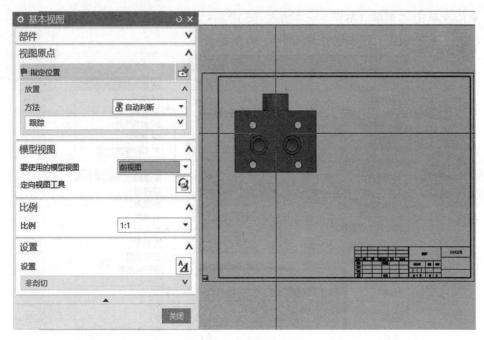

图 8-37　创建基本视图

2. 投影视图

投影视图是根据所选俯视图创建的相应正交视图或辅助视图。在创建投影视图前图纸中必须有基本视图作为父视图，否则投影视图的命令是灰色的，为不可用状态。

（1）"投影视图"命令可通过如下两种方式找到。

◆单击"主页"选项卡工具条中"视图"组中的 按钮，如图 8-38 所示。

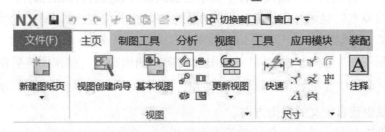

图 8-38　"投影视图"命令

◆依次单击"菜单（M）"→"插入（S）"→"视图（W）"→"投影（J）"。

（2）"投影视图"对话框界面如图 8-39 所示。

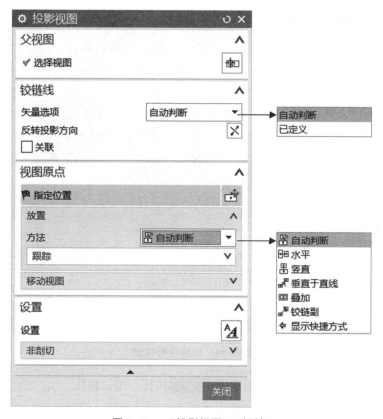

图 8-39 "投影视图"对话框

"投影视图"对话框中各选项及其功能说明如下。

◆ "父视图"区域：用于指定某个视图作为父视图。

◆ "铰链线"区域：用于定义铰链线作为投影方向。

◆ "视图原点"区域：用于定义视图在图形区的摆放位置，如水平、竖直和自动判断等，默认选择"自动判断"。

◆ "设置"区域：用于设置投影视图的视图样式，单击该区域的 ⚌ 按钮，系统弹出"设置"对话框。

（3）创建投影视图的基本步骤如下。

①执行"投影视图"命令，弹出"投影视图"对话框。

②如图纸中只有一个基本视图则自动被视作父视图。

③由于"铰链线"下拉列表框中默认为"自动判断"选项，因此在图形区中移动光标，系统的铰链线及投影方向都会自动改变，移动光标到合适位置处单击，即可添加一个正交投影视图，如图 8-40 所示。

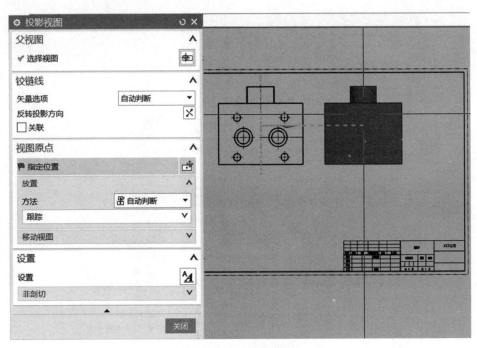

图 8-40 创建投影视图

④创建投影视图完成后，单击对话框中 关闭 按钮，退出操作。

3. 剖视图

剖视图通常用来表达零部件的内部结构和形状，它是以一个假想平面为剖切面，对视图进行整体的剖切操作。"剖视图"命令可以创建具有剖切性质的视图，包括简单剖、阶梯剖、半剖、旋转和点到点剖视图。

(1) "剖视图"命令可通过如下两种方式找到。

◆单击"主页"选项卡工具条中"视图"组中的■■按钮，如图 8-41 所示。

图 8-41 "剖视图"命令

◆依次单击"菜单（M）"→"插入（S）"→"视图（W）"→"剖视图（S）"。

(2) "剖视图"对话框界面如图 8-42 所示。

图 8-42 "剖视图"对话框

"剖视图"对话框中各选项及其功能说明如下。

（1）"截面线"区域：各选项及功能说明如下。

◆ "定义"下拉列表框中有 2 个选项。

"动态"选项：直接创建动态的截面线；

"选择现有的"选项：选择已创建好的独立截面线。

◆ "方法"下拉列表框中有 4 个选项，用于创建不同形式的剖视图，包括简单剖/阶梯剖、半剖、旋转和点到点。

（2）"铰链线"区域：用于设置剖视图的查看方向。

（3）"截面线段"区域：用于创建阶梯剖视图时的剖切位置。

（4）"父视图"区域：用于指定某个视图作为父视图。

（5）"视图原点"区域：用于定义视图在图形区的摆放位置，如水平、竖直和自动判断等，默认选择"自动判断"。

（6）"设置"区域：用于设置剖切线样式和视图样式，单击该区域的 按钮，系统弹出"设置"对话框。

（7）"预览"区域：用于 3D 查看剖切平面、效果以及移动视图。

下面针对不同的剖视图创建方法分别做介绍。

1）全剖视图

全剖视图是一种最简单的剖视图，下面通过一个范例来演示其创建的操作过程。

（1）在 UG NX 12.0 软件中打开范例文件"ch08-01-04-03.prt"并进入制图模块，它已创建好工程图纸及基本视图。

（2）单击"主页"选项卡工具条中"视图"组中的███按钮，弹出"剖视图"对话框，如图 8-43 所示。

①定义剖切类型。在"截面线"区域的"方法"下拉列表框中选择 **简单剖/阶梯剖** 选项。

②选择剖切位置。先确认"上边框条"工具条中的 ⊙ 按钮被按下（即打开捕捉方式中的圆心捕捉），选取如图 8-43 所示的图形区中指定圆，系统自动捕捉其圆心位置。

③由于"铰链线"下拉列表框中默认为"自动判断"选项，此时系统的铰链线将经过此剖切位置点。

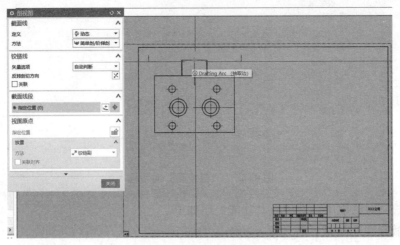

图 8-43　创建全剖视图 1

说明：系统自动选择距剖切位置最近的视图作为创建剖视图的父视图。

（3）放置剖视图。由于已定义好铰链线所经过的剖切位置点，因此在图形区中移动光标，系统的铰链线将始终绕着剖切位置点旋转，同时剖切方向会垂直于铰链线，移动光标到合适位置处，如图 8-44 所示。

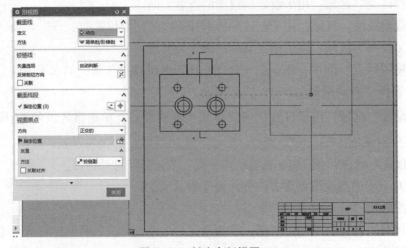

图 8-44　创建全剖视图 2

单击左键，即可添加一个全剖视图，如图8-45所示。

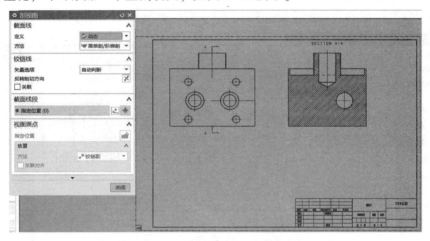

图8-45　创建全剖视图完成

（4）单击 关闭 按钮，退出剖视图的创建。

2）阶梯剖视图

阶梯剖视图也是一种全剖视图，只是阶梯剖视图的剖切平面一般是一组平行的平面，且剖切线为一条连续垂直的折线。下面通过一个范例来演示其创建的操作过程。

（1）在 UG NX 12.0 软件中打开范例文件"ch08-01-04-03.prt"并进入制图模块，它已创建好工程图纸及基本视图。

（2）单击"主页"选项卡工具条中"视图"组中的 按钮，弹出"剖视图"对话框。

（3）创建全剖视图。先按照全剖视图的创建方法创建出一个全剖视图，然后选定全剖视图右击，在弹出的快捷菜单上执行"编辑"命令，如图8-46所示。

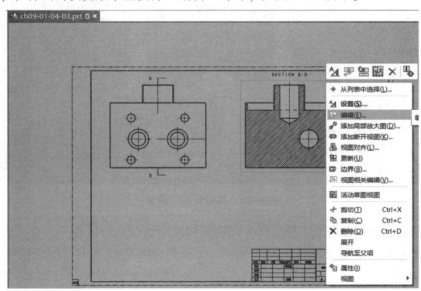

图8-46　编辑全剖视图1

（4）编辑全剖视图。执行"编辑"命令后弹出"剖视图"对话框，在对话框中可看到"截面线段"区域的"指定位置（3）"，选中它，如图8-47所示。

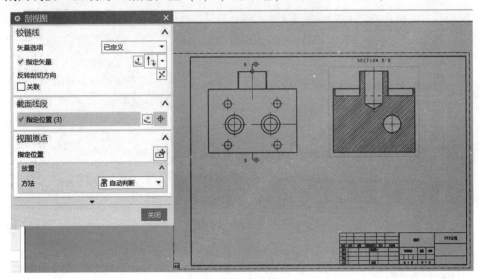

图8-47 编辑全剖视图2

（5）添加截面线段。选中对话框中的"指定位置（3）"，按下"上边框条"工具条中的 ⊙ 按钮，选取如图8-48所示的图形区中指定圆，即在视图中增加截面线段。

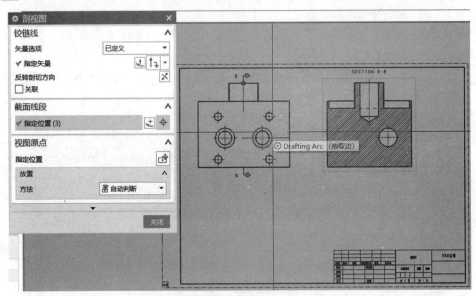

图8-48 编辑全剖视图3

（6）选取圆心点后单击，对话框中"截面线段"区域变为"指定位置（5）"，截面线段根据选定点自动生成折弯线段并剖切，可根据需要选择多个点形成截面线段，如图8-49所示。

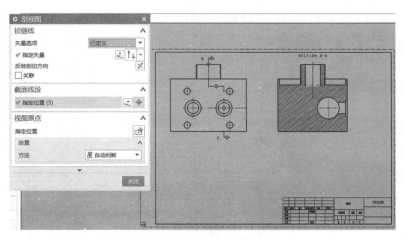

图 8-49 创建阶梯剖视图完成

单击 关闭 按钮，完成阶梯剖视图的创建。

说明：可拖动图形区的截面线段上的 ──○── 控制点，移动截面线段的位置，创建合适的阶梯剖视图。

3）半剖视图

半剖视图通常用来表达对称零部件，一半剖视图表达零部件的内部结构，另一半剖视图则表达零部件的外形。下面通过一个范例来演示其创建的操作过程。

（1）在 UG NX 12.0 中打开范例文件"ch08-01-04-03.prt"并进入制图模块，新建一个工程图纸"sheet2"，并创建一个俯视图的基本视图。

（2）单击"主页"选项卡工具条中"视图"组中的 按钮，弹出"剖视图"对话框。

①定义剖切类型。在"截面线"区域的"方法"下拉列表框中选择 半剖 选项。

②选择剖切位置。先确认"上边框条"工具条中的 按钮被按下，选取如图 8-50所示的图形区中指定圆，系统自动捕捉其圆心位置。

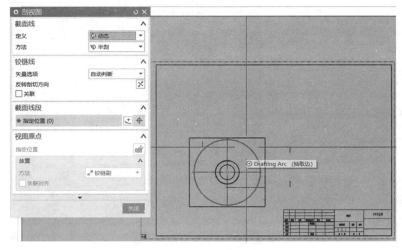

图 8-50 创建半剖视图 1

说明：系统自动选择距剖切位置最近的视图作为创建剖视图的父视图。

③然后指定半剖视图的剖切终点位置，即移动光标到圆心所在的竖直中心线上，确定剖切线，如图8-51所示。

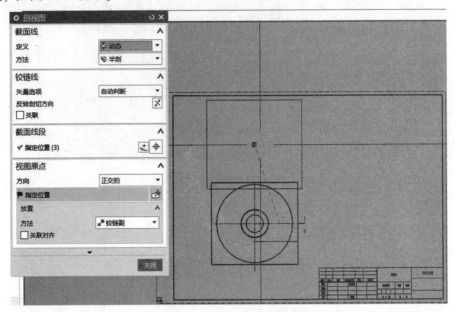

图8-51 创建半剖视图2

（3）放置剖视图。由于已定义好铰链线所经过的剖切位置点，因此在图形区中移动光标，系统的铰链线将始终绕着剖切位置点旋转，移动光标到合适位置处后单击确认，完成半剖视图的创建，如图8-52所示。

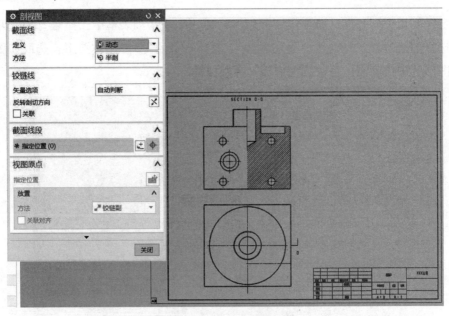

图8-52 创建半剖视图完成

4）旋转剖视图

旋转剖视图是采用两个成一定角度的剖切面来剖开零部件，然后将被剖切面剖开的结构旋转到同一平面上进行投影的剖视图。旋转剖视图可以创建围绕轴旋转的剖视图，主要用来表达具有回转特征零部件的内部形状。旋转剖视图可以包含一个旋转剖面，也可以包含阶梯以形成多个剖切面。

旋转剖视图也是通过"剖视图"命令，在对话框中"截面线"区域的"方法"下拉列表框中选择 **旋转** 选项，大部分操作与前面几种剖视图相同，不同之处是要指定旋转点。

5）点到点剖视图

点到点剖视图是使用任意父视图中连接一系列指定点的剖切线来创建一个展开的剖视图。点到点剖视图也是通过"剖视图"命令，在对话框中"截面线"区域的"方法"下拉列表框中选择 **点到点** 选项。

4. 局部剖视图

局部剖视图是通过移除零部件某个局部区域的材料来查看内部结构的视图，其常用于轴、连杆等实心零件上有小孔、槽和凹坑等局部结构需要进行表达时。局部剖视图创建时需要提前绘制封闭的曲线来定义要剖开的区域。

（1）"局部剖"命令可通过如下两种方式找到。

◆单击"主页"选项卡工具条中"视图"组中的 按钮。

◆依次单击"菜单（M）"→"插入（S）"→"视图（W）"→"局部剖（O）"。

（2）"局部剖"对话框界面如图8-53所示。

图8-53 "局部剖"对话框

"局部剖"对话框中各选项及其功能说明如下。

① "操作"区域：创建、编辑、删除局部剖视图。

② "创建剖视图"区域：依次按照以下5个步骤来创建。

◆ "选择视图" 选项：在视图列表或图形区中选择已建立局部剖视图边界的视图作为父视图。

◆ "指定基点" 选项：选取一点指定剖切位置，但基点不能选择局部剖视图的点，而要选取其他视图中的点。例如，要剖切一个局部孔，就选取此孔在其他视图上的原点。

◆ "指出拉伸矢量" 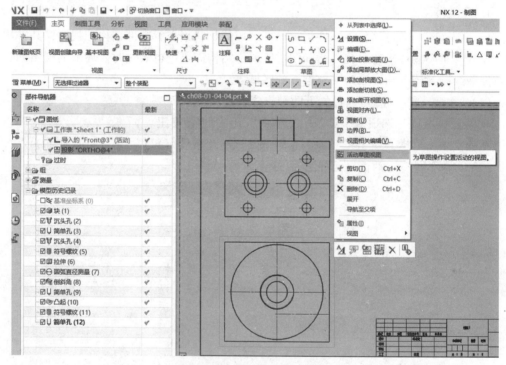选项：指定投影方向；一般情况下指定基点后直接单击鼠标中键接受系统的默认矢量。

◆ "选择曲线" 选项：选择已创建好的封闭曲线来确定剖切范围。

◆ "编辑边界" 选项：根据需要可编辑曲线边界范围，从而调节剖切范围。

③□**切穿模型** 复选框：勾选后完全切透模型。

（3）创建局部剖视图的步骤如下。

下面通过一个范例来演示其创建的操作过程。

①在 UG NX 12.0 软件中打开范例文件 "ch08-01-04-04.prt" 并进入制图模块，它已创建好工程图纸及基本视图。

②绘制局部剖视图的草图曲线。

a. 在图形区中选中俯视图的边界并右击，在弹出的快捷菜单中执行"活动草图视图"命令，激活该视图为草图视图，如图 8-54 所示。

图 8-54　编辑活动草图视图 1

激活后可以看到部件导航器中此视图名称后带上"（活动）"二字，如 投影 "ORTHO@4" (活动)。

b. 单击"主页"选项卡工具条中"草图"组中的"艺术样条" 按钮，系统弹出"艺术样条"对话框，选择 **通过点**类型，在图形区中确定 4 个点后勾选"☑**封闭**"复选框，绘制出样条曲线，如图 8-55 所示。

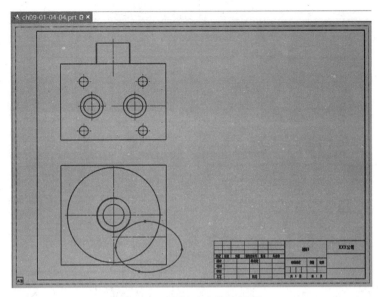

图 8-55　编辑活动草图视图 2

③单击 按钮，完成草图曲线绘制。
完成草图

（4）创建局部剖视图。单击 按钮，弹出"局部剖"对话框，如图 8-56 所示。

图 8-56　创建局部剖视图 1

①选择视图。在"局部剖"对话框中选中 ⊙创建 单选按钮，在系统左下角
选择一个生成局部剖的视图 的提示下，单击选取 ORTHO@4 ，此时对话框变成如图 8-57 所示的
状态。

图 8-57　创建局部剖视图 2

②定义基点。在系统左下角 **定义基点 - 选择对象以自动判断点** 的提示下，选取如图8-58所示的圆心作为基点。

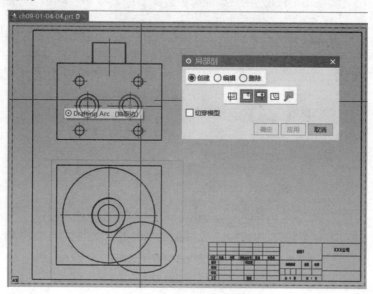

图8-58　创建局部剖视图3

③定义拉伸的矢量方向。直接单击鼠标中键接受系统的默认矢量。

④选择曲线确定剖切范围。单击对话框中的回按钮，选择之前创建好的草图曲线。

（5）先单击对话框中 应用 按钮，再单击 取消 按钮，完成局部剖视图的创建，如图8-59所示。

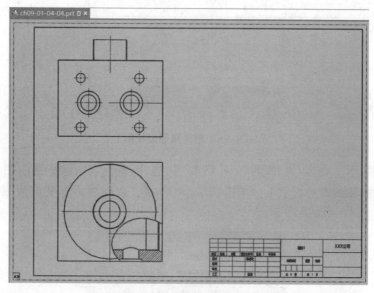

图8-59　创建局部剖视图完成

5. 局部放大图

局部放大图是将现有视图的某个部位单独放大并建立一个新的视图，以便清晰表达其内部结构和尺寸。

（1）"局部放大图"命令可通过如下两种方式找到。

◆单击"主页"选项卡工具条中"视图"组中的 按钮，如图8-60所示。

图8-60　"局部放大图"命令

◆依次单击"菜单（M）"→"插入（S）"→"视图（W）"→"局部放大图（D）"。

（2）"局部放大图"对话框界面如图8-61所示。

图8-61　"局部放大图"对话框

"局部放大图"对话框中各选项及其功能说明如下。

◆"类型"区域：用于定义绘制局部放大图的边界类型，包括"圆形""按拐角绘制矩形"和"按中心和拐角绘制矩形"3个选项。

◆"边界"区域：用于定义绘制局部放大图的边界位置。

◆"原点"区域：指定将要创建的局部放大图的放置位置；"放置"方法默认是"自动判断"，移动光标将其放置到合适位置。

◆"比例"区域：用于定义将要创建的局部放大图的比例值。

◆"父项上的标签"区域：用于定义父视图中局部放大图边界上的标签类型，包括

"无""圆""注释""标签""内嵌"和"边界"等选项；按照国标，应选择"标签"选项。

◆ "设置"区域：设置局部放大图的样式。

（3）创建局部放大图的步骤如下。

下面以一个范例来演示其创建的操作过程。

①在UG NX 12.0软件中打开范例文件"ch08-01-04-05.prt"并进入制图模块，它已创建好工程图纸及基本视图。

②单击"主页"选项卡工具条中"视图"组中的 按钮，弹出"局部放大图"对话框。

a. 在对话框中"类型"选择 ⊘ **圆形** 选项，"父项上的标签"选择 **标签** 选项。

b. 指定边界的中心点和边界点。选取图形区中准备创建局部视图的位置，再选取边界点，确定局部放大图的中心和边界，如图8-62所示。

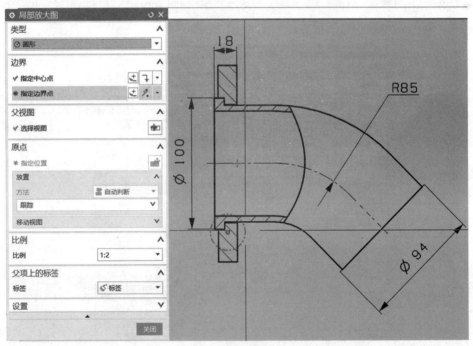

图8-62　创建局部放大图1

说明：系统自动选择边界所在的视图作为创建局部放大图的父视图。

c. 指定视图的比例。在对话框的"比例"下拉列表框中选取合适的比例，局部放大图按比例自动调整，如图8-63所示。

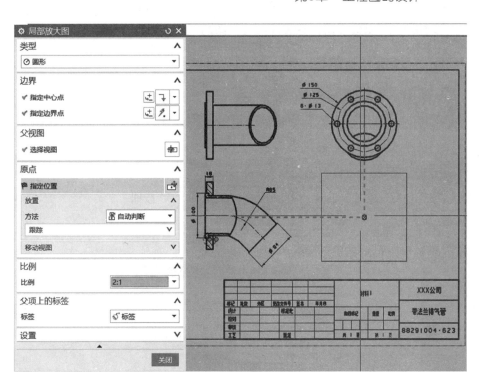

图 8-63　创建局部放大图 2

③确定放置位置。在图形区中移动光标将局部放大图放到合适位置后单击，确定其放置位置，如图 8-64 所示。

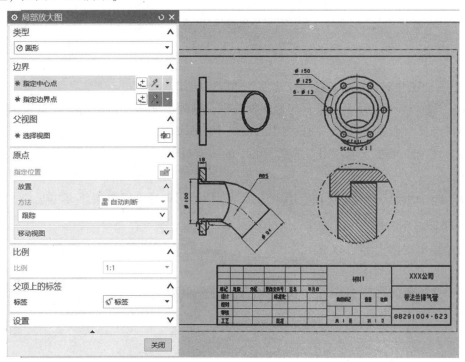

图 8-64　创建局部放大图完成

④单击对话框中 关闭 按钮，完成局部放大图的创建，退出操作。

8.1.5 视图操作与编辑

1. 更新视图

在产品设计过程中，如果修改了零部件模型的形状或尺寸，应该及时地进行视图更新，以确保工程图纸处于最新的状态。

（1）"更新"命令可通过如下两种方式找到。

◆单击"主页"选项卡工具条中"视图"组中的 按钮。

◆依次单击"编辑（E）"→"视图（W）"→"更新"。

（2）"更新视图"对话框如图 8-65 所示。

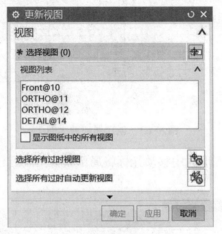

图 8-65 "更新视图"对话框

"更新视图"对话框中各按钮及选项的功能说明如下。

◆□显示图纸中的所有视图 复选框：勾选此复选框，则列出此零部件上所有图纸页面上的视图，可供选择；如取消勾选，则只列出当前显示的图纸页面上的视图。

◆选择所有过时视图 选项：用于选择图纸中的所有过时视图。单击 应用 按钮，则更新这些视图。

◆选择所有过时自动更新视图 选项：用于选择图纸中的所有过时视图并自动更新。

2. 视图边界编辑

通过编辑视图边界可以在视图中只显示需要的几何特征，同时隐藏不需要的几何特征。

在需要编辑的视图上右击，在弹出的快捷菜单中执行"边界"命令，如图 8-66 所示。

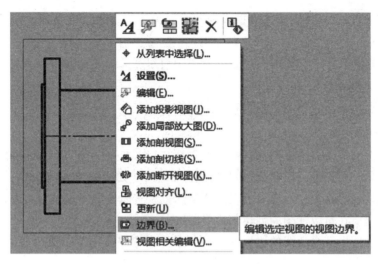

图8-66　视图边界编辑命令

执行"边界"命令后，弹出"视图边界"对话框，如图8-67所示。

图8-67　"视图边界"对话框

"视图边界"对话框中各按钮及选项的功能说明如下。

（1）下拉列表框：定义视图边界的类型，有4个选项，分别如下。

◆ "断裂线/局部放大图"选项：适用于截断视图和局部放大图中视图边界的创建。

◆ "手工生成矩形"选项：可手工绘制一个矩形，包括要显示的几何特征的范围。

◆ "自动生成矩形"选项：针对基本视图类型的默认边界。

◆ "由对象定义边界"选项：根据所选择的对象自动生成其视图边界，当对象模型有变化时也会自动更新边界。

（2）锚点按钮：用于定义视图在图纸上的固定位置，当模型发生变化后此视图仍保留在图纸上的特定位置。

（3）包含的点 按钮：仅在边界类型设为"由对象定义边界"时可用，用于定义包含在视图边界内的点。

（4）包含的对象 按钮：仅在边界类型设为"由对象定义边界"时可用，用于定义包含在视图边界内的几何对象。

（5）重置 按钮：用于恢复本次操作的参数设定。

3. 活动草图视图

工程图纸上的每个成员视图都有一个独立的空间，在这个空间中只能显示属于此成员视图的所有对象，用户也可以在此空间创建新的对象（如线段或者曲线等），这些新对象只与所在的成员视图相关，不会显示在其他视图或者实体模型中。例如，在创建局部剖视图时，就需要提前在对应视图中创建其边界曲线。

在图形区中选中某个视图的边界并右击，在弹出的快捷菜单中执行"活动草图视图"命令，如图8-68所示。

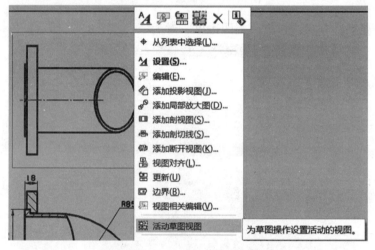

图8-68 "活动草图视图"命令

（1）执行此命令，激活该视图为草图视图。激活后可以看到部件导航器中此视图名称后带上"（活动）"，如 ✔图 投影 "ORTHO@4" (活动)。

（2）然后就可以通过"草图"工具条中相关命令，进行添加曲线等操作。

（3）单击 按钮，完成草图曲线绘制。

4. 视图相关编辑

在 UG NX 12.0 软件中，工程图纸上创建的视图和三维模型都是相关联的，但是根据制图标准的要求，还需要添加或删除某些制图对象、或更改某些制图对象的显示等，这就需要用到"视图相关编辑"功能。

在需要编辑的视图上右击，在弹出的快捷菜单中执行"视图相关编辑"命令，如图8-69所示。

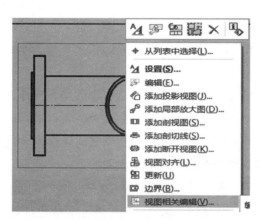

图 8-69　"视图相关编辑"命令

执行此命令后，弹出"视图相关编辑"对话框，如图 8-70 所示。

图 8-70　"视图相关编辑"对话框

"视图相关编辑"对话框中各选项的功能及其说明如下。

（1）"添加编辑"区域：用于在视图上添加编辑制图对象，其中选项的功能说明如下。

◆ "擦除对象" 选项：将所选对象隐藏起来，无法擦除有尺寸标注的对象。

◆ "编辑完整对象" 选项：编辑所选对象的显示样式，包括对象的线型、线宽和颜色。

◆ "编辑着色对象" 选项：编辑视图中某一部分的显示方式。

◆ "编辑对象段" 选项：编辑视图中所选对象的某个片段的显示方式。

◆ "编辑剖视图背景" 选项：编辑剖视图的背景，仅针对剖视图时可用。

（2）"删除编辑"区域：用于删除"添加编辑"区域里所作的对应操作，即恢复原始状态，其中各选项的功能说明如下。

◆ "删除选定的擦除" 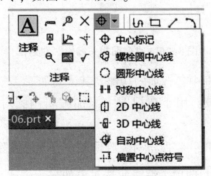选项：删除所选视图的擦除操作，使被隐藏对象显示出来。

◆ "删除选定的编辑" 选项：删除所选视图的编辑操作，使编辑对象回复原有显示方式。

◆ "删除所有编辑" 选项：删除所选视图之前进行的所有编辑。

（3）"转换相依性"区域中各选项的功能说明如下。

◆ "模型转换到视图" 选项：转换模型中存在的单独对象到视图中。

◆ "视图转换到模型" 选项：转换视图中存在的单独对象到模型中。

（4）"线框编辑"区域：当执行"编辑完整对象"命令时，才可用，用于设定对象编辑后的显示样式。

（5）"着色编辑"区域：当执行"编辑着色对象"命令时，才可用，用于设定对象编辑后的着色样式。

8.1.6 尺寸标注与注释符号

工程图的标注是工程图的一个重要组成部分，也是反映零部件尺寸和公差信息的最重要方式。通过标注功能，可以在工程图中添加尺寸、形位公差、制图符号和文本注释等内容。

1. 中心线

按照制图标准，工程图中视图上需要绘制相应的中心线来表达相应的几何特征。在UG NX 12.0 软件中提供了专门的"中心线"命令，以便添加各种类型的中心线。

"中心线"命令可通过如下两种方式找到。

◆单击"主页"选项卡工具条中"注释"组中的 ⊕ 后面的 ▼ 按钮，可以在下拉菜单中执行相应的"中心线"命令，如图 8-71 所示。

图 8-71 "中心线"命令

◆依次单击"菜单（M）"→"插入（S）"→"中心线（E）"。

执行某个"中心线"命令后，在弹出的对话框中按照提示选择对象后，自动按设定的中心线尺寸在视图上添加中心线。

2. 尺寸标注

尺寸标注是工程图中的一个重要内容，在 UG NX 12.0 软件中提供了丰富的尺寸标注工具条。

（1）"尺寸标注"命令可通过如下两种方式找到。

◆单击"主页"选项卡工具条中"尺寸"组中的按钮，如图8-72所示。

图8-72 "尺寸标注"命令

◆依次单击"菜单（M）"→"插入（S）"→"尺寸（M）"。

（2）工具条"尺寸"组中各按钮及其功能说明如下。

◆"快速" 按钮：系统根据选取的对象及光标位置自动判断尺寸类型并创建一个尺寸。

◆"线性" 按钮：在两个对象或点位置之间创建线性尺寸。

◆"径向" 按钮：创建圆形对象的半径或直径尺寸。

◆"角度" 按钮：在两条不平行的直线之间创建一个角度尺寸。

◆"倒斜角" 按钮：在倒斜角曲线上创建倒斜角尺寸。

◆"厚度" 按钮：创建一个厚度尺寸，测量两条曲线之间的距离。

◆"弧长" 按钮：创建一个弧度尺寸来测量圆弧周长。

◆"周长尺寸" 按钮：创建周长约束来控制选定直线和圆弧的集体尺寸。

◆"坐标" 按钮：创建一个坐标尺寸，测量从公共点沿一条坐标基线到某一位置的距离。

在标注尺寸前，先要选择正确的尺寸类型命令，再选择要标注的对象。

（3）尺寸标注中的尺寸编辑功能如下。

执行某个尺寸标注命令后，弹出相应的尺寸标注对话框，在选定好标注对象生成尺寸的同时会显示"快速尺寸"对话框，如图8-73所示。

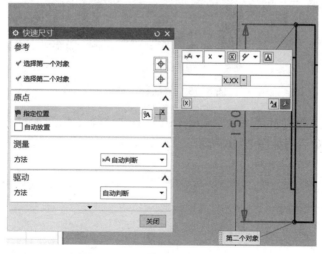

图8-73 "快速尺寸"对话框

在"尺寸编辑"对话框中进一步修改完善尺寸内容，如修改尺寸样式、添加前缀后缀等。"尺寸编辑"对话框如图8-74所示，其中各选项功能说明如下。

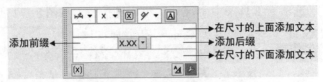

图8-74 "尺寸编辑"对话框

◆ 下拉列表框：用于设置尺寸类型。

◆ 下拉列表框：用于设置尺寸的公差。

◆ 按钮：用于设置检测尺寸。

◆ 下拉列表框：用于设置尺寸文本的位置，需按制图标准选取正确的形式。

◆ 按钮：用于添加注释文本，此文本可多行，单击此按钮，系统弹出"附加文本"对话框。

◆ X.XX 下拉列表框：用于设置尺寸精度。

◆ 按钮：用于设置参考尺寸。

◆ 按钮：用于设置尺寸显示和放置等参数，单击此按钮，系统弹出"设置"对话框。

3. 注释编辑器

注释编辑器具有文本注释、形位公差和特殊符号标注的功能。利用"注释编辑器"命令可以在工程图上添加技术要求等内容。

(1)"注释编辑器"命令可通过如下两种方式找到。

◆单击"主页"选项卡工具条中"注释"组中的 按钮，如图8-75所示。

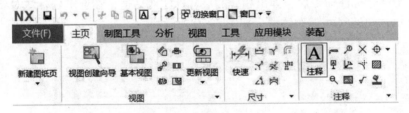

图8-75 "注释"命令

◆依次单击"菜单（M）"→"插入（S）"→"注释（A）"→"注释（N）"。

(2)"注释"对话框如图8-76所示。

图8-76　"注释"对话框

"注释"对话框中各选项及其功能说明如下。

① "原点"区域：用于指定注释的位置。

② "指引线"区域：用于定义指引线的类型和样式，其中"类型"下拉列表框中有5个选项。单击"选择终止对象"  按钮后，在图形区选定某个点则创建指引线。

③ "文本输入"区域：用于指定文本内容和文本格式。

◆ 编辑文本区域：用于编辑注释，主要包括清除、剪切、粘贴和复制文本等功能。

◆ 格式设置区域：用于设置文本字体、文本比例和文本格式等。

◆ 符号区域：该区域的"类别"下拉列表框中包括"制图""形位公差""分数""定制符号""用户定义"和"关系"6个选项，其中"制图"和"形位公差"选项的功能说明如下。

"制图"选项：显示常用的制图符号，单击某个符号按钮即可将其添加到输入区中。

"形位公差"选项：显示如图8-76所示的形位公差符号，单击某个符号按钮即可添加相应的符号到输入区中。当在标准下拉列表框中选择不同的标准时，所激活的符号按钮有所不同。

④ "继承"区域：指定要继承的注释对象，即可将其样式参数继承应用到当前文本对

象中。

⑤"设置"区域：用于设置文本、符号、箭头等的样式。

在"注释"对话框中输入文本内容后，在图形区自动显示预览，移动光标到合适位置后单击即可创建相应注释内容。

4. 表面粗糙度符号

在工程图纸中需要标注表面粗糙度来表达表面的加工精度要求。

（1）"表面粗糙度符号"命令可通过如下两种方式找到。

◆单击"主页"选项卡工具条中"注释"组中的 √ 按钮。

◆依次单击"菜单（M）"→"插入（S）"→"注释（A）"→"表面粗糙度符号"。

（2）"表面粗糙度"对话框如图8-77所示。

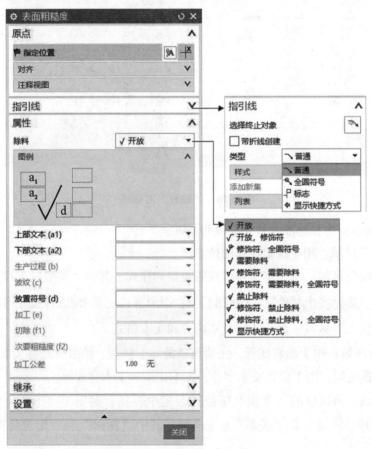

图8-77 "表面粗糙度"对话框

"表面粗糙度"对话框中各选项及其功能说明如下。

◆"原点"区域：用于指定表面粗糙度的位置。

◆"指引线"区域：用于定义指引线的类型和样式，其中"类型"下拉列表中有3个选项。

◆ "属性"区域：用于设定材料去除方式、符号类型、表面粗糙度数值等。

◆ "继承"区域：指定要继承的表面粗糙度对象，即可将它的属性等参数继承到当前对象。

◆ "设置"区域：用于设置文本的倾斜角度、尺寸、文字、单位及表面粗糙度符号等。

8.1.7　工程图纸转换

目前，市面上的 CAD/CAM/CAE 软件很多，不同 CAD/CAM/CAE 软件的数据格式并不一致，因此存在不同软件间的数据交换问题。由于 UG NX 的工程图纸需要打开 NX 软件后才能查看使用，而 NX 软件需要专业设计人员才能灵活使用，且打开 NX 软件需要一定时间，因此不适合非产品设计人员使用，也不方便直接查阅或存档，就需要将其转换为其他格式。

1. 工程图纸转成 PDF 格式

大部分的企业都是将 NX 工程图纸转换为 PDF 格式进行使用并存档，转换成 PDF 格式后图纸数据不会改变从而形成固定的版本，同时 PDF 格式很通用可以在任何电脑上查看，通过 PDF 打印后图纸的线条格式等都能保持原有样式，且符合制图标准。

下面通过一个范例来演示其工程图纸转换为 PDF 格式的操作过程。

（1）在 UG NX 12.0 中打开范例文件"ch08-01-07.prt"并进入制图模块，它已创建好一张工程图纸。

（2）依次单击"文件（F）"→"导出（E）"→"PDF"，如图 8-78 所示。

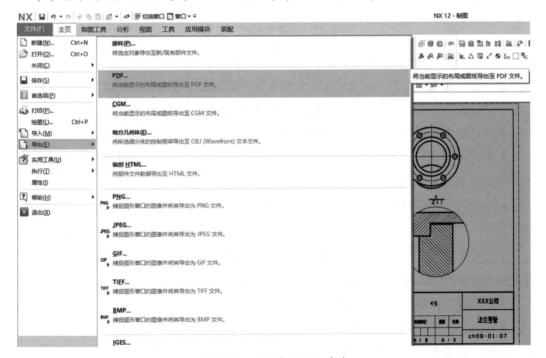

图 8-78　"导出 PDF"命令

（3）系统弹出"导出 PDF"对话框，如图 8-79 所示。

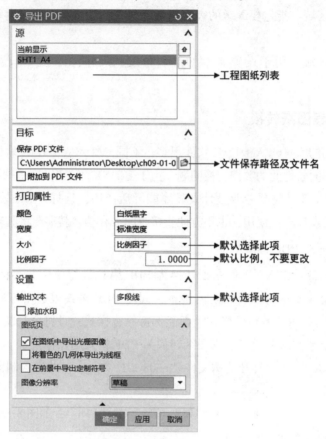

图 8-79　"导出 PDF"对话框

"导出 PDF"对话框中部分选项及其功能说明如下。

① "源"区域：显示当前 NX 文件中的工程图纸列表。可选择 1 张或多张图纸同时进行导出，如选择多张图纸则会自动在同一个 PDF 文件中建立多页。

② "目标"区域中各选项的功能说明如下。

◆ **保存 PDF 文件** 文本框：可直接在文本框中输入 PDF 文件的保存路径及文件名，或单击 按钮选择路径及文件名。

◆ □**附加到 PDF 文件** 复选框：勾选后，可将此 PDF 文件附加到选定的 PDF 文件中作为新页面。

③ "打印属性"区域：用于设置 PDF 文件的颜色、宽度和大小。其中**颜色** 下拉列表框中默认选择"白纸黑字"选项，确保 PDF 文件能清晰浏览并打印。

④ "设置"区域：用于设置其他输出选项。

◆ **输出文本** 下拉列表框：下拉列表框中有"文本""多段线"选项，建议选择"多段线"选项，避免有中文字体时显示不正常。

⑤其他选项按照经验请参照图 8-79 中所示进行设置。

（4）单击对话框中的 **确定** 按钮，等待一会，状态栏提示 **导出 PDF 已完成**，完成导出操作。

（5）导出后的 PDF 文件可用常见 PDF 阅读器如 Adobe Reader 软件打开，图纸效果基本与 NX 中保持一致，如图 8-80 所示。

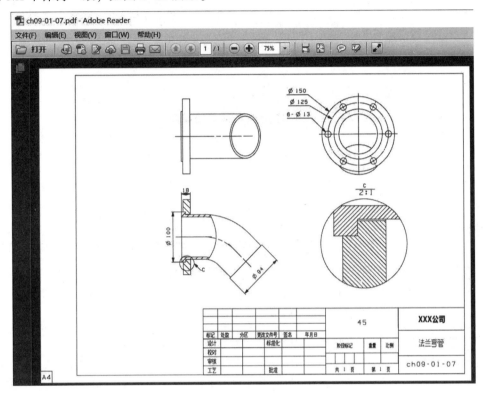

图 8-80　打开 PDF 图纸

用 Adobe Reader 软件打开后，可以直接打印 PDF 文件。

补充说明：

（1）从 UG NX 6.0 到 UG NX 12.0 不同版本，NX 的工程图纸都是通过先导出为 PDF 格式后再进行图纸打印，打印后的效果与 UG NX 12.0 软件中保持一致。

（2）如果直接在 NX 中通过功能模块区"文件（F）"→"打印（P）"进行打印操作，则打印后的效果不佳，可能存在粗细线不分、文字粗浅不一等问题。

2. **工程图纸转成 DWG 格式**

UG NX 12.0 软件可以以文件的输入和输出方式实现数据转换，NX 工程图纸可以转换成 DWG 格式，以便在 AutoCAD 软件中打开并编辑。

下面通过一个范例来演示其工程图纸转换为 DWG 格式的操作过程。

（1）在 UG NX 12.0 软件中，打开范例文件"ch08-01-07.prt"并进入制图模块，模块中已创建好一张工程图纸。

（2）依次单击"文件（F）"→"导出（E）"→"AutoCAD DXF/DWG"。

（3）系统弹出"AutoCAD DXF/DWG 导出向导"对话框，如图8-81 所示。

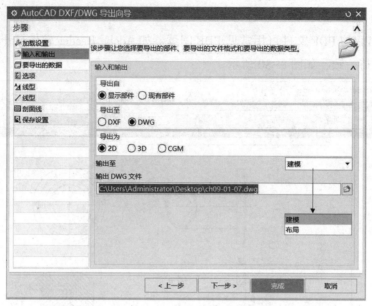

图 8-81　"AutoCAD DXF/DWG 导出向导"对话框

"AutoCAD DXF/DWG 导出向导"对话框中相关参数说明如下。

① "导出自"选项组：指定要导出的源，有两个单选按钮 ⦿**显示部件** 和 ○**现有部件** 可供选择。

② "导出至"选项组：指定输出的文件格式为 DXF 或 DWG。

③ "导出为"选项组：指定输出的数据形式为 2D、3D 或 CGM，默认应选择"2D"。

④ "输出至"区域：指定输出到 AutoCAD 软件中的布局形式。此下拉列表框中的选项说明如下。

◆**建模**选项：输出到 AutoCAD 软件中的"模型"下，能随意编辑，默认应选择**建模**选项。

◆**布局**选项：输出到 AutoCAD 软件中的"Layout1""Layout2"下，不能编辑图形线条。

⑤ "输出 DWG 文件"文本框：指定输出文件的存储位置及文件名。

（4）设置好相关参数后，单击对话框中的 确定 按钮，自动弹出 DOS 窗口，等待 DOS 窗口中命令自动结束后，即完成导出操作。

（5）导出后的 DWG 文件用 AutoCAD 软件打开后，如图8-82 所示。

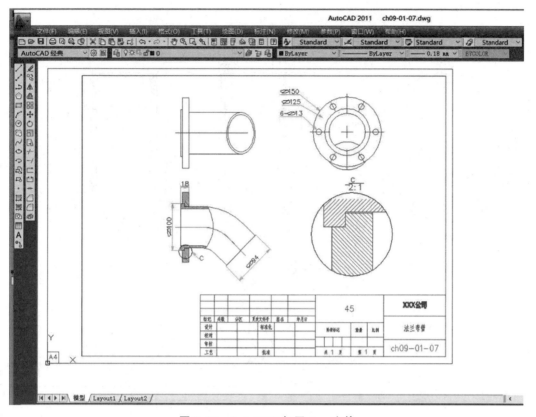

图 8-82　AutoCAD 打开 dwg 文件

8.2　实例特训——连接筒工程图

项目任务：

使用 UG NX 12.0 的工程图制作方法，完成三维产品模型的工程图，如图 8-83 所示。

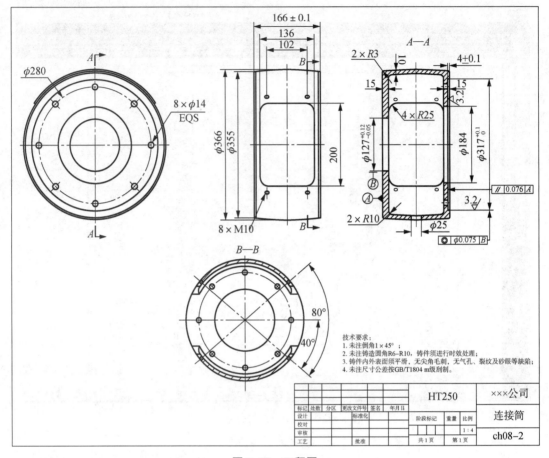

图 8-83 工程图

8.2.1 产品工程图设计的详细步骤

产品工程图设计的详细步骤如下。

步骤 1：隐藏非实体对象层。

（1）在 UG NX 12.0 软件中打开"ch08-02. prt"文件，切换到"应用模块"选项卡，单击 按钮进入建模模块环境中（如果打开文件后直接进入建模模块，则不需要切换环境）。

此模型中显示有基准坐标系、基准面、草图等非实体对象。

（2）切换到"视图"选项卡，单击工具条"可见性"组中的 图层设置按钮，弹出"图层设置"对话框，如图 8-84 所示。

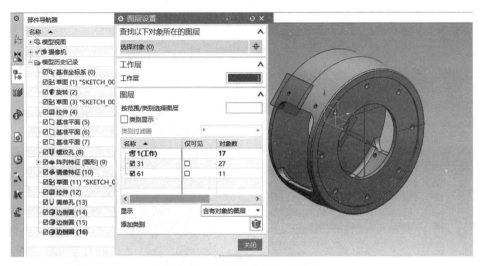

图8-84 "图层设置"对话框

在对话框中，单击取消勾选图层31、61数字前的复选框，即可取消显示31、61图层的对象，单击 关闭 按钮退出对话框。

注意：此模型在建模过程中，已将非实体对象设置为31或61层；如果非实体对象未设置为单独图层则需先编辑其对象显示，将非实体对象移动到其他图层，从而方便将其隐藏。

（3）隐藏非实体对象层后，如图8-85所示。

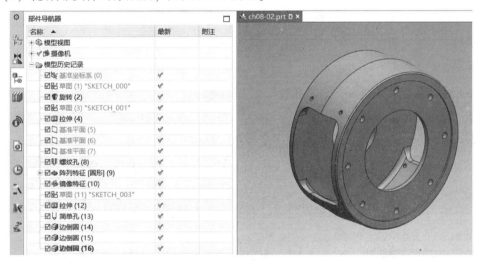

图8-85 隐藏非实体对象

注意：隐藏非实体对象后，在工程图创建过程中默认不显示，不必重复再将非实体对象隐藏。

步骤2：创建图纸页，导入图框。

（1）切换到"应用模块"选项卡，单击"工具条"组中的 按钮进入制图模块
制图

环境。

（2）单击"主页"选项卡中的 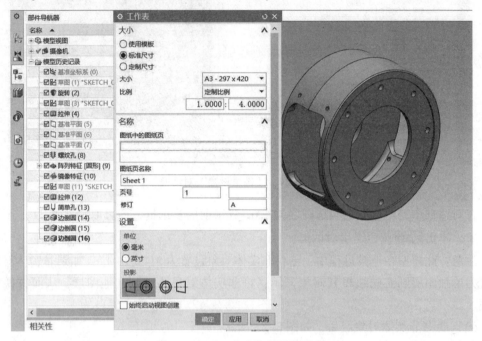 按钮，弹出"工作表"对话框，创建一张工程图纸页。"工作表"对话框设置如图 8-86 所示。

图 8-86 "工作表"对话框设置

注意：

◆ **单位** 选项组：选中 ◉毫米 单选按钮；

◆ **投影** 选项组：需选择第一视角投影 ⊡⊙ 选项。

◆ □**始终启动视图创建** 复选框：默认不勾选。

单击 确定 按钮，完成一张工程图纸的创建。

（3）依次单击"文件（F）"→"导入（M）"→"部件（P）"，弹出"导入部件"对话框。

①在"导入部件"对话框中保持默认设置，单击 确定 按钮后在新对话框中选择要导入的模板文件"NX-A3 A. prt"。

②单击 OK 按钮，弹出"点"对话框，指定导入点的目标位置为（0，0）。

③在"点"对话框中单击 确定 按钮后成功导入部件，可看到工程图纸中已经加入了图框和标题栏。

④单击对话框中 取消 按钮，完成导入图框文件的操作。

（4）根据部件信息修改添加标题栏中的相关信息，分别双击标题栏中对应的单元格，输入基本信息后按<Enter>键，主要包括部件名称、部件代号、材料、比例这几项内容，如图 8-87 所示。

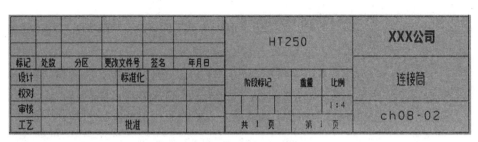

图8-87　添加标题栏信息

（5）单击左上角的 ■ 按钮，保存当前文件。

步骤3：加载默认设置、制图首选项设置。

（1）请参考本书8.1.2节的内容加载定制制图标准"GB（new）"。

（2）依次单击"菜单（M）"→"首选项（P）"→"制图（D）"，系统弹出"制图首选项"对话框。在对话框中依次单击"视图"→"公共"→"常规"。

◆ "工作流程"区域：

□ **带中心线创建**复选框：单击取消勾选复选框，使创建的视图不自动带中心线。

其他设置都继承已加载的"GB（new）"制图标准，基本不用再特殊设置。

（3）单击对话框中 确定 按钮，完成制图首选项的设置。

步骤4：创建基本视图和投影视图。

（1）单击工具条"视图"组中的 ▣ **基本视图** 按钮，弹出"基本视图"对话框，如图8-88所示。

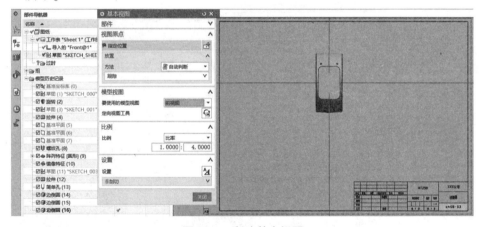

图8-88　创建基本视图

在对话框中**要使用的模型视图**下拉列表框中选择"前视图"选项作为基本视图。在图形区中移动光标到合适位置后单击，创建一个基本视图。

单击对话框中 关闭 按钮，退出基本视图的创建。

（2）单击工具条"视图"组中的 ▥ 按钮，弹出"投影视图"对话框，如图8-89所示。

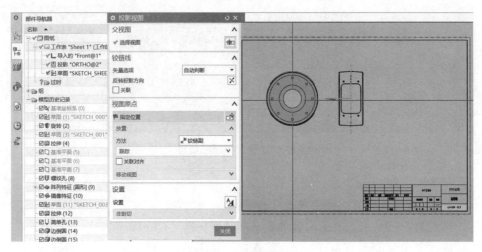

图8-89　创建投影视图

在对话框中父视图区域自动选择当前唯一的基本视图作为父视图。

①在图形区中移动光标，使系统的铰链线矢量方向水平向左，移动光标到左方位置处单击，创建一个右视图。

②单击对话框中 关闭 按钮，退出投影视图的创建。

步骤5：创建剖视图 *A—A*、*B—B*。

（1）单击工具条"视图"组中的 ▦ 按钮，弹出"剖视图"对话框。

①截面线段区域：选择右视图中中心作为截面线段的位置点，如图8-90所示。

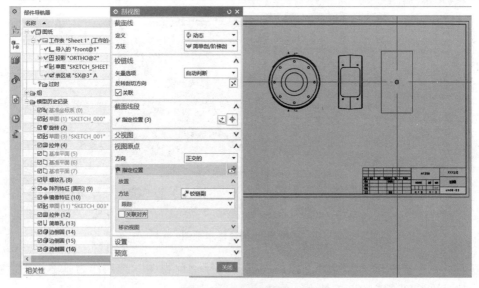

图8-90　创建剖视图1

注意：视图原点区域的 □关联对齐 复选框要取消勾选，即取消剖视图和父视图之间的关联对齐。以免移动剖视图的位置时，父视图也关联移动。

②在图形区移动光标，使系统的铰链线矢量方向水平向右，移动光标到右方位置处单击，创建一个全剖视图 *A—A*，如图8-91所示。

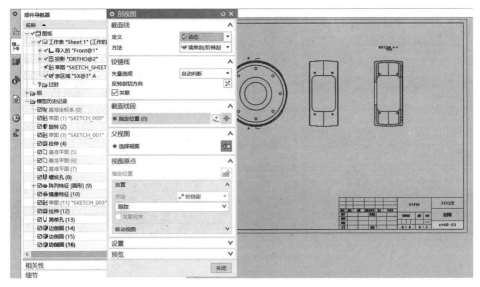

图 8-91 创建剖视图 2

（2）不关闭"剖视图"对话框，继续创建剖视图。

①**截面线段**区域：选择主视图中右侧的圆孔中心作为截面线段的位置点，如图 8-92 所示。

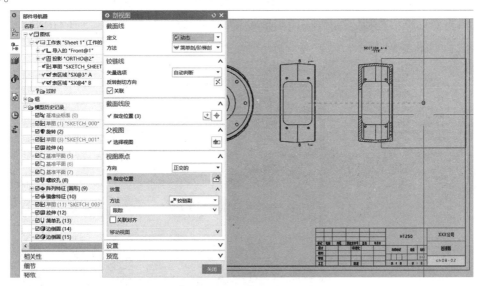

图 8-92 创建剖视图 3

注意：**视图原点**区域的□关联对齐复选框要取消勾选。

②在图形区移动光标，使系统的铰链线矢量方向水平向右，移动光标到右方位置处单击，创建一个剖视图 B—B。

③单击对话框中的 关闭 按钮，退出剖视图的创建。

（3）在图形区选定剖视图 B—B，移动它到下方。调整好各视图以及视图标签的位置，如图 8-93 所示。

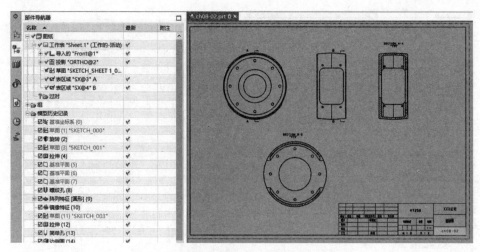

图8-93　创建剖视图4

（4）在图形区分别双击剖视图 *A—A* 和 *B—B*，弹出"设置"对话框。在对话框中左侧展开"表区域驱动"→"标签"，设置如下。

①**标签**区域：删除**前缀**文本框中的内容。

②**比例**区域：取消勾选 □**显示视图比例** 复选框，不显示视图比例。（如果没有此选项，则需要在"制图首选项"中设置"取消显示视图比例"，再创建剖视图）

③单击对话框中 确定 按钮，应用当前设置即删除视图标签中的"SECTION"文字以及比例值，如图8-94所示。

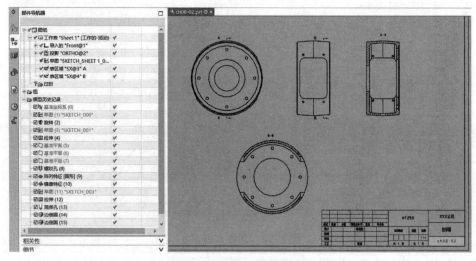

图8-94　修改剖视图标签

步骤6：添加中心线。

（1）单击工具条"注释"组中 ⊕ 后面的 ▼ 按钮，在弹出的"中心标记"对话框中标注中心线符号，分别在右视图、剖视图 *B—B* 上标注中心标记，创建后如图8-95所示。

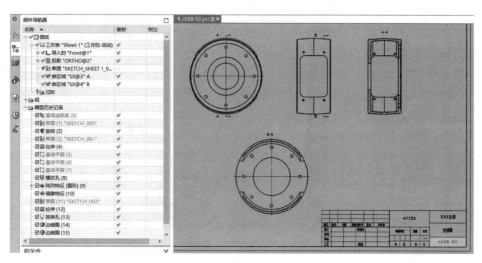

图 8-95 添加中心线 1

（2）单击工具条"注释"组中 ⊕ 后面的 ▼ 按钮，在下拉菜单中执行"螺栓圆中心线"命令，弹出"螺栓圆中心线"对话框，即可创建同一圆周上多个孔的中心线。

①在图形区中选择右视图中圆周上的多个孔，自动创建螺栓圆周的中心线，如图 8-96 所示。

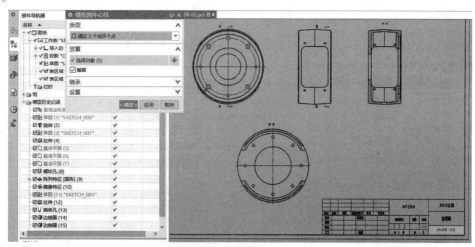

图 8-96 添加中心线 2

注意：所选择的多个孔，必须是在同一个圆周上，否则将报错。

选择对象完成后，单击 应用 按钮，完成这组孔的中心线创建。

②继续选择剖视图 B—B 中圆周上的多个孔，自动创建螺栓圆周的中心线。

选择对象完成后，单击 <确定> 按钮，完成这组孔的中心线创建，退出对话框。

（3）单击工具条"注释"组中 ⊕ 后面的 ▼ 按钮，在下拉菜单中执行"3D 中心线"命令，即可创建圆柱、管道类特征的中心线，创建后如图 8-97 所示。

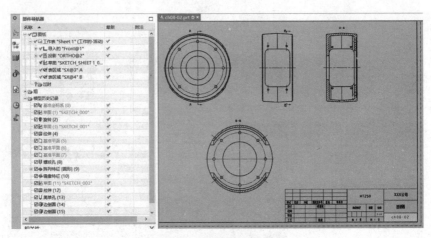

图 8-97　添加中心线完成

(4) 单击工具条"注释"组中⊕后面的▾按钮，在下拉菜单中执行"2D 中心线"命令，即可创建两个对象之间的中心线。在对话框的"类型"下拉列表框中有 **根据点**、**从曲线** 两个选项，根据需要选择相应类型从而创建出视图中其他中心线。

步骤 7：标注尺寸。

(1) 单击工具条"尺寸"组中的 按钮，弹出"快速尺寸"对话框。
快速

①在对话框的"方法"下拉列表框中选择 自动判断选项，根据对话框中的提示依次标注线性尺寸，标注后如图 8-98 所示。

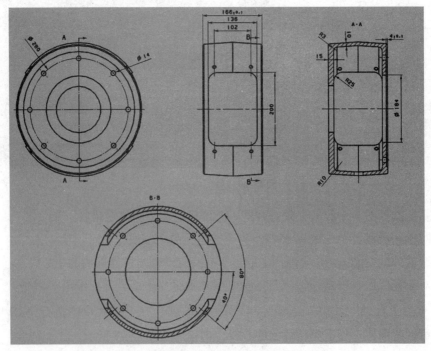

图 8-98　添加尺寸标注 1

注意：对于有公差的尺寸，需在"尺寸编辑"对话框中设置公差格式及数值。

②在对话框的"方法"下拉列表框中选择 $\blacksquare$ 圆柱式 选项，用于标注圆柱类的尺寸。依次标注主视图、剖视图上的 ϕ366、ϕ355、ϕ127、ϕ184、ϕ317、ϕ25 这些同类尺寸。对于有公差的尺寸如 ϕ127，要在"尺寸编辑"对话框中设置公差格式及数值，如图 8-99 所示。

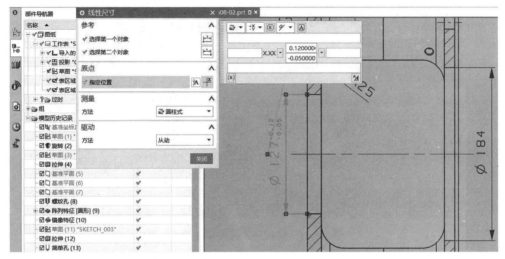

图 8-99　添加尺寸标注 2

（2）修改尺寸标注样式。

①同时选中右视图中的尺寸 ϕ280、ϕ14 和剖视图 A—A 中的尺寸 R3、R25、R10 后右击，在弹出的快捷菜单中执行"设置"命令，弹出"设置"对话框。展开"文本"→"方向和位置"选项，修改其设置为水平文本，如图 8-100 所示。

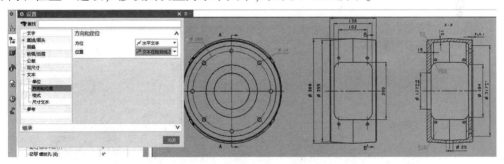

图 8-100　修改尺寸标注样式

选中剖视图 B—B 中的尺寸 40°、80° 后右击，同样设置其样式为水平文本。

②分别双击尺寸 ϕ14、R3、R25、R10，在其"尺寸编辑"对话框中添加对应的前缀或后缀。

③修改完成后如图 8-101 所示。

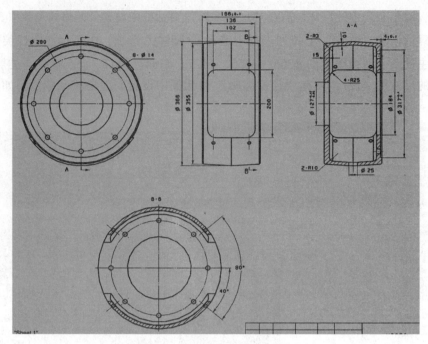

图8-101　修改尺寸标注样式完成

步骤8：添加文字注释。

（1）添加注释：螺纹规格、技术要求等。

①单击工具条"注释"组中的 ![A注释] 按钮，弹出"注释"对话框。在对话框的文本输入区域输入螺纹规格内容"8-M10"。

②单击对话框 指引线区域中的"选择终止对象" ![按钮] 按钮，在图形区单击选择指定对象上某点，如图8-102所示。

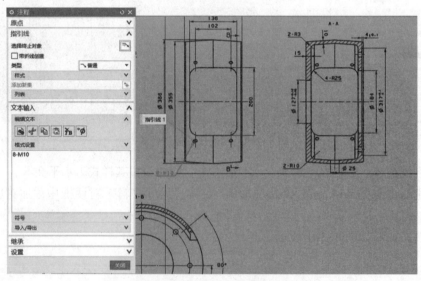

图8-102　添加文字注释指引

③在图形区移动光标将文字和指引线放置在合适位置后单击，完成文字注释和指引线的创建。

④按同样的操作方法，但不单击 按钮，在主视图"8-ϕ14"尺寸下方添加"EQS"注释；在右下角空白区域添加技术要求内容，完成后单击对话框中的 关闭 按钮，退出当前操作。

注意：在放置注释过程中，如出现一个原点位置链接的图标，可按住键盘上的<Alt>键取消其链接关系。

（2）添加基准特征符号。

①继续单击工具条"注释"组中的"基准特征符号" 按钮，弹出"基准特征符号"对话框。在对话框指引线区域的"类型"下拉列表框中选择 ├ 基准 选项；基准标识符区域的"字母"文本框中输入"A"；单击"设置"区域的按钮，可以调整设置符号文字的大小、间距等样式。

②单击"选择终止对象" 按钮，在图形区单击选择基准特征所在对象上某点，如图8-103所示。

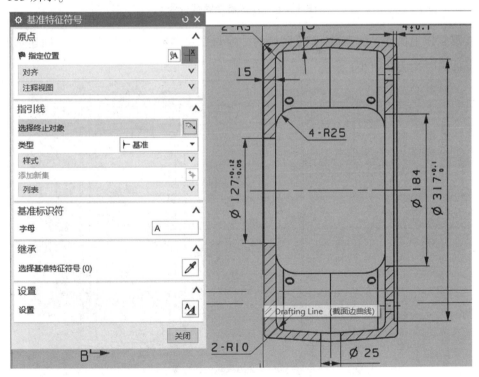

图8-103　添加基准特征符号1

③在图形区移动光标将文字和指引线放置在合适位置后单击，完成一个基准特征符号A的创建，如图8-104所示。

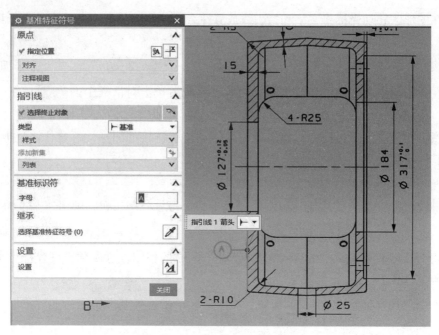

图 8-104　添加基准特征符号 2

　　④重复以上操作，将**基准标识符**区域的"字母"文本框改为"B"，同样创建基准特征符号 B，如图 8-105 所示。

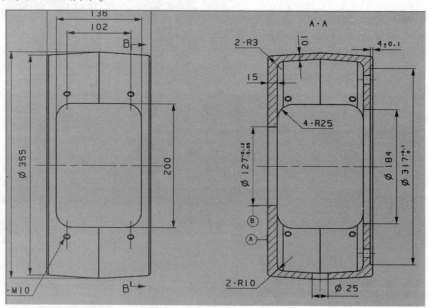

图 8-105　添加基准特征符号 3

　　单击对话框中的 关闭 按钮，退出操作。

　　（3）添加注释：形位公差。

　　①单击工具条"注释"组中的 🅰 注释 按钮，弹出"注释"对话框。在对话框文本输入区

域的 **符号** 选项组中选择 **形位公差** 类别，根据相关符号提示，在文本框中输入形位公差内容。

②单击对话框指引线区域中的"选择终止对象" 按钮，在图形区单击选择对象上某点，如图 8-106 所示。

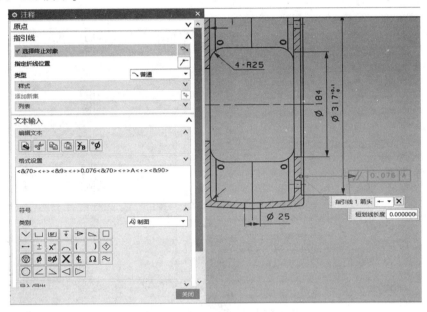

图 8-106　添加形位公差

③继续重复以上操作，创建形位公差，如图 8-107 所示。

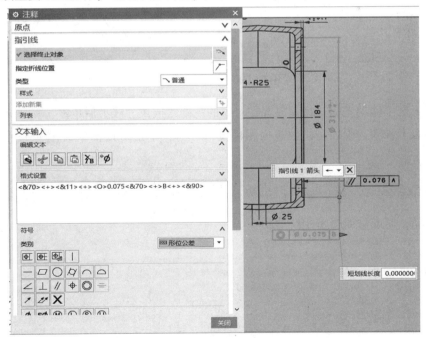

图 8-107　添加形位公差完成

单击对话框中的 关闭 按钮，退出此操作。

（4）添加表面粗糙度符号。单击工具条"注释"组中的 √ 按钮，弹出"表面粗糙度"对话框，在对话框中选择符号、输入数值，如图8-108所示。单击"设置"区域里的 设置 按钮，可以调整设置符号文字的大小、间距等样式。

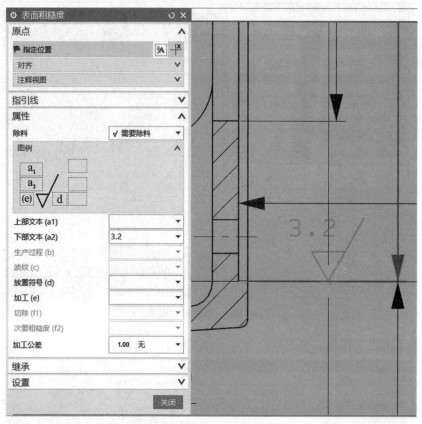

图8-108 添加表面粗糙度

在图形区中移动光标，将其放置在对应的视图线或尺寸线上后单击，完成添加操作。

重复以上步骤，添加完其他表面粗糙度符号后，单击对话框中的 关闭 按钮，退出此操作。

（5）为避免部分视图没有及时更新，可单击工具条"视图"组中的 更新视图 按钮，将所有视图更新，完成后如图8-109所示。

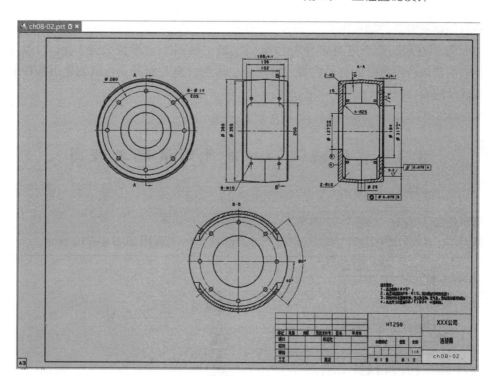

图8-109　更新视图完成

然后单击左上角的 <kbd>保存</kbd> 按钮，保存当前文件。

（6）依次单击"文件（F）"→"导出（E)"→"PDF"，将当前图纸导出为 PDF 格式，方便随时浏览使用。

8.2.2　知识点应用总结

在"实例特训——连接筒工程图"的设计过程中，首先导入合适的标准图框，然后加载正确的制图标准，确保图纸中的视图、尺寸、注释都符合标准，之后才开始进行视图的创建及标注。

此实例通过具体的步骤详细介绍了图纸页的创建、制图标准的加载；基本视图、投影视图、全剖视图等多种视图的创建；尺寸标注、形位公差以及文字注释内容的创建。制图模块基本都能满足常见工程图纸的视图表达及标注要求，对于特殊位置的剖视图，可以通过移动剖切位置将其剖切到相应位置，或增加剖切线的方式创建阶梯剖。

此实例用到了制图模块中的多种视图命令，如"基本视图""投影视图"和"剖视图"等，以及各种尺寸标注、形位公差和文字注释命令，通过将这些命令综合起来进行灵活的运用，可以快速创建出所需要的工程图，满足工程的需求。

8.2.3　知识点拓展

（1）在创建图纸页时，务必要选择好正确的投影视角。如果是创建了除基本视图外的其他视图，发现投影视角有误，将无法再修改此图纸页的投影视角。

（2）在创建剖视图后如果剖切位置不正确，可以编辑剖视图移动剖切线或增加剖切位置，从而创建所需要的剖视图。

（3）在"注释"命令里有多种符号类型，如"制图""形位公差"和"1/2 分数"等，能够创建出各种特殊的符号内容。特别是"形位公差"符号，可以创建出各种形位公差类型以及内容。

8.3　实例特训——进气阀装配工程图

项目任务：

使用 UG NX 工程图制作方法，完成三维产品模型的工程图如图 8-110 所示。

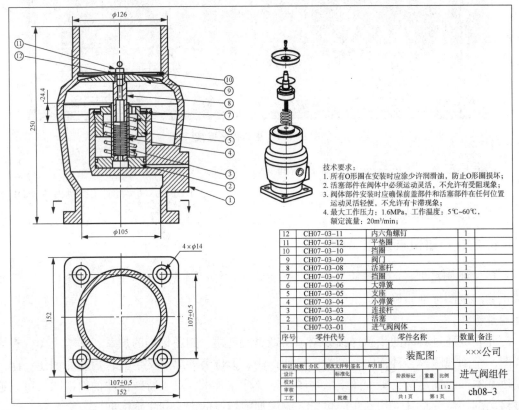

技术要求：
1. 所有O形圈在安装时应涂少许润滑油，防止O形圈损坏；
2. 活塞部件在阀体中必须运动灵活，不允许有受阻现象；
3. 阀体部件安装时应确保前盖部件和活塞部件在任何位置运动灵活轻便，不允许有卡滞现象；
4. 最大工作压力：1.6MPa，工作温度：5℃~60℃，额定流量：20m³/min。

12	CH07-03-11	内六角螺钉	1	
11	CH07-03-12	平垫圈	1	
10	CH07-03-10	挡圈	1	
9	CH07-03-09	阀门	1	
8	CH07-03-08	活塞杆	1	
7	CH07-03-07	挡圈	1	
6	CH07-03-06	大弹簧	1	
5	CH07-03-05	支座	1	
4	CH07-03-04	小弹簧	1	
3	CH07-03-03	连接杆	1	
2	CH07-03-02	活塞	1	
1	CH07-03-01	进气阀阀体	1	
序号	零件代号	零件名称	数量	备注

					装配图		×××公司	
标记	处数	分区	更改文件号	签名	年月日			
设计				标准化		阶段标记	重量	比例	进气阀组件
校对								1:2	
审核									ch08-3
工艺				批准		共1页	第1页		

图 8-110　工程图

8.3.1　产品工程图设计的详细步骤

产品工程图设计的详细步骤如下。

步骤1：隐藏非实体对象层，检查爆炸视图。

（1）在 UG NX 12.0 软件中打开"ch08-03.prt"文件，切换到"应用模块"选项卡，单击工具条"设计"组中的 ![建模按钮] 按钮进入建模模块环境，同时要单击 装配 按钮确保已

打开装配功能。(如打开文件后直接进入建模模块,则不需要切换环境)

此模型中显示有基准坐标系、基准面和草图等非实体对象。

(2)切换到"视图"选项卡,单击"图层设置" 按钮,在"图层设置"对话框中单击取消勾选除图层1外其他图层前的复选框,即可取消显示不在图层1上的其他对象,单击 关闭 按钮退出对话框。

注意:此装配在建模装配过程中,已将所有组件都放在图层1上,且将非实体对象设置为图层1以外的其他图层,如未如此设置则需灵活调整一下。

(3)隐藏非实体对象层后,在工程图的视图创建过程中默认就不会显示,不必重复隐藏非实体对象,如图8-111所示。

图8-111 隐藏非实体对象

(4)将左侧的资源栏切换到"部件导航器",双击 模型视图 将其展开,如图8-112所示。

图8-112 展开模型视图

◆在 🔲模型视图下应能看到一个自定义保存的爆炸视图——"Trimetric#exp1",这是此装配部件在爆炸图状态下的一个立体视图,用于清晰展示其内部各组件的装配结构。

◆在 🔲模型视图下随意双击其他视图,再切换到爆炸视图,观察其不同显示情况。确保此爆炸视图是保存为正确的爆炸图形式,以便在工程图中使用。

步骤2:创建图纸页,导入图框、零件明细表。

(1)切换到"应用模块"选项卡,单击工具条"设计"组中的 🔨 按钮进入制图模块环境。

(2)单击"主页"选项卡中的 🔲 按钮,弹出"工作表"对话框,创建一张工程图纸页。对话框中内容设置如图8-113所示。

图8-113 新建图纸页

注意:

◆ 单位选项组:选中 ⊙毫米单选按钮;

◆ 投影选项组:需选择第一视角投影 🔲⊙选项;

◆ □始终启动视图创建复选框:默认不勾选。

单击对话框中的 确定 按钮,完成一张工程图纸的创建。

(3)依次单击"文件(F)"→"导入(M)"→"部件(P)",弹出"导入部件"对话框,选择"NX-A3 A.prt"图框文件进行导入。

(4)根据部件信息修改添加标题栏中的相关信息,分别双击标题栏中对应的单元格,输入基本信息后按<Enter>键,主要包括部件名称、部件代号、材料和比例这几项内容,如图8-114所示。

标记	处数	分区	更改文件号	签名	年月日		装配图			XXX公司
设计			标准化				阶段标记	重量	比例	进气阀组件
校对										
审核									1:2	ch08-03
工艺			批准				共 1 页		第 1 页	

图 8-114　添加标题栏信息

（5）插入零件明细表，编辑零件明细信息。

①单击"主页"选项卡工具条中"表"组中的 🔲 **零件明细表** 按钮，在图形区中显示"零件明细表"。

②在图形区中移动光标，将其"零件明细表"移动到合适位置后单击确定放置位置，如图 8-115 所示。

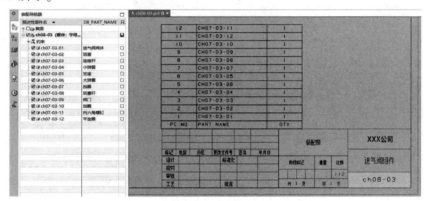

图 8-115　插入零件明细表 1

零件明细表默认显示有序号"PC NO"、零件代号"PART NAME"和数量"QTY"这三项。

③在图形区中移动光标到"零件明细表"左上角后右击，在弹出的快捷菜单中执行相应命令可进行各种操作，对表格的操作类似于 Word、Excel 软件的表格操作。

在表格中选定一列后右击可插入列，双击单元格修改其内容，修改后如图 8-116 所示。

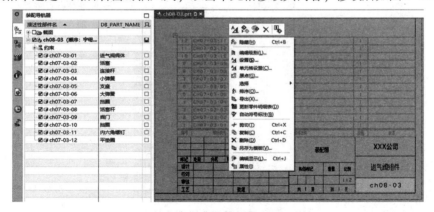

图 8-116　插入零件明细表 2

快捷菜单中的主要命令说明如下。

◆ 编辑级别(L)...命令：编辑零件明细表的显示级别，如只显示顶级、只显示子级等。

◆ 设置(S)...命令：设置零件明细表的样式。

◆ 单元格设置(C)...命令：设置零件明细表中的单元格、边框样式、对齐方式等。

◆ 导出(X)...命令：导出零件明细表中的数据。

◆ 排序(O)...命令：设置零件明细表中数据排序方式。

◆ 更新零件明细表(D)命令：更新零件明细表。

◆ 自动符号标注(B)命令：按零件明细表，自动标注零件序号。

④在零件明细表上右击，在弹出的快捷菜单中执行"排序"命令，弹出"排序"对话框，在对话框中勾选☑ 零件代号复选框进行排序，如图8-117所示。

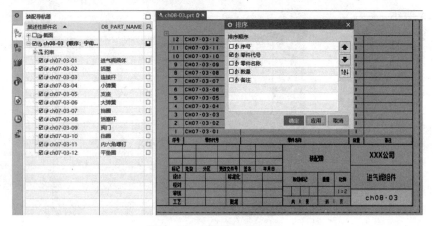

图8-117 零件明细表排序

单击对话框中的 确定 按钮，则按所选列数据的大小进行顺序或倒序排列。

⑤在零件明细表中"零件名称"列的空白单元格上右击，在弹出的快捷菜单中执行"编辑文本"命令，在弹出的"文本"对话框中输入"<W $ =@ DB_ PART_ NAME>"，依次设置此列每个单元格的文本，如图8-118所示。

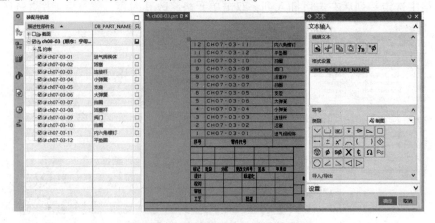

图8-118 零件明细表设置零件名称

因为每个组件中已提前定义了"DB_ PART_ NAME"属性作为其零件名称,因此可在装配图中直接引用此属性,从而自动获取它对应的属性值。

(6) 单击左上角的 ■ 按钮,保存当前文件。

步骤3:加载默认设置、制图首选项设置。

(1) 请参考本书8.1.2节的内容加载定制制图标准"GB(new)"。

(2) 依次单击"菜单(M)"→"首选项(P)"→"制图(D)",系统弹出"制图首选项"对话框。在对话框中选择"视图"→"公共"→"常规"节点。

"工作流程"区域中的 □ 带中心线创建 复选框:取消勾选,使创建的视图不自动带中心线。

其他设置都继承已加载的"GB(new)"制图标准,基本不用再特殊设置。

(3) 单击对话框中的 确定 按钮,完成制图首选项的设置。

步骤4:创建基本视图和爆炸视图。

(1) 单击"主页"选项卡工具条中"视图"组中的 基本视图 按钮,弹出"基本视图"对话框,如图8-119所示。

图8-119　创建基本视图1

①在对话框中,选择 **要使用的模型视图** 下拉列表框中的"右视图"作为基本视图。在图形区中移动光标到合适位置后单击,创建一个基本视图作为当前图纸的主视图。

②单击对话框中的 关闭 按钮,退出此操作。

(2) 继续单击 基本视图 按钮,弹出"基本视图"对话框。在对话框中选择 **要使用的模型视图** 下拉列表框中的"Trimetric#exp1"作为基本视图;选择 **比例** 下拉列表框中的1:5作为视图比例。如图8-120所示。

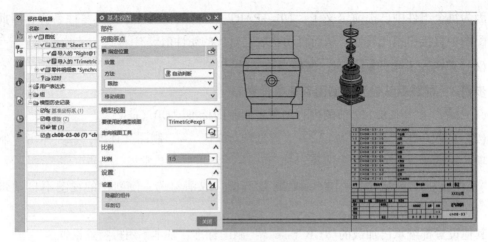

图 8-120　创建基本视图 2

①在图形区中移动光标到合适位置后单击，创建一个基本视图。

②单击对话框中的 关闭 按钮，退出基本视图的创建。

步骤 5：创建剖视图 A—A、主视图局部剖。

（1）单击工具条"视图"组中的■按钮，弹出"剖视图"对话框。

①**截面线段**区域：选择主视图中下方线段上某点作为截面线段的位置点，如图 8-121 所示。

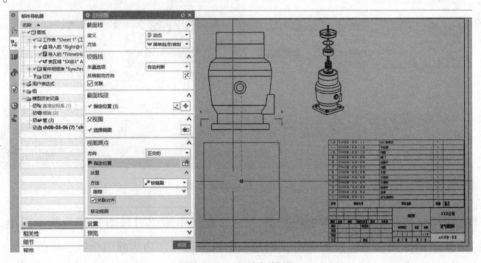

图 8-121　创建剖视图 1

注意：**视图原点**区域的☑**关联对齐**复选框要勾选，即保持剖视图和父视图之间的关联对齐。当移动剖视图的位置时，父视图也关联移动。

②在图形区移动光标，使系统的铰链线矢量方向水平向右，移动光标到右方位置处单击，创建一个全剖视图 A—A。

③单击对话框中的 关闭 按钮，退出剖视图的创建。创建完成后如图 8-122 所示。

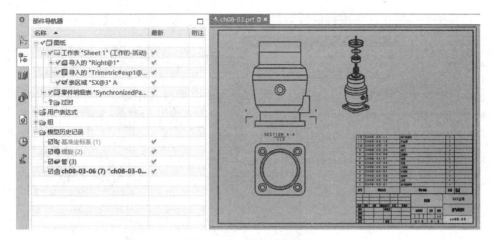

图8-122　创建剖视图2

（2）在主视图上绘制局部剖视图的草图曲线。

①在图形区中选中主视图的边界并右击，在弹出的快捷菜单中执行"活动草图视图"命令，激活该视图为草图视图。激活后可以看到"部件导航器"中此视图名称后带上"（活动）"，即 📇 导入的 "Right@1" (活动) 。

②单击工具条"草图"组中的"艺术样条" ⋏ 按钮，系统弹出"艺术样条"对话框，选择 ∿ 通过点类型，在图形区中确定4～5个点后勾选 ☑ 封闭 复选框，绘制出包含整个主视图的样条曲线，如图8-123所示。

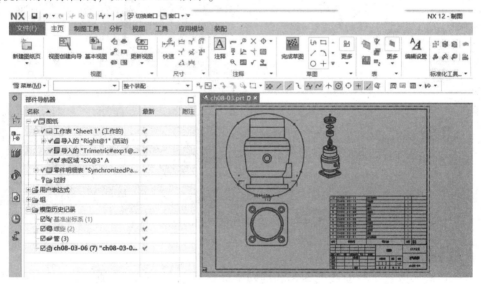

图8-123　创建草图曲线

此样条曲线必须是封闭的，且包含整个主视图。

③单击 🏁 按钮，完成草图曲线绘制。
　　　完成草图

（3）单击工具条"视图"组中的 📑 按钮，弹出"局部剖"对话框。

①选择图纸中的主视图进行创建局部剖视图，即"选择视图"，如图8-124所示。

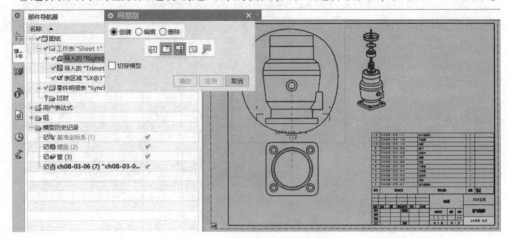

图8-124 创建局部剖视图1

②选定剖视图A—A中的圆心中心，即"指出基点"。

③直接单击鼠标中键，确认当前拉伸矢量，即"指出拉伸矢量"。

④选择主视图中已绘制的曲线作为局部剖视图的边界，即"选择曲线"。

⑤"修改边界曲线"则为默认选项，不需要操作。

直接单击对话框中的 应用 按钮，创建完成局部剖视图，如图8-125所示。

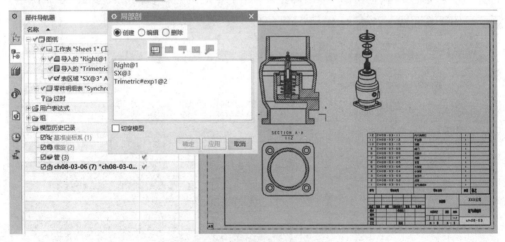

图8-125 创建局部剖视图完成

单击 取消 按钮，退出对话框。

（4）在图形区选定截面线标签A和剖视图标签后右击，弹出快捷菜单。在快捷菜单中执行"隐藏"命令，将其隐藏。

（5）在图形区中调整好各视图的位置，如图8-126所示。

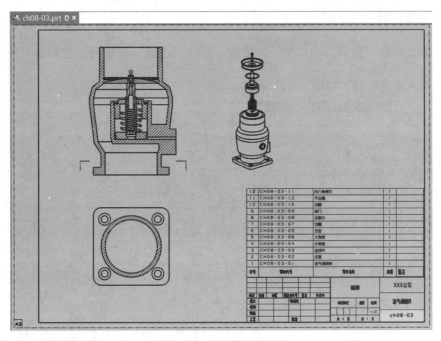

图 8-126 创建视图完成

步骤6：添加中心线、技术要求，标注尺寸。

（1）单击工具条"注释"组中的 ⊕ 后面的 ▾ 按钮，弹出"中心标记"对话框，在剖视图上标注中心标记。

（2）单击工具条"注释"组中的 ⊕ 后面的 ▾ 按钮，在下拉菜单中执行"3D 中心线"命令，分别在主视图、爆炸视图上添加中心线。

各视图添加好相应的中心线后，如图 8-127 所示。

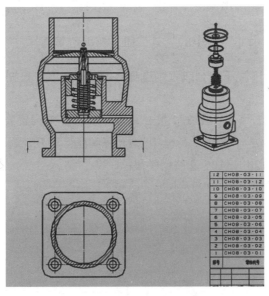

图 8-127 添加中心线

（3）添加注释：技术要求。

①单击工具条"注释"组中的 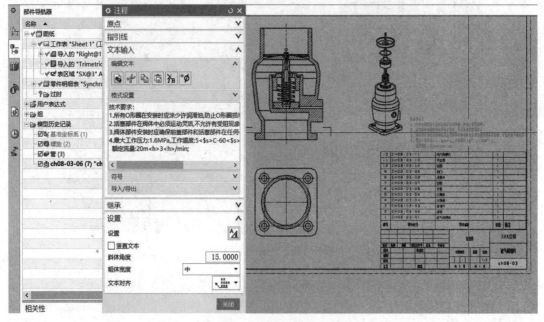 按钮，弹出"注释"对话框。在对话框的**文本输入**区域输入技术要求内容，如图 8-128 所示。

图 8-128 添加注释：技术要求

注意：可单击对话框中的 按钮，调整文字样式，包括字体、大小、行距等。

②在图形区移动光标将文字和指引线放置在合适位置后单击，完成文字注释的添加。单击对话框中 关闭 按钮，退出操作。

（4）单击工具条"尺寸"组中的 按钮，弹出"快速尺寸"对话框。

①在对话框的"方法"下拉列表框中选择 自动判断 选项，根据对话框中的提示依次标注线性尺寸、安装孔尺寸。

注意：对于有公差的尺寸，需在"尺寸编辑"对话框中设置公差格式及数值。

②在对话框的"方法"下拉列表框中选择 圆柱式 选项，用于标注圆柱类的尺寸。依次标注主视图上的 $\phi120$、$\phi105$ 这些同类尺寸。

③标注完尺寸后，如图 8-129 所示。

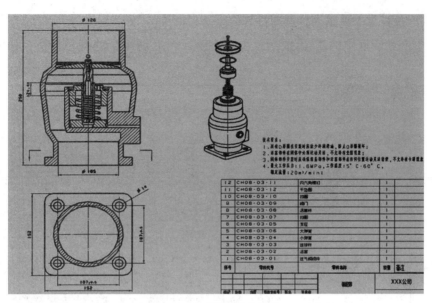

图 8-129 添加尺寸标注

（5）修改尺寸标注样式。

①选中剖视图中的尺寸 φ14 后右击，在弹出的快捷菜单中执行"设置"命令，弹出"设置"对话框。展开"文本"→"方向和位置"，修改其设置为水平文本，并且文本在短线之上。

②双击尺寸 φ14，在其"尺寸编辑"对话框中添加对应的前缀"4-"。

（6）单击左上角的 ■ 按钮，保存当前文件。

步骤 7：自动标注零件序号，更新视图。

（1）在零件明细表上右击，在弹出的快捷菜单中执行"自动符号标注"命令，弹出"零件明细表自动符号标注"对话框，在对话框中视图列表里选择 **Right@1** 选项，如图 8-130 所示。

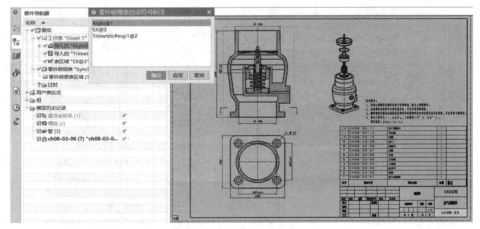

图 8-130 创建自动符号标注 1

注意：在对话框中选择的视图，就是要创建自动符号标注的视图，可按住键盘上的

<Ctrl>键同时选择多个视图创建自动符号标注。

（2）单击对话框中的 确定 按钮，在选定的视图上创建自动符号标注，如图8-131所示。

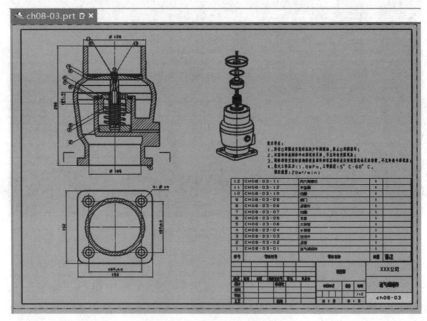

图8-131　创建自动符号标注2

（3）创建的自动符号标注会指引到视图中对应的组件上，且自动链接到零件明细表中相应的行中。

①在主视图中选定一个自动符号标注后右击，在弹出的快捷菜单中执行"导航至零件明细表行"命令，则自动导航到零件明细表中此零件对应的行上，如图8-132所示。

图8-132　导航至零件明细表行

②在零件明细表上选定某一行后右击，在弹出的快捷菜单中选择执行"导航至标注"命令，则自动导航到视图中此零件对应的符号标注上，如图8-133所示。

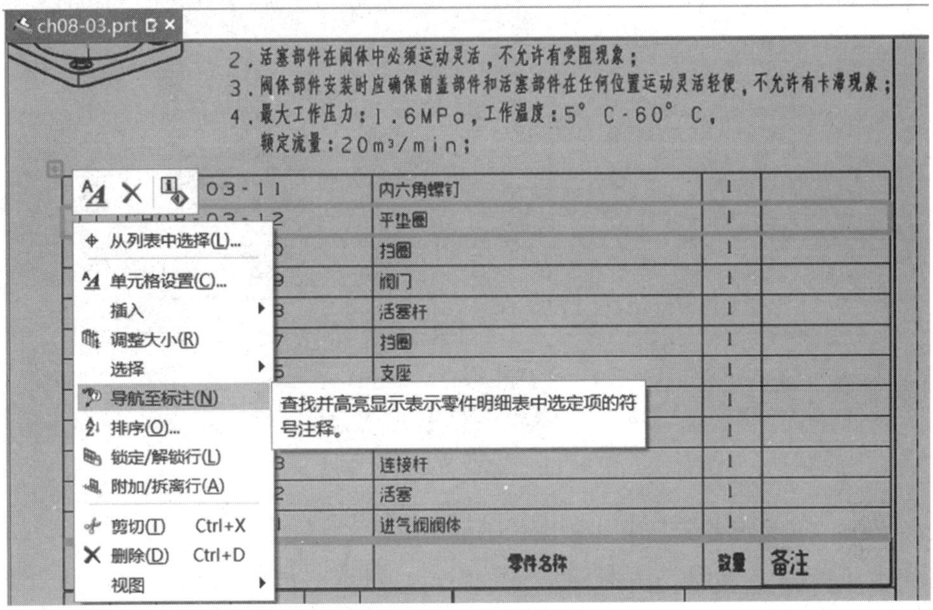

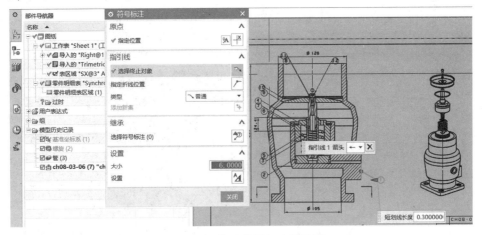

图8-133 导航至标注

通过以上两种方式可以很方便地找到相应的符号标注或者零件。

（4）由于自动创建的自动符号标注排列不整齐、比较凌乱，需要手动进行一些调整。

①双击符号标注①按钮，弹出"符号标注"对话框，修改指引线的终止对象以及符号大小等，如图8-134所示。

图8-134 修改符号标注指引线

②依次双击各个符号标注，弹出"符号标注"对话框，修改其指引线的终止对象以及符号大小等。

③选择各个符号标注后按住鼠标左键，将其拖动到合适位置排列整齐，如图8-135所示。

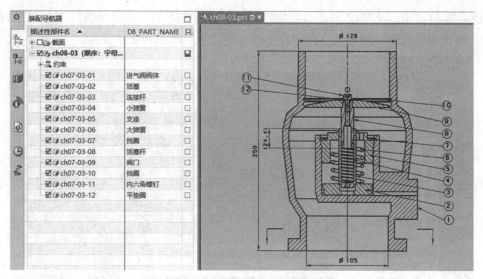

图8-135 修改符号标注完成

（5）设置"内六角螺钉"在主视图中不剖切。

①单击工具条"视图"组右侧的 ▼ 按钮，勾选"编辑视图"下拉列表框中的 ⬛ **视图中剖切** 复选框。

②单击 🖥 图标下的 ▼ 按钮，选择 ⬛ **视图中剖切** 选项，弹出"视图中剖切"对话框。

③在对话框的"视图列表"里选择Right@1选项，在"体或组件"区域选择"ch08-03-11"组件。

④在"操作"区域选中 ◉ **变成非剖切** 单选按钮，如图8-136所示。

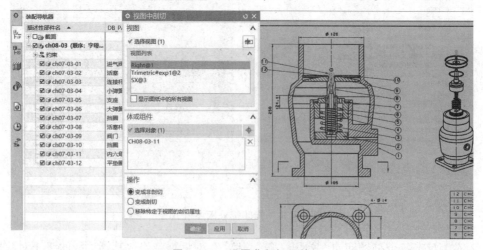

图8-136 设置非剖切组件

⑤单击 确定 按钮，将选定的组件在对应视图中设置为非剖切，但需要对视图进行更新才能看到变化。

（6）单击 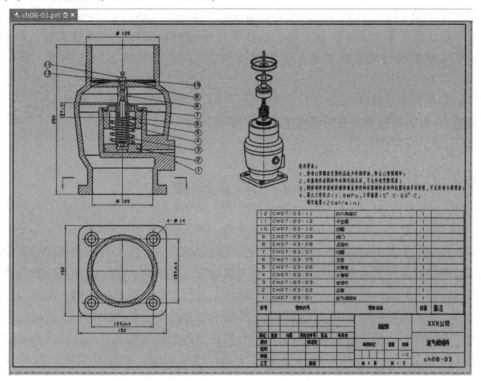 按钮，选择所有视图进行更新。更新后，部分符合标注的指引线可能变为虚线，需要重新编辑将其指向正确的对象。

（7）全部完成后，如图8-137所示。

图 8-137　完成工程图

（8）单击左上角的 ⊟ 按钮，保存当前文件。

（9）依次单击"文件（F）"→"导出（E）"→"PDF"，将当前图纸导出为 PDF 格式，方便随时浏览使用。

8.3.2　知识点应用总结

在"实例特训——进气阀装配工程图"的设计过程中，首先导入合适的标准图框，然后加载正确的制图标准，确保图纸中的视图、尺寸、注释都符合标准，之后才开始进行视图的创建及标注，插入零件明细表。此实例通过具体的步骤详细介绍了一个装配工程图的创建过程；在图纸中创建了基本视图、投影视图、全剖视图等多种视图；在图纸中创建了详细的零件明细表，在明细栏中自动获取零件代号、零件名称、零件数量等信息；在零件明细表上自动进行符号标注，将图纸上的零件序号与零件明细表一一对应，并能自动更新。

此实例用到了制图模块中的多种视图命令，如"基本视图""投影视图"和"剖视图"等，以及各种尺寸标注和零件明细表命令，通过将这些命令综合起来进行灵活的运用，可以快速创建出所需要的装配工程图，满足工程的需求。

8.3.3 知识点拓展

（1）在创建图纸页时，务必要选择好正确的投影视角，如果是创建了除基本视图外的其他视图，发现投影视角有误，将无法再修改此图纸页的投影视角。

（2）装配图中零件明细表应自动获取各零件的相关属性信息，如零件代号、零件名称、零件备注信息等。这些信息需要提前在零件里进行定义统一的属性名称，如 name，然后在零件明细表的单元格里进行引用对应属性，减少手工输入的工作量，提高工作效率。

（3）装配图中零件明细表各行的顺序还可以手动调整，切不可删除某行，可通过"编辑级别"命令选择想要在明细表中出现的零件。

8.4 本章小结

本章介绍了工程图的基础知识、工程图实例两方面内容。在工程图的基础知识中介绍了制图的用户默认设置及首选项设置、工程图纸的管理和创建、尺寸标注与注释符号这几个方面的内容。制图的用户默认设置是工程图纸是否符合制图标准的关键，配置好后可以事半功倍，大大提高制图效率。工程图纸的管理和创建是本章的重点内容，要熟练掌握基本视图、投影视图、剖视图和局部放大图等各种视图的创建与编辑。尺寸标注和注释符号的内容比较繁杂，应结合用户默认设置方法进行统一设置，确保格式统一且符合制图标准。

本章通过具体的工程图实例，详细介绍了如何一步步创建出所需的工程图，可以结合实例操作深入理解工程图知识内容及相关命令，不断地积累总结，最终设计出正确的工程图。

练习题

1. 根据下图所示三维模型，利用制图模块生成工程图。

2. 根据下图所示三维模型，利用制图模块生成工程图。

3. 根据下图所示三维模型，利用制图模块生成工程图。

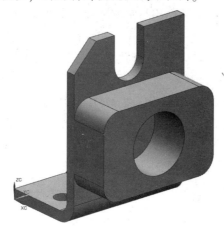

参 考 文 献

[1] 关振宇，王辉辉. 中文版 Siemens NX 6 机械设计基础教程 [M]. 北京：人民邮电出版社，2009.

[2] 黎震，刘磊. UG NX 6 中文版应用与实例教程 [M]. 2 版. 北京：北京理工大学出版社，2012.

[3] 陈佰江，赵鹏展. UG 8.5 实战项目化教程 [M]. 西安：西安电子科技大学出版社，2017.

[4] 田卫军，陈桂平，李郁. 产品三维造型 CAD 设计基础——UG NX 10.0 [M]. 西安：西北工业大学出版社，2017.

[5] 北京兆迪科技有限公司. UG NX 12.0 快速入门教程 [M]. 北京：机械工业出版社，2018.

[6] 北京兆迪科技有限公司. UG NX 12.0 工程图教程 [M]. 北京：机械工业出版社，2019.